水文水资源系列丛书

# 变化条件下流域水循环影响机理及其生态响应过程

薛联青 何新林 冯 起 杨 广 著

U0386417

东南大学出版社
SOUTHEAST UNIVERSITY PRESS
·南京·

## 内 容 提 要

　　本书重点分析了变化环境下的干旱内陆河流域的水循环及绿洲化荒漠化生态响应过程。深入开展了变化环境下生态-水文过程中不同要素间相互作用关系研究,揭示了强人类活动对流域水循环过程及生态的影响机理,是国家自然科学基金项目多项研究成果的系统总结。本书内容主要涉及典型干旱流域人类活动对水循环和环境因子的影响及变化过程研究,通过研究平原、山区水库、大面积节水灌溉对区域小气候、流域水循环要素及生态的影响,流域中下游植被蒸散耗水在环境变化特征及其影响机制,提出流域合理的水资源配置方案。考虑生态和人类需水的互相协调作用,确定合理的生态承载位,提出水资源开发利用适应性对策,为变化环境下流域生态安全维护提供科学依据和技术支撑,对干旱区绿洲适宜发展规模确立、水资源复合生态系统的综合治理及生态-环境-经济的可持续发展具有重要参考。

　　本文可供水文水资源学科、环境科学、地理科学、资源科学、农业工程及水利工程等学科的科研人员、大学教师和相关专业的研究生和本科生,以及从事水资源管理、水土保持工程及环境保护方面的技术人员阅读参考。

**图书在版编目(CIP)数据**

　　变化条件下流域水循环影响机理及其生态响应过程/薛联青等著. —南京:东南大学出版社,2018.9
　　水文水资源系列丛书
　　ISBN　978-7-5641-7788-1

　　Ⅰ.①变…　Ⅱ.①薛…　Ⅲ.①流域—水循环—影响—生态环境—研究　Ⅳ.①X171.1

　　中国版本图书馆 CIP 数据核字(2018)第 215707 号

**变化条件下流域水循环影响机理及其生态响应过程**

| | | |
|---|---|---|
| 出版发行 | 东南大学出版社 | |
| 出 版 人 | 江建中 | |
| 社　　址 | 南京市四牌楼 2 号 | |
| 邮　　编 | 210096 | |
| 经　　销 | 全国各地新华书店 | |
| 印　　刷 | 江苏凤凰数码印务有限公司 | |
| 开　　本 | 700 mm×1000 mm　1/16 | |
| 印　　张 | 15.75 | |
| 字　　数 | 310 千字 | |
| 版　　次 | 2018 年 9 月第 1 版 | |
| 印　　次 | 2018 年 9 月第 1 次印刷 | |
| 书　　号 | ISBN　978-7-5641-7788-1 | |
| 定　　价 | 62.00 元 | |

　　(本社图书若有印装质量问题,请直接与营销部联系。电话:025-83791830)

# 前　言

　　干旱区在世界上广泛分布,是全球环境变化与可持续发展研究中的重点区域之一。由于干旱区水资源缺乏以及水循环系统的独特性,水循环各环节受陆表和气候影响显著,且受地形起伏和热量分布巨大差异的影响,水循环过程在很小尺度的时空变异性显著,生态环境极其脆弱。大多干旱区流域所经历的"先开发地表水、后大规模开发地下水,先大规模开发农业用水、后逐渐重视城市和工业用水"的过程,使得水资源开发利用所引起的生态环境问题更为普遍和突出,越来越受到关注。

　　玛纳斯河流域属于西部典型的干旱半干旱内陆河流域,流域平均年降水量不足 200 mm,蒸发能力为降水量的 8—10 倍。流域所有水资源被流域内生产、生活、生态所消耗,三者消耗的结构和水资源总量及分布的变化直接决定了生态系统的不稳定性与脆弱性,水资源是玛纳斯河流域基本保障性自然资源和战略性经济资源,是制约经济社会发展、生态环境建设的最关键因素。近 50 年来,人类大规模水资源开发利用活动,改变了流域水循环自然变化的时空格局和过程,造成下游水量减少、河道缩短、尾闾湖干涸,流域水文系统的整体性及自然水循环过程发生巨大变化,原有脆弱的生态平衡被打破,生态环境质量下降,最终产生了以土地荒漠化为典型特征的生态问题。由此,变化环境下引起的水资源无论在量上还是时空分布上的变化,都使得流域水资源开发利用过程中生态维护与经济发展的矛盾尤为突出。因此,开展变化环境下玛纳斯河流域的生态-水文过程作用机制研究,对气候和人类活动影响下的区域水循环研究有着重大的学术价值,对解决干旱区生态系统的不稳定性与脆弱性,支撑以绿洲农业为基础的干旱区经济社会发展将产生重要影响。

　　本书是作者在水资源演变规律、流域水文模拟和生态保护领域研究的积累,汇集了国家重点研发计划水资源高效开发利用专项"西北内陆区水资源安全保障技术集成与应用"项目(2017YFC0404304)、国家自然科学基金项目"玛纳斯河流域绿洲水文生态格局演变机理及适宜发展模式研究"(51779074)、"节水灌溉条件下玛纳斯河流域绿洲化盐漠化响应机理研究(U1203282)等部分研究理论与技术成果。全书由薛联青、何新林、冯起、杨广统稿。廖淑敏、杨帆、杨文新、任磊、祝薄丽、冯怡、杜玉娇、李文倩等研究生参与了本书整编及校验工作,在此表示感谢!同时对作者所引用的参考文献的作者及不甚疏漏的引文作者也一并致谢!

　　本书的出版得到国家重点研发计划水资源高效开发利用专项(2017YFC0404304)及国家自然科学基金51779074、U1203282 的资助,在此表示感谢! 由于作者水平有限,编写过程中难免存在很多不足及顾此失彼之处,敬请读者给予批评指正!

**著　者**
**2018 年 5 月**

# 目　录

## 1.1 干旱内陆河水循环模拟研究

### 1.1.1 山区模拟

　　水循环是指地球表面各种形式的水体以气态、固态、液态的形式在海洋、大气和陆地间不断循环,并在外界环境因子的作用下不断相互转化的过程。山区是径流的产生和交汇区,模拟山区径流是研究流域水循环的基础。人为因素和自然因素共同以间接和直接的方式影响着山区水循环。土地利用和土地覆被影响了地表产流条件,改变了土地利用结构和下垫面条件,造成糙率变化和地表坡度变化,引起地表径流、入渗能力、地表截留量和地表蒸发的改变。在全球变化研究中土地利用/覆盖变化 LUCC(Land-Use and Land-Cover Change)变得越来越重要,相关的研究项目在各国陆续启动。1995 年一个详细的 LUCC 研究计划被国际全球环境变化人文因素计划 IHDP 和 IGBP 共同推出,并为世界各国的研究确定了方向。1967 年 Hewlett 和 Hibbert 在 LUCC 水文效应研究方面大都采用实验流域的方法,并分析了实验流域的年径流。在 1970 年以后,土地利用/覆被变化的水文响应研究,逐渐从实验流域观测统计分析转向水文模型方法,不能处理不同水文过程和土地利用类型是概念模型的缺陷,比如 CHARM、HBV、HSPF、SCS 与 CELIHYM 模型等。相比较而言,分布式物理模型能够清晰反映地表土地特征如坡度、地貌、地形高程和形态等,能够将模型参数和土地地表特征直接联系,在预测和解释气候变化和土地利用变化的影响方面具有很大应用前景。我国学者在 LUCC 对水循环演变影响方面也做了大量的研究。刘昌明等在黄土高原区曾分析了不同下垫面条件对产流的影响。郝芳华在黄河下游区采用基于 Arcview 的 SWAT 模型研究了不同下垫面条件对产流的影响。在 1988—1996 年中,水保法和水文法被许多研究机构采用,研究水土保持在黄河中游多沙粗砂区对河川径流量的影响,根据各支流蓄水指标及其水保措施的数量反映径流量的变化量,采用流域内水文站的降雨径流基本规律和水文观测资料,研究水保措施对径流变化的影响。张玲、张胜利、朱劲伟、高人、杨海军等均从不同角度研究了森林植被对水文过程的影响。以不透水比为综合参数,依据北京城区及近郊大量实测雨洪资料,建立了城市综合产流模型。目前,在森林、城市化建设、水土保持对蒸发及径流的影响上,主要集中于土地利用/覆被变化对水资源演变的影响研究,而对整个水资源量变化和水循环过程的研究则比较少。

水循环和水资源已成为世界范围研究和关注的重大研究课题,世界各国对此高度重视。有关全球水文循环的物理图像,早在 20 世纪 70 年代就已经提出来了,但由于缺少观测资料,尚不能给出全球水文循环的定量结果。直到 80 年代,资料有了明显改进,水文学家才开始对全球水文循环进行研究计算。由于人类排灌活动的产物就是平原灌区,开放性的自然-人工复合水循环是其水循环的主要组成部分,可以说是人类活动直接影响着水循环,直接改变了水文循环过程,所以平原灌区水循环的研究有别于流域或者大区域尺度上的水循环研究。为了给水资源合理配置提供科学依据,针对平原灌区小尺度水循环的研究适合建立水文模型,从而分析平原灌区的水文演变规律,主要是通过对平原灌区水利工程的运行和建设、城市化、土地利用类型的改变、人工取用水等典型的人类活动对水循环整体过程及分项的作用机制,进行分析,总结其演变规律。平原灌区水文模型也就是将整个平原灌区作为研究单元,把超渗产流、汇流及蓄满产流等概念考虑进去,并依据流域观测流量来率定模型参数及模拟平原灌区产汇流过程;自然-人工复合型的地表水系统和地下水系统的研究是平原灌区陆地水循环的主体部分,该系统的必要组成部分就是人类。在以往的国内外研究当中,水分在不同系统之间的传输已经作为重要的科学领域,并成为盐分控制的主要因素。张银辉、罗毅利用分布式水文模型研究了内蒙古河套灌区的水循环特征;岳勇、郝芳华等通过河套灌区陆面水循环模拟研究,得出河套灌区水循环过程是一种"负水平衡"的垂向水循环。

干旱区内陆河流域的地表水为地下水的最主要补给来源,地表水、地下水相互转化频繁,其中地下水作为地表水资源不足时的补给水源,具有非常重要的生态地质作用(Abu Jaber N 等;金晓媚,杨泽元等)。张军民在玛纳斯河流域水文循环及水资源二元划分研究中指出,平原区水循环发生着以人工水循环为主导的二元分化,人工绿洲水分使垂向循环加强,且天然绿洲及过渡带的水平方向径流通量相对减少;邵景力通过建立数值模拟模型对玛纳斯河流域山前平原区地下水系统进行了分析;刘志明在分析研究玛纳斯河流域平原区水循环和水资源组成时采用了同位素混合模型;李文鹏分析了在西北内陆干旱盆地一带的地下水排泄方式。

## 1.1.2　包气带模拟

包气带在水文循环中处于重要的位置,并与地表降水入渗、潜水蒸发、地表蒸发、地下补给等主要水文过程密切相关,包气带对于研究地下水来源具有非常重要的作用。在西部干旱半干旱地区,包气带中的水分主要是以液态水流动为主,但是也有部分水分是以气态形式进行运移,说明包气带中的水分不是静止不动的。

人们很早就开始研究包气带水分的运移,并且有了一定的论述和观测结果。法国工程师 Darcy 做了一个简单的均匀砂质滤层的渗透试验,并从中提出了达西定律,从而开启了近现代的包气带定性定量研究篇章。自然界物质运动的基本规律是质量守恒定律,当然包气带的水分运动一样适用于质量守恒定律。在连续方程和达西定律的基础上,L. A. Richard 提出了 Richards 方程,并把含水量当作因变量来表示。目前的包气带水分动态变化特征大都指的是 Richards 方程,该方程是把数学物理的方法引入了包气带水分运移研究,对包气带水分的动态变化特征进行了定量分析,从而使得包气带水分研究由静态到动态、定性到定量。随着包气带水分运动的理论不断成熟,使得包气带数值模拟的研究方法也得到了迅速发展。Philip 在非恒温条件下提出了土壤水流运动方程。随着深入研究包气带水分数值模拟,各国专家学者更为细致全面地对包气带水分运移进行了研究。

包气带水分动态模拟模型主要可以分为概念性、机理性和经验性,其中概念性模型主要是指农田水量平衡模型,机理性模型主要是指不同条件下的包气带水分动态模型,经验性主要是指 BP 网络模型和指数消退模型,如根系吸水条件下的水分运移模型、水热耦合运移模型、等温蒸发情况下水分运移模型以及水盐运移模型等。周维博在野外试验的基础上推导出了裸地土壤水动力模型,并分析了在蒸发和降雨条件下裸土包气带水分运移及转化;彭建萍等在植物根系吸水条件下提出了一维包气带水分运移模型;吕华芳等在其十余年对土壤水动力学领域研究的基础上,总结介绍了国内外主要的包气带水分运移规律。

不同的研究地理条件下包气带水分运动模型的提出,使如何快速简洁地对不同模型进行运算模拟提出了紧迫的要求,所以多种包气带水分运移模型软件也相应而生。当前国内外比较常用并且已较成熟的模拟包气带水分运移的软件主要包含 SESOIL、SWAC‐ROP、VADOSE/W、HYDRUS‐1D(2D、3D)等。其中HYDRUS‐1D 是由美国盐土实验室开发的软件,这是一款专门模拟一维包气带水分运移、热运移和溶质运移,并且同时考虑大气、地下水、地表和植被等因素,并且是一款应用非常广泛的包气带水分运移模拟商业软件。国内外许多专家学者利用 HYDRUS‐1D 软件对包气带进行了多方面的研究,本书将采用 HYDRUS‐1D软件对玛纳斯河流域平原区包气带水分运移进行模拟研究。

## 1.1.3　地下水模拟

地下水在干旱内陆河流域的水资源中占重要地位,其模拟的准确性对于地下水资源演变规律的影响巨大,故而需要选择合适的地下水模拟方法。地下水数值

模拟能达到很高的精度,其发展大致如下:

19 世纪中叶,达西(Henry Darcy)进行了多年的实验,发现了在层流状态下,不同水头差和不同介质中,水流运动不同,并总结成了达西定律(Darcy's Law)。达西 150 年前的反复实验所得到的理论是目前地下水运动研究的基础。十多年后,将达西定律运用于实际地下水流计算的是裘布依(Dupuit),他将潜水流动状态概化,提出了只考虑水平分速度的计算方程,地下水稳定流理论由此发源。1886 年,F. Hanm 将等势面引入地下水运动的描述中,并用调和方程变换求解,为地下水运动的数学描述打开了新篇章。1904 年布西涅斯克提出了一个非线性抛物型偏微分方程描述潜水流动,潜水在各个维度,渗透性不一的岩层的流动也可以用此方程描述,稳定流理论有了发展。经过近百年的发展,各种地下水运动情况受到不同学者的关注研究,并结合具体的实际情况,得到了针对不同情况的稳定流计算公式,稳定流理论适应性增强。

地下水非稳定流相对于稳定流更难以描述和计算,其发展主要从 1935 年开始。泰斯(C. V. Theis)为了解决更加实际的井流问题,研究了在均质含水层中,井水位降深贮水系数、导水系数、抽水量以及抽水延续时间之间的关系,提出了泰斯方程,成为非稳定流计算的先驱。

到了 20 世纪 50 年代,雅克布(C. E. Jacbo)、汉上什(M. S. Hantuoh)等人,建立了非均匀介质的地下水非稳定井流的模型,地下水在不同含水层间越流补给的问题开始得到解决。从此,地下水非稳定流理论更加接近实际,能解决更多问题,发展加快。

20 世纪 60 年代以来,计算机运算能力增强,在其辅助下,偏微分方程能够得到更接近实际的数值解,能解决一些解析解法无法解决的问题。最早出现的数值解法是有限差分法(FDM),在划分网格后,用差商代替偏导数,在此基础上发展出有限元法(FEM)、边界单元法(BEM)和有限分析法(FAM)等多种方法。

在地下水数值模拟中,国内外目前应用最广泛的主要是有限差分法(FDM)、有限元法(FEM)两种方法。有限差分法的基本思想是将方程边界内的区域按一定步长得到有限个离散点,用这些点的集合代替整个范围,这些点的差商近似等于偏导数,进而将偏微分方程转变为线性方程求解。有限差分法最早应用于地下水问题应追溯到 60 年代中期,凭借其简单、所需资源少的优势,在计算机平台上得到了广泛应用。

有限差分法的优点:简明,易操作,计算快,易实现。但受到其离散和网格划分的制约,在地下水溶质运移、非均质含水层及不规则含水边界的处理较难。

有限元法是我国数学家冯康 1965 年创建的,其基本思想是采用插值近似使控制方程通过积分形式在不同意义下得到近似的满足,把研究区域转化为有限数目的单元而列出计算格式。该方法自 20 世纪 60 年代引入地下水计算领域后,在数十年时间内得到长足的发展;1968 年 Jevendal 等人用有限元法求解非稳定流问题,1976 年 Capta 等人用三维等参数有限元法对多层地下水进行数值模拟。

有限差分法的代表软件:Visual MODFLOW(Modular Three-dimensional Finite Difference Ground-water Flow Model,模块化三维有限差分地下水流动模型)。Visual MODFLOW 是加拿大 WATERLOO 水文地质公司在美国地质调查局发布的 MODFLOW 基础上研发而成的。其界面可操作性得到加强,二维地质建模过程得到简化,在国内外得到广泛的应用。Visual MODFLOW 是有限差分的流行软件,在国内外得到广泛的应用。A Facchi 在波河平原(Padana Plain)将包气带模型与 MODFLOW 相耦合,更好地模拟了灌溉用水对于地下的影响。Saghravani 和 Seyed Reza 等在马来西亚大学工程实验区,人工控制施肥,利用 Visual MODFLOW 模拟了磷在地下潜水中的运移,得到了施肥与地下水磷运移的关系。N. C. Mondal 和 V. S. Singh 2012 年利用 Visual MODFLOW 和 MODPATH 相结合,模拟了 Kodaganar 流域上游的地下水函数层溶质运移,预测了 20 年后的污染物浓度。Carma San Juan 等采用该软件对 Jackson Hole 的冲积含水层进行了地下水数值模拟,并通过地下水均衡项对比分析校准该数值模拟模型。

我国在 1999 年引入 Visual MODFLOW 软件,武强等在《水文地质工程地质》中详细介绍了这个软件的特点,并在开滦东欢坨矿进行了涌水模拟,取得了较好的效果。2002 年,束龙仓等通过该软件,计算了普拉特河(Platte River)与周边地下水的水量交换,得到了地下水补排差异。贾金生等建立了栗城县的地下水数值模型,计算了农业开采量变化下的地下水水位变化,得到了华北平原地下水的动态规律。干旱灌区在地下水大量开采情况下,出现许多问题,受到大量学者的关注。尹大凯等采用该软件对于宁夏银北灌区建立了数值模型,采用了三维数值模拟,得到了地下水对于该灌区渠道引水和机井抽水的响应。类似的研究还有马明在 2004 年对于甘肃疏勒河项目昌马灌区的地下水动态模拟,余维在河北省三河市井灌示范区建立的数值模型,并进一步进行了当地水资源优化配置的研究。近年来,西北农林科技大学的黄一帆、刘俊民、刘平平等利用该软件建立了泾惠渠灌区的地下水三维数值模拟模型。刘平平还利用此模型与水资源优化模型耦合,建立起了井渠结合灌区水资源联合调控模型。该软件广泛运用于模拟灌区地下水运动,同时城市地下水以及溶质运移模拟的研究也成为热点。2004 年,葛伟亚进行了盐城市地下水数值模拟,较好地处理了海洋边界。张建伟模拟了松原市地下水运动补排以及溶质运移情况,并建立了当地环境综合信息系统。济南泉水经济比重较大,该地区地下水模拟研究较多。刘波采用该软件建立地下水模型后分析了当地漏斗情况;吴夏懿以 Visual MODFLOW 建立的模型为基础评价了当地地下水的脆弱性;

近年来,王津津在建模基础上提出了补给方案;祁元昊分析了南水北调下当地地下水的水位变化。Visual MODFLOW 适应各尺度模拟,在流域尺度上的模拟精度高。任加国利用该软件建立了叶尔羌河流域地下水模型,并成功分析了三水转化。卢文喜等建立了饶力河流域的三维数学模拟模型,进行了地下水水位预测。同时在溶质运移方面,该软件有较强的模拟功能。全爽利用该软件建立了白沙河—墨水河流域的地下水及溶质的模型,计算了入海水量和盐量,分析了地下水污染对于海洋的影响。杨楠楠利用该软件建立了青岛大沽河流域地下水二维模型,并成功分析了水利工程对于地下水水位及硝酸盐污染的影响。综上,Visual MODFLOW在各尺度,各地区均能建立起符合实际的地下水模型进行数值模拟,是研究地下水资源演变规律的较为合适的软件。

## 1.2　干旱内陆河地表水与地下水转化研究

### 1.2.1　地表水和地下水耦合模拟

依据水文循环的系统性和特殊性,很早就有学者把视角放在了地表水和地下水联合模拟上,以水资源可持续利用为重点研究目标,将流域看作是一个地表水与地下水联合利用的整体来研究。

国外在这方面的研究比较早,Buras 等最初建立了地表水和地下水联合利用模型,用以计算地表水和地下水转化通量,并且依据所建模型预测地下水的动态变化,为区域水资源和合理规划提供参考;Morelseytoux H. J. 为了计算流域的地下水可开采率,建立了河流和地下水含水层耦合模型,计算地表水补给地下水水资源量,计算最大地下水可开采率,为维持地下水恒定水位提供有力参考;Cunninqham A. B. 等在美国内华达州 Truckee 流域利用有限单元法求解一维水动力和二维地下水耦合模型,通过参数敏感性分析和模型不同条件下的预测研究,求解河流和地下水之间的转化关系;Jamshidi M. 等建立了用于规划流域水资源合理规划的模型,通过地表水和地下水的联合利用制定流域水资源合理利用模式,提高水资源的可持续利用率;Miles J. C. 等针对英国中部流域的水资源利用现状,建立河流和地下水耦合模型,并利用有限差分方法求解模型,用来预测流域地下水动态变化规律;Willis Robert 建立了地表水和地下水联合利用模型,结合有限单元法和矩阵指数计算方法探求农业用水效率的提高,为地区社会经济的发展提供更多的可利用水量;Ackerer Ph. 等建立了地表水和地下水耦合模型,并利用试验得到河流水位数据和地下水埋深数据计算地表水和地下水交换通量,并且用地下水水位验证所建模型的模拟效率,试验取得了不错的效果;Swain Eric D. 等探讨了不同的影响因素对于地表-地下水耦合模型模拟精度的影响,分析不同时间尺度下模型模拟效果的差异性,对于模型不确定性也给出了一些建议;Matsukawa Joy 在 Mad 流域用系统动力学理论建立地表-地下水利用模型,设定不同的控制条件,例如人口数量,社会经济指标等来求解模型,为流域的水资源合理规划给出建议;Swain Eric D. 等将地表水模型 BRANCH 的计算结果耦合作为地下水数值模型 MODFLOW 的初始输入数据,实现地表水和地下水的松散耦合,使得两个模型更加适用于当地流域,为流域水资源的可持续利用提供更多参考;Basaqaoqlu Hakan 等构建地表水和地下水相互作用模型,综合考虑水库蓄水泄水、河道及渠系渗透,农业用水和城市用水等建立目标函数,用模型的计算结果制定区域水资源合理利用规划;Halford Keith J. 等依据前期收集的流域水文数据建立地表水和地下水联合利用模型,并利用退水曲线分析地表水与地下水之间的转化关系,分析模型不确定性,找出对模型影响较大的参数,提高了模型的模拟精度;Cosgrove Donna M. 等在 Snake 流域运用瞬时响应函数建立地表水和地下水综合管理模型,提高流域的水资源综合利用效率,为流域水资源可持续利用提供参考;Käser D. 等运用三维地下水模型和二维坡面流耦合模型量化复杂的地下水/地表水流相互作用,并评估其对流域过程的影响。认为在所有空间尺度上,地形和河道参数对模型精度最为重要;Maxwell R. M. 等在北美大陆综合运用地表和地下径流耦合水文模型模拟为地区提供了水文通量的综合预测。研究表明,大陆规模的集成模型和实用程序,提高了我们理解大型水文系统的可行性,高分辨率和大空间范围的结合,有利于使用模型输出的比例关系分析;Bailey R. T. 等在俄勒冈上克拉马斯盆地内,建立 SWAT - MODFLOW 地表水和地下水耦合模型研究 1970—2003 年时间段的径流过程,结果表明,高空间变异性地下水补给,在几个地点没有地下水/地表水相互作用。年平均地下水流量为 $20.5 \ m^3/s$,最大和最小速率发生在九月到十月和三月到四月。

　　国内对于地表水与地下水耦合模拟的研究比国外晚,但在水文学者的不断努力追赶下已经取得不错的成绩。最早的地表水和地下水耦合模型总是关注在河流和地下水之间的转化关系上,对于农业灌溉水和地下水的相互作用关系研究甚少,这也和灌区水资源利用过程复杂有直接关系。蒋业放等人依据流域的水资源利用特点和含水层结构建立了河流和地下水的水量均衡模型,用以求解两者之间的转化关系,模拟结果显示方法很好地用于流域的水循环过程的解读;易云华等根据河流入渗规律,建立相应的数学表达式,在此基础上建立地表/地下水转化模型,分析河流和地下水含水层之间的相互转化规律,模型效果显著;李致家等将一维水动力模型的迭代方法和地下水含水层的水量交换方式结合起来建立相应的地表水和地下水耦合模型,求解地表水和地下水之间的转化通量,并用流域实测水位数据验证模型的有效性;刘国东等比较分析了饱和流和变饱和流模型的理论模拟与运用砂槽模型的地下水和河水脱节的物理模拟的模型模拟精度,认为两者各有优缺点,饱和流和变饱和流模型适用于河流和地下水转化关系的模拟;崔亚莉等利用不同开采方案下玛纳斯河流域地下水的动态变化趋势,对当地地表水和地下水之间的转化关系做了详细的分析;潘世兵等建立地表水与地下水耦合模型探讨不同人类活动条件下的地表水和地下水转化规律,为流域水资源的合理利用提供依据;刘昌明等在黄河源区42.8万 km² 的流域进行地表/地下水水文模拟研究,根据土地利用条件和气候变化条件下的水循环规律,寻求影响黄河源区水循环过程的因素;张志忠等采用隐式差分方法和有限元法对所建的地表水和地下水耦合模型进行了时空离散,并用迭代法求解模型,将其应用于黑河流域,对流域地下水动态变化规律给出了预测结果;胡俊锋等分析了地下水与河水的相互作用受地形地貌、水文地质、变化环境的影响程度,总结了现有的对于地表水和地下水互相作用关系的研究方法,给出了今后研究此类问题应该综合考虑的注意事项,为今后模型的解析和精度提高给出了建议;曲兴辉等建立平原区地表水与地下水耦合模型,用于地表水和地下水交换通量的确定,为流域制定合理的水资源调控模式给予参考。

目前,地表水与地下水耦合模型的发展主要包括以下三个方面:① 在地表水模型中增加地下水模拟模块,例如降雨径流模型 HSPF 当中加入了 MODFLOW,使之具备模拟水文循环全过程的功能;② 在地下水模型中加入地表水模块或者土壤水模拟模块,比如 MODFLOW 当中加入了非饱和入渗计算模块。这两种模型的改进方式主要是为了完善水文循环全过程模拟的需要,建立能够描述水文循环过程、可用于大多数流域的综合性模型。表1.1列出了典型的地表水和地下水耦合模型。

**表 1.1　典型的地表水地下水耦合模型**

| 模型名称 | 研发单位 | 模型结构 |
|---|---|---|
| MIKE SHE | 丹麦水利研究所 | 二维地表径流模型;二(三)维地下水有限差分模型;综合考虑土壤侵蚀和污染物平衡 |
| AWATMOD | 美国农业部 | SWAT 模型与 MODFLOW 模型的耦合 |
| Hydro Geo Sphere | 加拿大滑铁卢大学 | 分布式水文模型 Integrated Hydrology Model 和三维有限元模型 FRAC3DVS 的耦合 |
| IGSM | 美国加利福尼亚大学 | 基于河流汇流的地表水模型和以有限元理论为基础的地下水模型,采用半隐式的时间离散格式,纵向为三角形网络,垂向为四边形网络 |
| GSFLOW | 美国内政部和地质调查局 | PRMS 的降雨径流模拟与三维有限差分的 MODFLOW - 2005 耦合 |

| 模型名称 | 研发单位 | 模型结构 |
|---|---|---|
| LL‐Ⅲ | 武汉大学 | 模型中在垂向上分为 3 层,第一层为林冠层,中间层为变动层,最下一层为地下水层,各层的净雨深为模型分层计算的结果 |
| WEP‐L | 中国水利水电科学研究院 | 模拟过程主要由自然水文、能量传输和用水组成 |
| WATLAC | 南京地理与湖泊研究所 | 模型主要由地表水流与地下水流完全耦合的计算模块组成 |

地表水和地下水耦合模型较单独的地表水模型或者地下水模型更加具有优势,但是同时结构更加复杂,这就为模型参数的选取和模型的验证带来了困难。在西北干旱区流域进行地表水与地下水耦合研究最为困难的是资料的获取,除了在常规的水文资料的获取外,应该加入试验部分,用来获得一些不易直接获取到的参数值,还可以借助计算机技术,例如 3S 技术和遥感图片解译等来获取有效信息。随着计算机技术的发展,新的试验方法和数据获取渠道被水文工作者所采用,在大量的原始数据面前怎么样输入更少的数据使模型获得做大的效率,减少模型的运算时间,后期增强参数分析,增加模型应用的可靠性变得尤为重要。在这种机制的促使下,开发具有物理机制的分布式水文模型用来完全模拟水文循环过程,求解地表水和地下水的相互作用关系成为水文学研究的热点问题。

### 1.2.2　分布式水文模型模拟

水文模型是对自然界中复杂水循环过程的近似描述,是水文科学研究的一种手段和方法,也是对水循环规律研究和认识的必然结果。依据水文模型的应用范围和社会不同的发展阶段,水文工作者开发了很多的分布式水文模型。水文模型也经历了从黑箱模型发展到概念性水文模型,再到分布式水文模型的艰难过程。分布式水文模型相比概念性水文模型具有很强的物理基础,模型参数具有明确的物理意义,运用连续方程和动力方程求解模型,具有完全模拟水循环过程、适应性强等特点。

国外的分布式水文模型起源公认的是由 Freeze 和 Harlan 发表的“一个具有物理基础数值模拟的水文响应模型的蓝图”的文章开始的。Hewlett 等将地下径流分层考虑,同时在地表径流上分块研究,把流域子流域化,创新地提出了适应森林流域模拟的变源面积模拟模型,称之为 VSAS 模型;SHE 模型在 1976 年被丹麦水力学研究所、英国水文研究所和法国的水文工作者联合开发,是基于水动力学的第一个具有完全物理意义的分布式水文模型。在 SHE 模型中往往流域被剖分成矩形网格,用以输入每一个小网格上的水文数据,并进行参数预处理,在垂直剖面上含水层划分更加仔细,以便于处理不同含水层之间的水流运移问题;Beven 和

Kirkby 基于 DEM 计算地形指数 $\ln(\alpha/\tan\beta)$,利用其反映流域的下垫面情况,提出了半分布式水文模型 TOPMODEL 模型,这个模型参数具有较强的物理意义,以变源产流计算为基础,更加适用于无资料或者资料缺少地区的水循环模拟;Jeff Arnold 利用 GIS 和 RS 获取更加丰富的流域水文信息,为美国农业部农业研究中心研发了分布式水文模型 SWAT 模型。SWAT 模型能够模拟时间序列较长的、下垫面条件复杂的大中型流域,模型可以采用多种方法对流域进行时空离散,用以研究流域水文循环对于降水、蒸发等水文循环要素变化以及下垫面条件改变和人类活动干预下的水文响应。此后在不断总结前人经验的基础上,还有许多分布式水文模型被相继开发出来,如:Bergström 和 Singh 研制的 HBV 模型,美国陆军工程兵团开发的 HEC-HMS 模型以及 Leavesley 等开发的 USGS-MMS 模型等等。

相较于国外的分布式水文模型研究,国内的分布式水文模型研究很晚才开始,但是在国内水文工作者的不懈努力下也取得了不错的成绩。沈晓东等人在降雨流域降水分布不均匀性问题和地表下垫面条件不对称问题的基础之上,开发了在 GIS 基础上的分布式降雨径流模型,此模型能够动态输入流域的降雨数据,基于流域 DEM 划分栅格,模拟流域坡面产汇流过程和河道汇流过程;黄平等人研究了国外分布式水文模型的优缺点,认为现有的大量分布式水文模型在数学模型上发展不足,随后依据流域坡面汇流方程和三维地下水饱和和非饱和流过程,提出了三维动态分布式水文模型,模型对于流域下垫面条件的描述和地下水含水层划分方面都具有很好的使用效果。在这之后他又提出了基于森林坡面饱和、非饱和带二维分布式水文模型,用以研究相关的水流问题,模型的求解是在伽辽金(Calerkin)有限元方法进行的;武汉大学郭生练等人在分析现有分布式水文模型的基础上,依据 DEN 建立了一个可以模拟的小流域降雨径流过程的分布式水文模型,模型应用在国内典型流域上效果显著,并编写了《分布式水文模型概述》一书;任立良等人在新安江水文模型的基础上,基于 DEM 开发了新安江分布式水文模型,验证了模型的模拟效果,提高了新安江水文模型的适用范围;郭方等人在史河流域应用半分布式水文模型 TOPMODEL 研究流域水文循环过程,模型应用情况良好,为流域水循环研究提供了更多可能;夏军等人在现有分布式水文模型的基础上开发了分布式变增益水文模型 DTVGM,这个水文模型也是基于 DEM 开发的,模型具有良好的综合模拟效果;刘志雨在东江流域和淮河流域应用分布式水文模型 TOPKAPI 模拟水文循环过程,模型效果显著;杨大文等人采用大网格划分方法,在黄河流域运用 DEM 建立分布式水文模型,并对流域下垫面进行了参数化处理,单独建立山坡的水文单元,探讨中游河网和山坡水文单元之间的水力联系;贾仰文等人研究了国内的分布式水文模型,认为国内模型的应用主要还是应用国外模型,国内没有完整的模型应用体系和技术平台,在黄河流域建立了"天然-人工"二元水循环分布式水文模型,综合考虑了水库调节、农业灌溉和气候变化的影响因素,使模型应用更加广泛,为流域水资源管理提供科学参考。近些年来,国内分布式水文模型的研究放缓,主要是大型科研院所开发的分布式水文模型,模型针对特定流域的特定问题展开研究,在这之中比较著名的有雷晓辉等人结合 GIS 技术,对于流域表面进行参数分区,划分子流域,分析模型参数的敏感性和模型的不确定性问题开发了分布式水循环模拟工具 EasyHydro 以及 EasyDHM 水循环综合模拟平台,模型的适用性高,扩展性强,效果较好;中国水科院水资源研究所开发了一个分布式水文模型MODCYCLE,该模型主要针对强人类活动地区,特别是农田系统,目前已应用于对天津地区"四水"转化特征的定量分析。

　　总的来说,分布式水文模型相对于概念性水文模型,其参数物理意义明确,用完整的数学公式和物理方程求解模型,对于流域上水文数据的时空差异性描述更加准确,由于考虑了不同水文单元之间的水力联系,采用能量方程和动量方程计算地表水和地下水之间的转换通量,结果更加准确。随着计算机技术的发展和3S技术的广泛应用,分布式水文模型结构更加复杂,输入的数据变得更加仔细。对于流域土地利用、水循环过程以及流域面源污染等的模拟日渐被水文工作者所认可,也开发了许多适用于参数获取困难地区的分布式水文模型,以便在无实测资料的地区推广应用。

## 1.2.3　地下水数值模型模拟

　　地下水数值模拟前期主要注重于地下水水流的动态分析,应用水量均衡计算方法和水文比拟方法进行相关研究。公认最早研究地下水水流问题的是在19世纪中期法国工程师达西发明的达西定律,其通过前人的研究结论和自己的试验研究结果,提出了水流在孔隙介质中的线性渗透规律;Dupuit 在达西定律的基础上,提出了单向和平面径流稳定运动过程,这一发现被认为是奠定了地下水稳定流理论的基础;E. 梅勒在研究泉水流量的过程中首次应用解析方程求解泉水的出流量,为地下水水流运移规律的求解给出了新的方向;在非稳定流方面,Theis 在研究地下水承压水层的水流运动时,利用承压井的实验数据提出了非稳定流公式,这一发现被认为是现代水文地质学计算的开始;随后承压水的开发利用越来越频繁,Jacob考虑地下水承压含水层的越流补给问题,利用解析解求解承压含水层滞后反应和非完整井的出流规律,同时,结合叠加原理和映射方法计算非稳定流的定流问题,用以解决受进群干扰和抽水影响下的非稳定流边界问题。针对地下水流的数值模拟问题国外学者广泛应用计算机技术模拟研究地下水水流运动问题。在19世纪50年代后期,数值模拟方法得到了有效推广,主要用于构建地下水离散模型、耦合模型、混合模型以及连续性模型方面。数值计算方法的发展也经历了有限差分法、有限单元法、边界单元法和有限分析法等阶段。Zienkiewicz 等在地下水渗流问题中最早引入有限元法,有限元法的应用使得地下水渗流问题的计算更加快速和简单;Sandhu 等针对地下水渗流问题,利用广义变分原理,将数值计算方法引入地下水水流的计算问题。地下水数值模拟模型被封装成软件在世界各地广泛使用,其中比较著名的有美国地质调查局采用有限差分方法的 MODFLOW 软件;加拿大滑铁卢水文地质公司开发的 Visual MODFLOW 软件和 Visual Groundwater 软件,用地下水水位等值线图展示模型模拟结果,用内插法计算研究任意时刻特定地点的地下水埋深,使用效果良好;美国伯明翰大学环境模型研究实验室联合美国军队排水工程实验工作站开发的 GMS 软件,在中国也有很好的使用效果;美国密歇根州立大学开发的 IGW 软件,继承了水流模拟、溶质运移和水均衡计算等功能;德国 WASY 水资源规划和系统研究所依据有限单元法开发了 FEFLOW 软件,这个软件能够同时模拟地下水水流运移模拟和溶质运移模拟。

相较于国外研究,我国地下水数值模拟研究开始时间约在 20 世纪 70 年代,虽然起步较晚,但是经过水文学者这些年的不懈努力也已经和国际接轨,计算水平和国际持平。究其原因是因为国内流域水文地质监测站点于 1958 年才开始设立,水文工作者难以获取相关的水文地质数据,在数值模拟方面也就起步艰难。河北大学数学系在大清河流域采用回归分析方法研究地下水径流的预测和预报问题;吴剑锋等依据现有数值模型结构和求解方法,对于 MODFLOW 模型的结构和使用方法给出了详细的介绍,并认为数值模拟是未来研究地下水水流问题的常用方法;卞锦宇等在上海的浦西地区利用实测的地下水含水层数据建立了地下水三维数值模型,较好地解决了相对隔水层缺失区越流系数无法调试的问题;贾金生等利用 Visual MODFLOW 软件建立了栾城县地下水水流模型,用以定量分析不同开采量影响下的地下水水流运移规律;卢文喜认为人类活动剧烈地区的地下水数值模拟主要受边界条件的影响,怎么准确设定边界条件是模型精度提高的关键,其对现有模型边界条件的设定方法和涵义进行解读,对于复杂问题的边界条件设定给出了一些参考;武强等概化了地下水含水层的空间类层次结构,讨论了基于属性关系下的宏观拓扑结构和基于同构或异构几何模型关系下的微观拓扑结构;杨青春等以吉林西部流域为研究对象,运用 Visual MODFLOW 软件对地下水进行数值模拟,并对地区未来地下水动态变化进行了预测,为当地水资源可持续利用提供科学依据;卞玉梅等为保证双阳河谷水源地的地下水用水安全,运用 Visual MODFLOW 软件对地下水进行数值模拟,给出了地下水利用的综合规划方案;魏国孝等在秦王川灌区南部运用地下水模拟软件 Aqua3D 在水文地质勘测、地下水抽水试验和地下水观测井长观数据建立二维地下水数值模型,模型模拟效果良好,能够用来为地区地下水资源和科学合理利用提供支持;马驰等运用地下水数值模拟软件 MODF-

LOW 在西华水源地建立三维地下水数值模型,对区域地下水水位动态变化进行预测;余维等人在三河市运用地下水数值模拟软件 Visual MODFLOW 建立三维地下水数值模型,预测三河市在不同地下水利用条件下的地下水动态变化趋势;王庆永等综合分析地下水数值模拟软件的特点和使用注意事项,为流域地下水数值模拟软件的选择提供更多的参考;陈冬琴运用三维地下水数值模拟软件 GMS 建立地下水数值模拟模型评价杭嘉湖地区地下水资源量;丁飞等运用地下水数值模拟软件 Visual MODFLOW 建立了石佛寺水库地下水数值模拟模型,用以求解水库水和地下水之间的相互作用关系,并根据不同的地下水开采方案,预测水库周边地下水的动态变化趋势;任友山等运用 Visual MODFLOW 建立地下水数值模型,研究佳木斯市地下水水位变化规律,为市区地下水资源的合理利用提供参考;李小龙等依据玛纳斯河流域含水层结构特点和中游平原区节水灌溉技术的应用现状,运用 Visual MODFLOW4.2 软件计算平原区地下水量均衡,模型结果显示地下水和地表水之间转换频繁,研究区整体处于负均衡状态。

玛纳斯河流域地处亚欧大陆腹地,独特的山盆结构决定了其水文过程的特殊性。早在 1905 年和 1940 年,俄国学者奥勃鲁契夫就曾先后两次考察过玛纳斯河流域,并记载了老玛纳斯湖迁至西北新玛纳斯湖的过程;李涛和汤奇成探讨了玛纳斯地区山区河流的形成及其估算方法;张石峰等人采用"响应矩阵法"将数值模型和线性规划方法结合,建立了平稳流与非平稳流两类管理模型,对玛纳斯河流域整个含水层各分布点的各种水力状态进行全面管理;王道经利用卫星影像图为研究玛纳斯湖的形成和演变提供了翔实而直观的材料;黄炽元就玛纳斯河 5~6 月径流超长期预报方法提出了自己的见解;董新光等人借助系统工程学的方法,运用计算机地下水数值模型建立新疆水资源规划模型,为新疆水资源的合理利用提供优化解决方案;玛纳斯河流域农业灌溉和水库调节等人工取水和调控使流域水文过程更加复杂,加之对玛纳斯河流域地表水与地下水的相互转化关系缺乏系统的、统一的观测和研究,缺少节水灌溉条件下田间和渠系入渗实测数据。仅仅依靠气象及水文观测资料,很难准确分析复杂流域的水循环过程,这就需要一种新型的水文模拟手段充分考虑流域上灌区、水库、取用水和闸坝等水文过程才能够满足变化环境下或剧烈人类活动影响下水资源管理的需求。分布式水文模型用严格的数学方程来描述水循环的各个过程,不管是参数的输入还是边界条件的设定都考虑了时空变异的影响,并且对各个水力单元之间的水力联系提供了很好的解决途径。面对复杂的流域下垫面情况,综合分析流域上游径流形成,出山口水库蓄水和平原区取用水的影响,完全可以模拟水循环过程。其物理参数一般不需要通过实测水文资料来率定,解决了参数间的不独立性和不确定性问题,便于应用于玛纳斯河流域地表-地下水转化规律的研究当中,并且和地下水数值模拟相结合对于提高地表-地下水资源综合利用效益以及制定相应的总体措施计划与安排,地表-地下水资源开发与社会经济发展及自然生态环境保护相互协调都有着重要作用。

# 1.3　干旱内陆河生态水文响应研究

## 1.3.1　绿洲生态系统与水资源的关系

内陆河流域多具有垂直分异显著的山地生态系统、绿洲生态系统和荒漠生态系统结构特征。山区冰雪融水和降水形成的径流量直接决定平原区绿洲和荒漠植被的范围和规模,生态系统具有较大的脆弱性和对水分的敏感性。同时绿洲被荒漠分割且包围,相对丰富的自然资源与极端脆弱的生态环境交织在一起,水资源开发利用中生态保护与重建和发展经济间的矛盾始终是干旱区水资源管理中的核心问题。

现代意义上的绿洲分为由天然河流和湖泊充沛的水量滋润而成的天然绿洲和通过人类修建水利设施形成的灌溉农业区或其他经济活动中心的人工绿洲。天然绿洲一般面积较小,承载人口数量不多,但却是干旱区人民得以修养生息的前站。随着人类的发展进程,天然绿洲生态环境中出现了农田和人类居住地,农田生态系统和人口增长相互促进,使居住地发展成为城市生态系统,自然景观逐渐被农田和城市这两个纯人工景观所取代,三者在干旱区这个大背景下相互关联,相互依存,因此绿洲生态系统不是一个单纯的自然或人工生态系统,而是一个自然-人工复合生态系统。

水资源对绿洲生态系统的稳定性具有重要影响。作为干旱区人类生存和生产核心场所的绿洲,其稳定性直接关系到整个系统的兴亡。但是绿洲生态系统稳定性也被不同的研究者在纯自然生态系统的前提下赋予了不同的意义。潘晓玲从绿洲内部的次生盐渍化防治,以及生态系统与局地水资源的相互作用等方面来探讨绿洲的动态稳定性;王忠静等用绿洲的实际水分条件与热量条件的相对平衡分析绿洲的稳定性;韩德麟认为绿洲的稳定性指标就是绿洲规模与绿洲需水量之间的一种定量关系,以理论绿洲面积与实际面积的比较来分析绿洲的稳定性。

## 1.3.2　干旱区荒漠生态系统与地下水的关系

在干旱和半干旱地区,地下水埋深的动态变化影响着土壤水分、盐分和地表生态,不仅影响着天然生态系统的安全,还影响到绿洲的生态安全,而地下水文过程、土壤水盐、生态环境、植被演变之间等有着复杂的关系,合理界定地下水生态埋深涉及地下水、土壤、植物、水盐相互之间的动态平衡。

国外很多研究机构和专家学者都对地下水与生态环境之间的关系做了大量工作,取得了重要的研究成果。2001 年,Jonathan 在地下水位埋深与植物生长的关系方面,作物产量与地下水位埋深的关系,植物在不同地下水位埋深的生理反应以及地下水埋深与土壤盐渍化的关系方面进行了研究。在国内,许多学者从 20 世纪60 年代就开始进行该方面的研究,1992 年,张慧昌等研究了干旱区保持生态平衡的埋深;2000 年,宋郁东等提出了地下水合理生态水位的概念;2007 年,张长春、孙才志等对华北平原和辽河平原研究时,定义了地下生态水位的概念。2006 年,赵文智等在研究黑河流域生态需水时,给出了生态地下水位的定义,并指出地下水埋深为某种植被群落生态地下水位。

我国学者对塔里木河、石羊河、黑河流域、毛乌素沙地等的植被与地下水关系的研究做了大量的研究工作,建立了诸多模型描述植被与地下水的关系。2003 年,陈亚宁发现在干旱区地表植被的组成、分布及长势与地下水有着密切的关系,全区植被分布及演替规律,明显受地下水,特别是潜水的埋深和水质的控制,表现出与地下水密切的相关性。许多研究都证实了影响天然植被生长和恢复的土壤水分和盐分与地下水埋深高低密切相关。汤梦玲、徐恒力、曹李靖等人在西北地区的气候及水资源的基本特征的基础上,分析了植被的分带、生存适应性及演替与地下水的关系,并阐述了地下水开采对植被的影响。结果表明:植被的分布、生存和演替主要受控于水盐条件。地下水埋深愈浅,植物的生长发育状况愈好。张丽、董增川等深入研究了植物生长与地下水埋深的关系,定量描述它们之间的关系,以生态适宜性理论为基础,根据塔里木河干流流域典型植物的随机抽样调查资料,建立了干旱区几种典型植物生长与地下水埋深关系的对数正态分布模型。

### 1.3.3 玛纳斯河流域生态水文过程

玛纳斯河流域有着显域性的山地生态系统、荒漠生态系统和隐域性的绿洲生态系统之间相互作用,进行着以水为主要驱动力的物质运移与能量转化过程,构成了以山地—绿洲—荒漠复合生态系统为基本特征的特殊自然单元。

玛纳斯河流域土地利用和生态环境问题一直受到众多学者专家的关注。早在 1905 年,俄国学者奥勃鲁契夫曾考察过玛纳斯河流域,并记载了老玛纳斯湖;1940 年他又一次考察了该流域,发现迁至西北的新玛纳斯湖。新中国成立后,中国科学院新疆综合考察队曾多次对新疆进行科学考察,汇编了《新疆综合考察报告汇编》等巨著,这些资料成为早期研究玛纳斯河流域和天山北坡乃至整个新疆的宝贵资料。1992 年,汤奇成等探讨了 1950 年和 1977 年流域水资源开发利用所引起的土地利用变化;1990 年,赵全忠研究玛纳斯河水资源开发对生态环境的影响;以柏林技术大学屈喜乐教授为首的德国柏林技术大学农业生态环境资源研究组,与中国新疆环境保护科学研究所、石河子等地的科学家合作,对该流域的农业生态环境资源进行了详细的研究,取得了大量成果;1989 年,黄培佑等探讨了石河子莫索湾垦区的开发及对周围环境的影响;2001,贾宝全等对石河子莫索湾垦区绿洲景观格局变化进行了分析;2002 年,杨发相研究了新疆玛纳斯河流域的土地利用与退化问题;2005 年,程维明等探讨了绿洲开发和水资源利用造成的下游尾间湖泊的干涸及对周围生态环境的影响问题;2006 年,封玲研究了玛纳斯河流域农业开发与水资源分配格局的改变及其生态效应;2006年,张凤华等以玛纳斯河流域为试验区,利用 ERDAS IMAGINE 遥感图像处理软件对玛纳斯河流域绿洲不同时期(1976 年、1989 年、2000 年)遥感影像进行分析。探讨利用 ERDAS IMAGINE 对该区 TM 影像进行监督分类的方法,并进一步分析其土地利用的演变过程。

除此之外,2005 年,潘旭东等研究了玛纳河流域绿洲农田开垦后土壤质量状况演变趋势,结果表明土壤耕层综合质量状况随着开垦年限先变好,达到最优值后又开始退化,开垦 10～15 年严重退化,达到土壤耕作的预警期,随后进一步退化;2005 年,樊永峰基于遥感与 GIS 技术对玛纳斯河流域生态环境进行了研究;2007 年,赖先齐等研究了玛纳斯绿洲耕地盐渍化弃耕后的生态问题;2007年,张丹研究了玛纳斯斯河流域土地变化及其对生态安全的影响,等等。不难看出,这些研究都对玛纳斯河流域土地利用变化及其流域的自然、土地等进行了一定的研究,但是关于该流域土地利用/覆被变化及其生态环境效应的完整研究还不常见。

玛纳斯河流域水资源开发利用的特殊性在于平衡维持脆弱生态系统和社会经济系统的协调和可持续发展。水资源是玛纳斯河流域基本保障性自然资源和战略性经济资源,是制约经济社会发展、生态环境建设的最关键因素。玛纳斯河流域平均年降水量不足 200 mm,蒸发能力为降水量的 8～10 倍。玛纳斯河流域所有的水资源被流域内生产、生活、生态所消耗,其三者消耗的结构和水资源总量及分布的变化决定了干旱区生态系统的不稳定性与脆弱性。因此,变化环境下引起的水资源无论在量上还是时空分布上的变化,都会使得玛纳斯河流域资源开发利用过程中生态维护与经济发展的矛盾更加突出。因此,开展变化环境下玛纳斯河流域的生态-水文过程作用机制研究,对支撑以绿洲农业为基础的干旱区经济社会发展将产生重要影响。

## 1.4 本章小结

（1）总结了干旱区内陆河水循环模拟的相关概念，综述了干旱区内陆河水循环模拟相关内容的国内外研究进展和发展趋势，比较了各方法优缺点。

（2）概括了研究干旱区内陆地表水地下水转化的研究理论、方法、模型和应用，包括地表水地下水耦合模拟、分布式水文模拟和地下水数值模拟的理论发展和适用条件。

（3）从干旱区绿洲生态系统和荒漠生态系统两方面叙述了生态与水资源的关系，展现了国内外在生态水文响应方面的研究进展和取得的成果，明确了研究变化条件下流域水循环影响机理及其生态环境响应的重要意义。

# 2 研究区概况

## 2.1 自然地理状况

### 2.1.1 地理位置

新疆玛纳斯河(简称玛纳斯河)位于东经 84°55′~86°59′,北纬 43°4′~45°20′。

其中玛纳斯河全长 400 km,发源于北天山中段喀拉乌成山和依连哈比尔尕山、比依达克山(为新疆第二大冰川集结地),顺山地北坡向北流入干旱的内陆盆地——准噶尔盆地,最后注入玛纳斯湖(现已干枯)。该流域由源于山地的一系列间隙性小河组成,主要有玛纳斯河及其东侧的塔西河、西侧的金沟河、宁家河、巴音沟河、大南沟河、沙湾河等,大致成 SSE~NNW 方向流经山前绿洲,玛纳斯河流域绿洲平原区的总控制面积为 9 474 km²(见图 2.1)。玛纳斯河流域行政上包括昌吉回族自治州的玛纳斯县、塔城地区的沙湾县、石河子市及石河子垦区团场、新湖农场以及克拉玛依地区的小拐乡等 35 个团场、乡。新中国成立后,玛纳斯河流域成为新疆开垦的最大的人工绿洲。

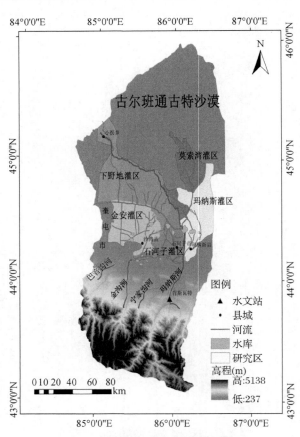

图 2.1 玛纳斯河流域绿洲平原区位置

## 2.1.2 地形地貌

玛纳斯河自天山发源,从高山到沙漠,高程由南向北下降,在构造运动中,挤压、水流及风沙相互作用,使得地表高低错落,或沉降,或堆积,产生了目前的不同地形地貌。由南向北由于地质构造运动,产生了大致由北向南高程递减的地形地貌类型,即中高山,山间凹陷带,前山带,洪积冲积扇,洪积冲积平原以及北端的沙漠。山间凹陷带主要的地貌类型是水蚀黄土,同时有古河道存在,由于水流侵蚀与构造运动共同作用而形成。前山带主要的地貌类型是低山丘陵。洪积冲积扇的坡度较小,河流在经过丘陵区进入这个区域后,泛滥沉积,形成了近代冲积扇和少量的泛滥平原。再向北为洪积冲积平原,与洪积冲积扇相比更为广阔,是玛纳斯河流域人口主要分布的区域。从高程上来看,高程变化不大,坡度在千分之一到千分之三,除了南北高程逐渐降低之外,东部地区略高于北偏西地区,坡度在千分之三左右。在过去的地质时期,从南方流下的河流裹挟着泥沙在这片坡度较小的平原堆积,加上风沙日照的持续作用,形成了这片广袤的堆积平原。古河道、干涸的河床、沙丘等地貌的分布是这个平原的形成过程的遗迹。北端的沙漠在风力推动和植被阻挡之下,侵入到洪积冲积平原中,两者相契,随着水资源条件的不同,植被的覆盖情况也相应改变,使得沙漠的边界有所变化。

玛纳斯河流域地势由东南向西北倾斜,最高海拔为 5 442.5 m,最低为 256 m,由南向北依次流经山地、平原、沙漠三大地貌单元(比例约为 2.08:1:1.07)。经过海陆变迁、造山运动和水系演化等过程形成了典型的山盆系统格局。流域由南向北根据其地形地貌特点和自然景观依次有高中山区带、中低山丘陵带、低山丘陵带、山前倾斜平原带、冲积洪积平原带及风积沙漠带等景观。

(1)高中山带:海拔 2 500~4 000 m 以上,以古生代的变质岩系为主,伴有火成岩侵入,山势陡峭,裂隙发育,现代冰川相当活跃,山溪性内陆河流均发源于此,区域性大断裂带横贯东西,与中低山带分界明显。

(2)中低山带:属于第二列构造带,呈东西走向,形态受构造控制,南缓北陡,海拔在 1 000~2 500 m。

(3)低山丘陵带:由于强烈的剥蚀作用,形成高数十米乃至百米的低山丘陵,海拔 500~1 000 m,表层覆盖第四系黄土类及冰水砾石层,基层多为基岩。

(4)山前倾斜平原带:由冲洪积扇构成,自南向北地形坡降为 11‰~33‰,地表主要覆盖砂土、壤土、粘土夹砾石,下部沉积卵砾石厚度 300~400 m。

(5)冲积、洪积平原带:形成于早期的冲洪积作用,区内景观呈现平坦状,绿洲农业灌区主要分布于此。地势由东南向西北倾斜,地形坡降为 5‰~11‰。区内中下游发育有十分良好的微地貌,古河道、洪水冲沟及先前河床形成了一系列的槽状洼地。平原堆积物部分为早期洪流搬运来的第三纪泥岩,含有较高盐分。

（6）风积沙漠带：区内沙漠分布在垦区北部，属于古尔班通古特沙漠。沙丘堆积形成于自西北的阿拉山口风的搬运过程。风沙搬运过程到达盆地之后，在原始地形和荒漠植被的阻挡下，形成不同方向的风，因而形成不同形态的沙漠景观。

### 2.1.3　气候特征

玛纳斯河流域地处干旱区内部，属于典型的温带大陆性气候，主要气候特征是降水少、蒸发大、温差大、湿度小，区域年平均降水量 100～200 mm，但是时空分布不均匀。根据胡汝骥等人的研究，玛纳斯河流域的年降水量随海拔高度升高而增加的现象比较明显。在地理分布上由南向北递减，南部高山地区降水量丰富，为 700～1 000 mm；低山丘陵区 300～400 mm；位于山前倾斜平原的石河子市、玛纳斯县和沙湾县为 197.2 mm；靠近沙漠边缘的莫索湾、小拐等地区仅为 120 mm。且降水年内分布不均，主要分布在春、夏两季，占到全年降水的 70%左右，其中 4～7 月 4 个月的降水量占到全年的 50%～60%。在春、夏两季，山区夏季降水量大于春季，平原则是春季降水略大于夏季。

流域蒸发量自南向北递增：石河子市为 1 514.9 mm，莫索湾为 1 942.1 mm。年均相对湿度在 61%～66%之间，冬季最大，夏季最小。

流域海拔高山区终年积雪，年平均气温在 0 ℃以上。中山区年平均气温 2 ℃左右，低山丘陵地区年平均气温在 5 ℃左右。平原区年平均气温在 6～6.60 ℃，无霜期 160～170 d。冬夏昼夜温差大：夏季极端最高气温 43.1 ℃，冬季极端最低气温－42.8 ℃。平原区光热资源极为丰富，全年日照时数 2 750～2 840 h。≥10 ℃ 积温为 3 250～3 900 ℃。年总辐射量在 126～135 kcal/cm²。

玛纳斯河流域远离海洋，气候干燥，蒸发量大，属于温带大陆性干旱气候区。总体特点是四季气温悬殊，干燥少雨。冬夏季长而春秋季短，降水量时空差异大，干旱指数在 4.0～10 之间，年均降水量 115～200 mm，年均蒸发量 1 500～2 100 mm，年均气温 4.7～5.7 ℃，积温 2 400～3 500 ℃，无霜期 160～180 d，年均日照时间 2 600～3 000 h，年总辐射量为 126～135 kcal/cm²（1 kcal＝4.18 kJ）。近 50 年来玛纳斯河流域最热月平均气温 24.8 ℃，最冷月－16.1 ℃，年极端气温－42.8～43.1 ℃，相差近 86 ℃，年均气温线性倾向率为 0.41 ℃/（10 a）。

受海拔、地形地貌等因素影响，玛纳斯河流域由南至北气象条件空间差异性显著，见表 2.1，大致可分为三个农业气候区：

（1）天山北麓前山温润和半干旱区：包括 143 团紫泥泉镇农区及冬春牧场、142 团的博尔通沟地区。地表高程在 600～1 400 m 之间，多年平均降水量为 290 mm 左右，多年平均气温为 4.9 ℃，极端最高气温接近 37.2 ℃，极端最低气温为－35.3 ℃，≥10 ℃的积温平均在 2 400～2 700 ℃之间，无霜期约为 150 d。

（2）盆地边缘温暖干旱农业气候区：包括石河子市、143 团、147 团、142 团。地表高程在 400~600 m 之间,多年平均降水量约为 150~200 mm,多年平均气温约为 6.6 ℃,极端最高气温为 41.3 ℃,极端最低气温为-38.9 ℃,≥10 ℃的全年积温为 3 400~3 550 ℃,无霜期约为 175 d。

(3)沙漠边缘干旱农业区:包括下野地和莫索湾灌区。地表高程为 300~400 m,多年平均降水量为 120~150 mm,多年平均气温约为 8.1 ℃,潜在蒸散发量为 1 700~2 500 mm,≥10 ℃的全年积温为 3 550~3 600 ℃,无霜期约为 160 d。

**表 2.1 玛纳斯河流域气象因子统计表**

| 气象站 | 平均气温(℃) | 最高气温(℃) | 最低气温(℃) | 降雨量(mm) | 日照时数(h) | 平均风速(m/s) |
|---|---|---|---|---|---|---|
| 石河子市 | 7.4 | 42.2 | -39.8 | 210.6 | 2 754.9 | 1.5 |
| 下野市 | 8.1 | 43.1 | -43.1 | 154.2 | 3 061.1 | 2.4 |
| 莫索湾 | 7.6 | 43.1 | -42.2 | 147.5 | 3 012.9 | 2.4 |
| 安集海 | 7.4 | 42.3 | -43.1 | 197.2 | 2 283.4 | 2.2 |

60 年来,玛纳斯河流域经历了一个增温趋湿的过程。如图 2.2 所示,20 世纪 60 年代年平均气温有明显下降趋势,70 年代处于波动期,从 80 年代开始,流域增温趋势较为显著,说明玛纳斯河流域从 20 世纪 80 年代开始温度逐渐升高,有变暖趋势。在空间分布上,温度变化呈现由南向北随地势降低而升高的基本特征。

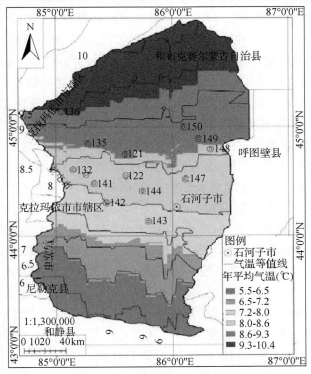

**图 2.2 玛纳斯河流域平均气温分布**

### 2.1.4　土壤植被

玛纳斯河流域不同地貌单元内土壤类型和植被分布差异明显。空间上由南至北,山区主要的土壤类型为亚高山草甸土、棕韩土、高山草甸土、灰褐土、栗土;平原区主要为草甸土、灰漠土、风砂土、新积土、潮土、沼泽土、盐土等。从东向西,各河冲积扇扇缘带状分布有草甸土和沼泽土。由南至北灰漠土生物累积逐渐减弱,盐化逐渐加强。冲积平原地势平坦,上部靠近冲洪积扇缘部分土质以粘壤、粘土为主,中、下部土质偏沙性,表层保水性较差,水盐易向下层沉积。平原绿洲灌区土壤质地较为适中,其中中壤和轻壤土所占比例约为83%,适于农作物生长。土壤盐渍化发生的主要部位为冲积扇边缘,地下水埋深较浅,水分运移不畅。地带性植被主要是以柽柳、盐穗木、琵琶柴等为建群种的小灌木荒漠。

### 2.1.5　水文地质

过去的地质运动、气候条件以及古河流运动,造就了当地南高北低的地势,高山—平原—沙漠的地形地貌体系,高山区到平原区的地下水水跌以及平原区多层的地下水储存结构。从水文地质图上来看,地下水分布大体上也与地表的地貌地形相适应。在山区,裂隙大量存在,储存着可观的裂隙潜水。由南向北,与地形类似,地下水位也有所下降,在山前凹陷带的古河道近代冲积扇地貌下堆积着以圆卵石为主的第四系沉积物,储存着埋深在10 m到50 m的潜水,单井流量在2~50 L/s之间,顺着地势以及古河道向北运动。在丘陵的裂隙中储存着第三系裂隙潜水,也因水势的作用向北运动。第四系松散沉积物继续在洪积扇区中延伸,沉积物中的潜水由南向北埋深减小,单井流量各地区仍有较大区别,但仍在2~50 L/s之间。单一潜水层结构在这个范围逐渐过渡到多层含水层,山区地下水也在这个范围补给平原地下水。在红嘴山电厂以南3 km左右的位置,在地质剖面图上发现地下水位迅速下降100 m以上的跌水。在这个潜水水平径流带中,有人口密集的石河子市、玛纳斯县等,地下水开采量大,且较为集中。

在夹河子附近,高程400~430 m,是潜水水平径流与潜水溢出带的分界。从夹河子的地质勘测中发现亚粘土以及粘土层层数增加,在钻孔深度达480 m时,地下共探得8层亚粘土与粘土层,卵石层继续在高处6层粘土层之间存在,第6层粘土下一层为第四系中更新统的细砂层,向下为大约60 m厚度的粘土层以及第四系下更新统的卵石层。卵石中的单一层潜水进入多粘土层带,形成了潜水层和多层承压水层的地下水新分布。在这个溢出带中,地下水埋深普遍较小,石河子灌区潜水埋深在5~10 m,也存在泉水涌出的现象,开采量较大。

潜水溢出带在夹河子水库附近与潜水垂向交替带分界,地表为冲积平原。在地下,原本颗粒较大的卵石逐渐由中粗砂取代,粘土层、亚粘土层厚度增加,地下水的水平运动困难。在夹河子水库地下 250 m 左右仍存在有 4 层卵石夹砂层,厚度在 10 m 左右,向北到石莫公路,在六户地乡附近,只有两层卵石夹砂层位于底层,其他已经被第四系全新统、上更新统的中粗砂和卵石夹粘土层覆盖。在 148 团 23 连以南,卵石层完全被中砂、细砂和粘土代替。从 148 团 23 连钻孔调查情况来看,第一层为 20 m 左右的亚粘土层,第二层为 15 m 左右的中砂层,第三层为 50 m 左右的粘土层,第四层为 50 m 左右的中砂层,第五层为 100 m 左右的粘土层。在这层较厚的粘土层下,还有两层第四系全新统,上更新统的沉积下的细砂层,以及两层粘土层,这四层较薄,在 8 m 左右。第十层以下为第四系中更新统沉积下来的物质,颗粒更细。第十层为粉细砂层,厚度在 100 m 左右,向下隔着 8 m 左右的粘土层,是一层细砂层,厚度在 40 m 左右。较厚的粘土层,更细的中粗砂、细砂、粉细砂层,相对于溢出带,其透水性进一步减小,同时地下水水头差也较小,在这个带中地下水的水平运动速度很小。从 149 团 13 连的钻孔资料来看,第一层由亚粘土层过渡为粘土层,厚度逐渐减小到 3 m 左右。第二层和第四层中砂层在第三层粘土层逐渐变薄消失下连通。在南面原本是第五层的粘土层在这里已分为两层,上面一层厚度为 50 m 左右,且有亚粘土,下面一层厚度为 10 m 左右,仍为粘土,中间为中砂层堆积。粘土层之下,高程在 80~100 m 之间为细砂层,其下为亚砂土层,厚度在 40 m 左右。再下层为第四系中更新系统的粉砂层,厚度在 100 m 以上。地下水水位在这段变化不大,除了中粗砂层之外,其他层的透水性都不大,粘土层几乎不透水。但相对于水平运动,由于承压水水头较高,垂直补给较易。149 团 13 连向北,地下仍然主要是粘土层砂层相间隔分布的状态。在 150 团 22 连附近,在高程 100~200 m 处,有 6 层较薄的粘土层发展,承压水分层增多。在矿化度方面,一般北部地区高于南部,埋深浅的地下水高于深的地下水。

本次地下水模拟的主要研究区域为平原区,在含水层划分上分为多层承压水和弱承压潜水。

多层承压含水层根据其水文地质特性,主要划分为:

(1) 上更新统承压水含水岩组,形成时间最近,埋藏最浅,又称浅层承压水含水岩组。此含水层组成的物质主要为细砂,有一定透水性。平原区东北角的颗粒变细,而东南角较粗,由细沙变为中细砂,分布厚薄不均。水质方面,这层含水层由于靠近地表,与人类灌溉较为密切,水质在空间上变化较大。一般规律为北部矿化度高于南部,咸水厚度高于南部,沙漠边缘的矿化度高使得地下水难以利用,西北角矿化度相对较小,其余地区则为淡水,矿化度在 1 g/L 以下。

(2) 中更新统承压水含水岩组,位于浅层承压含水层岩组之下,又称中层承压水含水岩组。纵向看,这层岩组基本埋深在 110 m 以上,厚度一般在 50 m 左右,横向沉积较为均匀,主要构成物质为过去湖泊沉积的细砂,层数不一。南部有颗粒较大的中粗砂沉积,上层为细沙,北部砂颗粒更细,分层以及厚度上北部更加均匀性,该层富水性较好。

(3) 中更新统中层含水岩组,位于中承压含水层岩组之下,又称深层承压水含水岩组。该层岩组,主要由古湖泊细沙沉积而成。厚度在空间分布来看,南部比北部厚,中间有一个逐渐变化的过程,这是由基层新近系岩层的倾斜决定的。含水岩组的总厚度在 30～60 m 之间,由细砂层构成。这些细砂层层数多,最多达 12 层,最少为 6 层,各层结构均匀,厚度一般在 10 m 以下。总体而言,细砂层在东南较多,在西北较少,两地之间细砂层逐渐变薄消失,各层总厚度减小。该层承压水水头较高,能够自流,从孔井涌水量看,此层富水性中等。

潜水含水岩组与地表最为接近,由于粘性土夹杂粉细砂层在表层不连续的分布,使得水平上厚度变化较大,该层的富水性、矿化度方面各地区差别也较大,且在粘土较厚地区有微弱的承压性。平原区各地潜水的埋深较小,水头差小,水力坡度小,含水层渗透性较小,使得水交替微弱。由于农业灌溉和较大蒸发,使得潜水矿化度较高。这些水文地质特征,使得潜水在利用上难度增大,也使得土壤盐碱化加大。潜水厚度差别较大,在灌区较厚,埋深较浅,一般在 3～7 m,非灌区埋深较深,一般在 9～14 m。潜水底板距地表一般在 11～23 m。

玛纳斯河流域地貌主要分为 I～V 亚区,如图 2.3 所示,分别是高中山区、中低山丘陵区、山前冲洪积扇区、冲洪积平原区和沙漠区。基于地下水特性各亚区又可分为基岩裂隙水分布的强富水区、山间洼地孔隙裂隙水分布的强富水深埋藏潜水亚区、低山丘陵裂隙水分布的贫水亚区、富水性极强的深埋藏潜水亚区、富水性强的浅埋藏潜水与承压(自流)水亚区、富水性弱的潜水与富水性中等的承压(自流)水亚区、富水性弱的潜水与承压(自流)水亚区和弱富水性潜水承压水亚区。

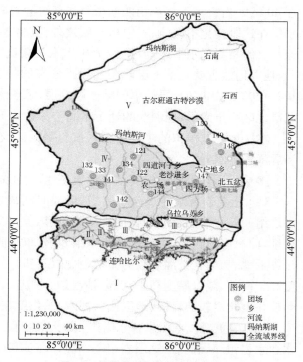

图 2.3　玛纳斯河流域水文地质分区

### 2.1.6　水资源特征

由于处于山脉与盆地相间的地貌格局,玛纳斯河流域水资源形成的主要特色是水循环在独立的水系内进行。山地主要为水源汇集区,玛纳斯河流域从东向西依次为塔西河、玛纳斯河、宁家河、金沟河、八音沟河等独立河流,年总径流量为22.91 亿 m³,是农业生产的主要水源,玛纳斯河流域主要的河流水文特征如表2.2。除此之外,还有发源并消耗于山区的独立溪流和 30 余条大小不等的泉沟分布于洪积冲扇缘,水流在出山口后在洪积冲积扇上分叉,形成广阔冲积平原,最后注入玛纳斯湖。玛纳斯湖在 50 年代还是长 60～70 km,宽 15～20 km,因为上游大量引水,在 1976 年完全干枯,湖底已成沼泽岩滩。但随着新疆气候由暖干向暖湿的变化,玛纳斯湖于 1999 年又恢复生机,水田一色,恢复湿地近 100 km²。

有关资料的统计结果显示,玛纳斯河流域全区水资源为 34.88 亿 m³,其中地表水可利用量 22.91 亿 m³,地下水 11.97 亿 m³;可利用水资源量为30.93 亿 m³,其中地表水可利用量为 20.92 亿 m³。

新中国成立以后,在玛纳斯河平原区修建了水利枢纽和水库群,渠道纵横交错。区内修建了大型水库 2 座,中型水库 7 座,小型水库 117 座,总库容 5.45 亿 m³,年调节水量 11 亿 m³。流域内水工渠道代替了自然河道,总共有 17 条干渠。目前玛纳斯河灌区内建成干、支、斗、农四级渠道总长 18 674 km,修建了较完整的骨干输水渠,共达 370.3 km。

**表 2.2　玛纳斯河流域各河系水文特征值统计表**

| 河名(站名) | 全长 (km) | 集水 面积 (km²) | 多年平均 | | 多年最大 | | 多年最小 | | 变差 系数 (Cv) | 径流深 (mm) |
|---|---|---|---|---|---|---|---|---|---|---|
| | | | 流量 (m³/s) | 径流量 (亿 m³) | 流量 (m³/s) | 径流量 (亿 m³) | 流量 (m³/s) | 径流量 (亿 m³) | | |
| 玛纳斯河(红山嘴) | 324 | 5 156 | 40.1 | 12.65 | 1 095 | 15.6 | 2.00 | 10.5 | 0.12 | 245 |
| 宁家河(卡子湾) | 100 | 257 | 0.34 | 0.107 | — | 0.86 | 2.00 | 0.51 | 0.15 | 274.3 |
| 金沟河(红山头) | 120 | 1 256 | 10.1 | 3.18 | 214 | 3.85 | 1.19 | 2.66 | 0.13 | 254 |
| 八音沟河(黑山头) | 160 | 1 570 | 10.0 | 3.15 | 325 | 4.07 | 1.99 | 2.84 | 0.14 | 281 |
| 合计 | 704 | 8 239 | — | | | | | | | |

## 2.2　水循环特征

玛纳斯河流域绿洲平原区为井渠结合灌区,其地表水和地下水转化频繁,绿洲平原区主要研究地表水和地下水转化的内在机理,是解决水资源和水管理问题的基础,定量评价并合理调配水资源的重要依据。因此,研究玛纳斯河绿洲平原区水循环,对正确评价、合理开发利用平原区水资源有着重要的意义。

### 2.2.1　流域水循环特征概化

水循环由水分、介质和能量三大基本要素构成,其中水分是循环系统的主体,介质是循环系统的环境,能量是循环系统的驱动力。水循环由三个子系统构成,即大气圈水循环、地面水循环和地下水循环。而绿洲平原区主要研究陆面水循环(地表和浅层地下水循环)。对于与人们关系最为密切的陆面水循环,降水和灌溉用水是绿洲平原区水循环的基本输入,蒸发、地下水开采和径流排泄是绿洲平原区水循环的基本输出。

玛纳斯河绿洲平原区水循环为天然水循环和以作物灌溉为目标的"取水-引水-用水-排水"水分运动过程共同构成的自然-人工复合型的二元水循环(见图 2.4)。绿洲平原区水循环主要包括以灌溉水系统为核心的地表水系统和地下水系统,由于平原区可利用的水源除天然降水外,主要是通过渠道引用的玛纳斯河水及机井开采的地下水,这些水在自然因素和灌溉活动的影响下循环转化,因此,从水资源开发利用的角度看,渠井结合灌区水循环主要体现在地表水与地下水之间的转化,其受外部变化环境因子的影响,通过水量补给、径流、排泄对灌区地下水循环施加作用,影响研究区水循环的均衡,最终表现为地下水动态的变化。因此,本文主要研究以地下水位为核心的水循环,即平原区地下水循环。

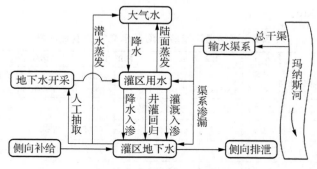

**图 2.4　研究区水循环过程**

### 1) 平原区地下水循环结构

平原区地下水循环的概念模型是平原区地下水循环的抽象表达形式,主要反映边界条件、补给量、径流量、排泄量及其相应参数的空间分布和储水介质空间结构。平原区地下水循环结构是在一定边界条件的限制下,由若干具有一定独立性,而又互相联系、互相影响的子系统所组成。

2）平原区地下水循环的边界

平原区地下水循环与外部环境通过边界发生物质与能量的交换，因此，边界条件能否准确概化直接影响着平原区地下水循环要素的计算与分析。根据玛纳斯河平原区的水文地质条件、地下水流特点及地形地貌和行政分区，平原区地下水循环的上边界定义为浅层含水层的自由水面，下边界为隔水边界，隔水层以下则为深层承压水。潜水以径流的方式由西北向东南渗入玛纳斯河。平原区西北部边界接受的侧向径流补给，因此，将其设定为通用水头边界；东部的玛纳斯河为主要的水平排泄，为地下水与地表水的主要交换区，将其设定为河流边界。

## 2.2.2 地下水循环及特征

玛纳斯河流域绿洲平原区水循环与外界环境进行着频繁的物质、能量和信息的交换，地下水循环以补给、径流、排泄的途径影响平原区地下水循环与均衡。

平原区地下水循环是指在平原区内通过人类活动影响，改变了其天然的水循环途径，最终以平原区地下水位的变化形式表现，是一种天然与人工综合影响的水循环。平原区水循环特征，主要是指系统的补给、径流和排泄的特征。平原区地下水系统主要补给源是大气降水入渗补给和灌溉用水补给。在天然条件下，地下水的排泄主要以潜水蒸发和侧向径流为主。近 30 年来，受人类活动影响，地下水开采已经成为一种新的重要排泄方式，因此，平原区地下水循环主要排泄项为地下水开采量、潜水蒸发和侧向径流。

研究区位于以玛纳斯河、金沟河、巴音沟河和宁家河四河为主的冲洪积扇及冲洪积细土平原，区内地下水的补、径、排条件与整个扇区水文及水文地质条件息息相关。区内山前冲洪积扇的地形南高北低，东高西低。由南向北，水文地质条件变化规律较为明显，具有山前冲洪积扇的一般水文地质规律。地下水的形成及运动受地质构造、地形地貌及水文气象等因素控制。

1）地下水的补给

降水入渗补给强度与降雨强度、降雨历时、地形地貌、岩层特性及潜水位埋深等因素有密切关系。若其他条件基本一致时，潜水位的埋深直接影响降水入渗强度的大小。因为潜水位埋深较小时，上部岩层空隙所持蓄的水量则多，相应下渗比较缓慢，反之则较快。

玛纳斯河流域平原区地下水补给方式主要为区内地表水的垂向转化补给，天然补给量不足 20%。源于天山深处的玛纳斯河、宁家河、金沟河、巴音沟河，集山区的降水和冰雪融水，近 70% 的河道水量通过水利工程引入灌区，仅在每年的 6～9 月丰水期洪水排入河道，补给地下水，由于前山带第三纪背斜构造的阻隔，天然补给量主要为河床潜流补给地下水。在绿洲平原区除侧向补给的天然补给外，其地下水主要的补给源为农业灌溉的渠系渗漏、田间渗漏和平原水库渗漏垂向补给。

### 2）地下水的径流

地下水径流条件与所处地貌部位及岩性有关。在 G312 国道以南的扇区中上部，含水层颗粒粗大，径流条件良好，地下水以平缓的坡度向扇缘运移，G312 国道以北随着含水层颗粒变细，透水性减弱，造成地下水的径流条件从南向北由强变弱。

### 3）地下水的排泄

平原区内地下水主要以泉水溢出、潜水蒸发蒸腾、人工开采、平原河道排泄和侧向流出的方式排泄。人工开采的方式在石河子市主要以水源地的形式集中开采，农灌区地下水的开采方式主要为连片分散开采，随着近几年耕地面积的不断扩大及各业需水的增加，地下水的开采强度随着增强，人工开采已成为地下水排泄的主要方式之一。

# 2.3　土地利用变化特征

土地利用/覆被变化(Land-Use and Land-Cover Change，LUCC)将改变局地能量和水量平衡，对地表径流及其动能和势能的减少或增加、径流的时空分布有一定的影响。气候因素、人类活动及下垫面条件即土地覆被情况的改变，将对区域水文水资源及其地区分配和水文过程产生深刻的影响。在经过多年的积累而建立的覆盖全国陆地区域的多时相 1∶10 万比例尺土地利用现状数据库中，利用收集到的数据集，即包括 1980 年、2000 年、2008 年三期，数据生产制作是以各期 Landsat TM/ETM 遥感影像为主要数据源，通过人工目视解译生成。再利用 ArcGIS 软件对土地类型进行重分类，根据近 30 年玛纳斯河流域不同土地利用类型上植被类型不同将研究区划分为耕地、林地、草地、水域、城镇与建设用地及未利用土地六种类型(见表 2.3)。

表 2.3　土地资源分类系统一级类型

| 编号 | 名　称 | 备　注 |
|---|---|---|
| 1 | 耕地 | 种植农作物的土地；以种植农作物为主的农果、农桑、农林用地；耕种三年以上的滩地和滩涂 |
| 2 | 林地 | 生长乔木、灌木、竹类以及沿海红树林地等林业用地 |
| 3 | 草地 | 以生长草本植物为主 |
| 4 | 水域 | 天然陆地水域和水利设施用地 |
| 5 | 城镇与建设用地 | 城乡居民点及其以外的工矿、交通等用地 |
| 6 | 未利用土地 | 目前还未利用的土地，包括难利用的土地 |

　　玛纳斯河流域内主要的土地类型有耕地、草地和未利用土地三种(见图2.5),并且所发生变化的地区约占整个区域的44.1%。在不同时期,研究区各土地利用类型的变化表现也不同。其中,林地、草地及未利用土地总趋势呈减少走向,而耕地、水域及城镇和建设用地在不断地增加。耕地及城建和建设用地的增加说明在改革开放后,随着玛纳斯河流域内居住人口的增加,流域的开发力度也在增大;同时,所研究的绿洲平原区未利用土地面积在 1980—2000 年间呈增加趋势,而在2000—2008 年间呈减少趋势,说明在 1980—2000 年间流域内绿洲土地开发利用强度并不大,反而在 2000—2008 年间流域绿洲土地利用开发强度在不断地加大;另外,水域面积在不断增大,这是由于长期的灌溉措施不当导致的,流域内土壤盐渍化现象日益严重。

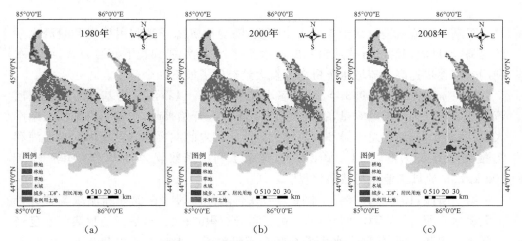

　　　　　　(a)　　　　　　　　　　　　(b)　　　　　　　　　　　　(c)

**图 2.5　1980 年、2000 年、2008 年土地利用分布图**

　　在 1980—2000 年间,耕地从 40.1%增加到了 41.3%,水域、城镇与建设用地、未利用土地分别从 1.5%、2.6%、11.2%增加到了 1.6%、3.1%、15%,林地、草地分别从 4.2%、40.4%减少到了 3.7%、35.3%。

　　在 2000—2008 年间,耕地从 41.3%增加到了 46.2%,水域、城镇与建设用地、分别从 1.6%、3.1%增加到了 1.7%、3.3%,未利用土地则从 15%减少到了12.6%,林地、草地分别从 3.7%、35.3%减少到了 3.5%、32.7%(见表 2.4)。

**表 2.4　1980 年、2000 年、2008 年不同土地利用/覆被类型变化**

| 土地类型 | 1980 年 | | 2000 年 | | 2008 年 | |
|---|---|---|---|---|---|---|
| | 面积(km²) | 比例(%) | 面积(km²) | 比例(%) | 面积(km²) | 比例(%) |
| 耕地 | 3 799 | 40.1 | 3 914 | 41.3 | 4 376 | 46.2 |

| 土地类型 | 1980 年 | | 2000 年 | | 2008 年 | |
|---|---|---|---|---|---|---|
| | 面积(km²) | 比例(%) | 面积(km²) | 比例(%) | 面积(km²) | 比例(%) |
| 林地 | 401 | 4.2 | 355 | 3.7 | 329 | 3.5 |
| 草地 | 3 829 | 40.4 | 3 340 | 35.3 | 3 102 | 32.7 |
| 水域 | 135 | 1.5 | 153 | 1.6 | 158 | 1.7 |
| 城镇与建设用地 | 245 | 2.6 | 293 | 3.1 | 312 | 3.3 |
| 未利用土地 | 1 065 | 11.2 | 1 419 | 15 | 1 197 | 12.6 |

## 2.4　水土资源开发利用特征

玛纳斯河流域经过几十年的水土开发,随着水资源开发利用程度和灌溉水平的提高,流域农田灌溉方式从最初的大水漫灌、沟灌发展到膜下滴灌方式,灌溉水利用效率逐步提高。流域水土资源开发大致经历了如下四个阶段。

第一阶段:1949—1958 年,引用河水灌溉阶段。以石河子为基地的玛纳斯河流域开始进行大规模的农垦,农田水利等基本设施开始兴起,修建了玛纳斯河东岸大渠、西岸大渠、新户总干渠和安集海大渠。流域内的主要灌溉方式为大水漫灌和沟灌,灌溉定额为 800~1 000 m³/亩,渠系水利用系数仅为 0.3,作物单产小于100 kg/亩,流域工业化与城市化程度较低。

第二阶段:1959—1976 年,水库渠系联合灌溉阶段。在此期间流域实施开荒扩大耕地面积,耕地面积增长迅速。由于灌溉面积的扩大,自然河道地表引水已经不能满足灌溉需要,发展为水库渠系联合灌溉阶段。水库主要以蘑菇湖、大泉沟、夹河子、大海子等大中小平原水库为主,玛纳斯河流域水系基本形成。玛纳斯河下游大片荒漠地区、沼泽和盐碱地被开发成新绿洲,集中开发形成莫索湾灌区和下野地灌区。

第三阶段:1977—1998 年,渠、库、井联合灌溉阶段。因传统灌溉方式和灌排系统不完善,此阶段耕地面积增加缓慢。主要渠道进行了防渗处理,推行畦灌和细流沟灌,综合灌溉定额降到 400~600 m³/亩。河流两岸低洼地带的荒漠草原被开发成新绿洲,地下水开采范围从地下水溢出带扩大到整个绿洲,莫索湾绿洲、下野地绿洲、安集海绿洲、石河子绿洲逐渐开始相连,绿洲外围基本成型。

第四阶段:1999 年至今,膜下滴灌技术在下野地灌区试验成功后,流域内迅速开始推广此项高效节水灌溉技术,玉米、小麦、冬瓜和果树等农作物都开始实行膜下滴灌技术,综合灌溉定额降到 350~400 m³/亩。滴灌系统代替农渠,干、支、斗、农渠长度增加趋势逐渐变缓,耕地面积得到了大大的增加,流域水土资源利用效率明显提高。

　　玛纳斯河流域灌溉方式的演变是一个漫长的过程,通过不断改良灌溉技术,加速了绿洲化进程,流域人口与经济承载力大大提高,节水技术的应用对新绿洲农垦产业的形成起了巨大的推动作用,土地结构与功能的改变对流域的生态环境也产生了深远的影响。

## 2.5　本章小结

　　(1)从水资源特征、水循环特征、土地利用变化特征和水土资源开发利用特征四个方面概括了玛纳斯河流域的水循环变化及原因,明确以地下水循环为核心的平原地下水循环研究内容。

　　(2)玛纳斯河流域平原区地下水循环主要补给源是大气降水入渗补给和灌溉用水补给,主要排泄项为地下水开采量、潜水蒸发和侧向径流。玛纳斯河流域内主要的土地类型有耕地、草地和未利用土地三种,林地、草地及未利用土地总趋势呈减少走向,耕地、水域及城镇和建设用地不断增加。玛纳斯河流域农田灌溉方式从最初的大水漫灌、沟灌发展到膜下滴灌方式,灌溉水利用效率逐步提高。

# 3 流域水资源演变规律分析

针对玛纳斯河流域上游出山口水文站科斯瓦特水文站 1955—2015 年 60 年的月、年径流数据，采用 Mann-Kendall 非参数检验法进行突变检验和趋势分析，然后对径流数据进行 EEMD 分解，并将分解之后的各个 IMFs 分量进行频率分析，得到其周期性分析结果。

## 3.1 研究方法

### 3.1.1 Mann-Kendall 非参数检验法

本文利用的非参数统计 Mann-Kendall 趋势检验方法原理如下：已知具有 $n$ 个样本的时间序列 $x$，而后构造一秩序列，如式（3.1）：

$$d_k = \sum_{i=1}^{k} r_i \, (k = 2, 3, \cdots, n) \tag{3.1}$$

式中：$r_i = \begin{cases} 1 & i > j \\ 0 & i \leqslant j \end{cases}$，含义为：秩序列 $d_k$ 是 $i$ 时刻数值大于 $j$ 时刻数值个数的累计数。

我们假设时间序列是随机并且独立的，在这种情况时对统计量进行定义，统计量如式（3.2）所示：

$$UF_k = \frac{d_k - E[d_k]}{\sqrt{Var[d_k]}} (k = 1, 2, 3, \cdots, n)$$
$$UF_1 = 0 \tag{3.2}$$

式中：$E[d_k]$、$Var[d_k]$ 分别为累计数 $d_k$ 的均值和方差。

$E[d_k]$ 和 $Var[d_k]$ 在 $x_1, x_2, \cdots, x_n$ 相互独立，当 $E[d_k]$ 和 $Var[d_k]$ 具有相同连续分布时，可由式（3.2）计算得出：

$$E[d_k] = \frac{k(k-1)}{4} \tag{3.4}$$

$$Var[d_k] = \frac{k(k-1)(2k+5)}{72} \tag{3.5}$$

式中,$2 \leqslant k \leqslant n$,按照 $x$ 的逆序 $x_n, x_{n-1}, \cdots, x_1$,对上述过程进行重复运算,并且使得 $UF_k = UB_k, k = n, n-1, \cdots, 1, UB_1 = 0$。

选取显著性水平为 $\alpha = 0.05$ 时,我们一般把临界值定义为 $0.05U = \pm 1.96$,在同一张图上画出 $UF_k$ 和 $UB_k$ 两个统计量的序列曲线以及 $\pm 1.96$ 两条临界直线,并对曲线图进行分析。如果 $UF_k$ 的值为正数,那么表明了时间序列呈上升趋势;如果 $UF_k$ 的值为负,那么表明了时间序列呈下降趋势。当两条曲线超过临界直线时,分别表明时间序列存在明显的上升或者下降趋势。图中 $UF_k$ 和 $UB_k$ 两条曲线在显著性水平之间存在交点时,交点位置所对应的时刻便是趋势发生突变的初始时间。

另一种定义方法可以做序列整体的定量趋势检验,其基本原理为:

首先,依次比较时间序列$(x_1, x_2, x_3, \cdots, x_n)$,将比较的结果记为 $\mathrm{sgn}(\theta)$:

$$\mathrm{sgn}(\theta) = \begin{cases} 1 & (\theta > 0) \\ 0 & (\theta = 0) \\ -1 & (\theta < 0) \end{cases} \tag{3.6}$$

Mann-Kendall 统计值可由以下公式计算得出:

$$S = \sum_{i=1}^{n-1} \sum_{k=i+1}^{n} \mathrm{sgn}(X_k - X_i) \tag{3.7}$$

式中:$x_k$、$x_i$——需要检验的随机变量;

$n$——所选数据序列的长度。

则与此相关的检验统计量为:

$$Z_c = \begin{cases} \dfrac{s-1}{\sqrt{Var(s)}} & (s > 0) \\ 0 & (s = 0) \\ \dfrac{s+1}{\sqrt{Var(s)}} & (s < 0) \end{cases} \tag{3.8}$$

随着 $n$ 的逐渐增加,$Z_c$ 很快收敛于标准化正态分布,当 $-Z_{1-\alpha/2} \leqslant Z_c \leqslant Z_{1-\alpha/2}$ 时,接受原假设,表明样本没有明显变化趋势,其中,$\pm Z_{1-\alpha/2}$ 是标准正态分布中值为 $1 - \alpha/2$ 时对应的显著性水平 $\alpha$ 下的统计值。当统计量 $Z_c$ 为正值,说明序列总体呈现出上升的趋势;$Z_c$ 为负值,则表示序列总体呈现出下降的趋势。

## 3.1.2 集合经验模态分解

经验模态分解法由 Huang 等人在 1998 年提出,相对于现有的分解方法,经验模态分解法基于局部尺度分离的原理,不需要预设基础函数,具有直观性、方便应用和较强的适应性等特点。通过经验模态分解,序列可以被分为若干个固有模态函数(IMFs),这些固有模态函数代表了序列所包含的属性和基本原理,并且这些原理是适当的,它通常体现了潜在过程的物理意义。因此,经验模态分解理论上适用于分析具有非平稳和非线性的数据。经验模态分解通过一种适当的序列局部极值筛选过程来进行。

经验模态分解方法能将信号自适应地分解到不同的尺度上,非常适合对于非稳定、非线性的信号进行处理,但其重要缺陷就是模态混淆现象的产生。所谓模态混叠,即一个 IMF 分量包含了特征的尺度差别较大的信号,或者为一相近尺度的信号显示在互相各异的 IMF 分量中。为降低 EMD 的模态混叠,Wu 和 Huang 等人在对白噪声进行 EMD 分解深入研究的基础上提出了集合经验模态分解(EE-MD)。固有特征函数必须满足以下两个条件:① 在整个数据序列里,极值点的个数必须和序列过零点的数目相同,最多相差一个,也就是说方程在时域上是对称的;② 在序列上的任意一点,局部最大值所定义的包络线与局部最小值所定义的包络线的均值为零。

EMD 算法原理和步骤如下:

(1) 令 $x_{i,l}(n)=x(n)$,$i=1$, $l=1$;

(2) 找出 $x_{i,l}(n)$ 的所有局部极值点;

(3) 利用 3 次样条插值分别对局部极大值、极小值序列拟合,生成上包络线 $e_u(n)$ 和下包络线 $e_d(n)$;

(4) 计算包络线均值 $m_{i,j}(n)=e_u(n)+e_d(n)$;

(5) 取出分量 $h_{i,j}(n)=x_{i,j}(n)-m_{i,j}(n)$;

(6) 如果满足筛分停止准则,则认为 $c_i(n)=h_{i,j}(n)$ 是一个 IMF,$i=i+1$,$l=1$,转入步骤(7);若不满足,则 $x_{i,j}(n)=h_{i,j}(n)$,$l=l+1$,重复步骤(2)至(5);

(7) 记残余值 $r_i(n)=x(n)-\sum c_i(n)$,令 $x_{i,j}(n)=r_i(n)$,重复步骤(2)至(6)得到下一个 IMF。

如果 $r_i(n)$ 是一个趋势分量,算法停止;否则重复以上步骤直到满足结束条件。由上述流程可以将原始信号表示为 $l$ 个 IMF 分量与 1 个趋势分量的和,其表达式为:

$$x(n) = \sum_{i=1}^{l} c_i(n) + r_i(n) \tag{3.9}$$

EEMD 算法的分解步骤和原理如下:

步骤 1:对 EMD 的执行总数设定初始值 $M$,加入的高斯白噪声系数 $k$,$m=1$;

步骤 2:进行第 $m$ 次 EMD 试验:

对输入的初始信号 $x(t)$ 上加入高斯白噪声 $n_m(t)$,得到加噪后的信号 $x_m(t)$:

$$x_m(t)=x(t)+kn_m(t) \tag{3.10}$$

采用 EMD 的方法分解 $x_m(t)$，获得 $I$ 个 $IMFc_{j,m}(j=1,2,\cdots,I)$，$c_{j,m}$ 为第 $m$ 次试验分解的第 $j$ 个 $IMF$；

若 $m<M$，返回步骤 2，$m=m+1$；

步骤 3：计算 $M$ 次试验的各个 $IMF$ 均值

$$\overline{c_j}=\frac{\sum\limits_{m=1}^{M}c_{j,m}}{M}\ (j=1,2\cdots I,m=1,2,\cdots,M) \tag{3.11}$$

步骤 4：将得出的结果 $c_j$ 作为采用 EEMD 方法分解获得的第 $j$ 个 $IMF$，$j=1,2,\cdots,I$。

由于 EEMD 是在 EMD 的基础上进行改进的算法，因此包含了 EMD 的全部优势。但和 EMD 有差别的是，EEMD 方法有两个参数必须在应用之前进行设定。

$$e=\frac{k}{\sqrt{M}} \tag{3.12}$$

由式（3.10）可知，如果加入的白噪声幅值系数 $k$ 相对信号来说幅值太小，将不会导致信号局部极值点发生改变。另一方面，当所加入的白噪声幅值系数过大时，就会导致分解出过多的 $IMF$ 组成部分。通用的 EEMD 方法是根据经验人为选取参数，为了使分解结果更加准确，本文采用 signal-to-noise（SNR）的方法来确定 EEMD 的参数，该方法的计算公式如下：

$$SNR=10\ln(p_1/p_2) \tag{3.13}$$

式中：$p_1$——信号的能量；

$p_2$——噪声的能量，根据待分析的信号能量求得加入白噪声的幅值。

当 SNR 取 50～60 dB 的时候可以取得较好的效果。

通过经验模态分解对序列进行筛选过程，首先被分离出的 $IMF$ 对应最高的频率，随着筛选过程的进行，被分解出来的 $IMFs$ 频率逐渐降低，最后的残差 $Rn$ 的频率最低，也对应着序列的趋势。而噪声对应着高频成分，因此通常在使用经验模态分解方法时把前两个 $IMF$ 当作噪声直接去掉，而去除的分量中往往也包含有效的信息量，而会对分析结果产生误差。

### 3.1.3 小波分析

小波分析由只能进行频阈分析的傅里叶变换发展而来，能进行时频分析。运用于年径流量的分析能够得到年径流量的多个周期，以及各个周期的强度。离散小波变换的方程如下：

$$W_f(a,b)=|a|^{-1/2}\Delta t\sum_{k=1}^{N}f(k\Delta t)\overline{\psi}\left(\frac{k\Delta t-b}{a}\right) \tag{3.14}$$

$$\psi_{a,b}(t) = |a|^{-1/2} \psi\left(\frac{t-b}{a}\right) \qquad a,b = R, \ a \neq 0 \tag{3.15}$$

以上两式中：$\psi_{a,b}$——子小波；

　　　　　　$W_f(a,b)$——小波变换系数；

　　　　　　$f(k\Delta t)$——时间序列，$k = 1, 2, \cdots, n$，$\Delta t$ 为取样间隔；

　　　　　　$a$——伸缩尺度；

　　　　　　$b$——平移参数。

计算得到 $W_f(a,b)$，将其的平方值在 $b$ 域上积分，就可得到小波方差，用以确定主周期，公式为：

$$Var(a) = \int_{-\infty}^{\infty} |W_f(a,b)|^2 \mathrm{d}b \tag{3.16}$$

由于 morlet 小波与水文序列特性相符，以其作为母波进行连续复小波变换，得到小波系数和小波方差。

## 3.2　降水变化

### 3.2.1　降水年内变化特征

统计年均降水量分配（见图 3.1），计算得到变异系数 $Cv$ 为 0.67，相对径流较为均匀，相对于湿润地区较为不均。5～7 月是降水量最多的月份，7 月的降水量均值占年均降水量 15.3%，5 月与 7 月类似，6 月最多占 17.37%，而 8 月较少，占年均降水量的 10.4%。与年内径流分配情况相比，降水对于径流分配不均起到一定作用，滞时较长。

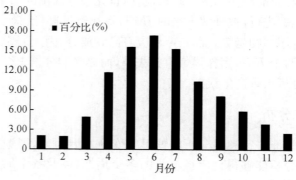

图 3.1　降水年内分配情况

### 3.2.2　降水年际变化特征

#### 1) 趋势性与突变性

年降水量在年际的趋势性与突变性采用滑动平均法和 MK 检验分析。滑动平均法,即将相邻年径流进行平均,依次点绘,可定性观测到年降水大致趋势。年降水量变差系数 $C_v$ 为 0.278,变化较小,从年降水滑动平均图(见图 3.2)中看出,从 1956 年到 1982 年,降水量偏小,1997 年到 2010 年降水量偏多,中间年份降水量较为平均。降水量有增加趋势,但不显著。

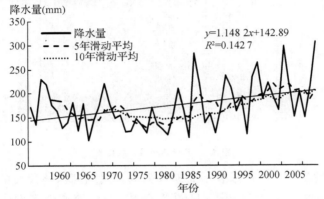

**图 3.2　年降水量滑动平均(mm)**

年降水量变化的趋势性和突变性如图 3.3 所示。在统计的年份中,除了 1957 年到 1962 年,1997 年到 2010 年年降水量具有增加趋势,其余年份均具有减少趋势。两趋势均不显著,仅有 1981 年到 1984 年的 $UF$ 超过 0.05 的显著水平,减少趋势显著。观察到 $UF$ 和 $UB$ 在 1997 年相交,可以认为 1997 年是降水量由减少趋势到增加趋势的突变点。

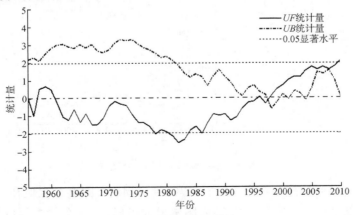

**图 3.3　年降水 MK 统计**

2) 周期性

由图 3.4 的年降水量小波系数实部值分析其周期性。图中暖色为正,对应的降水量大,为丰水期;冷色为负,对应降水量小。从图中可以发现,根据大小变化的次数将周期尺度划分,大致可分为 3～11 年,12～26 年,27～50 年尺度,基本在整个统计时期中震荡。

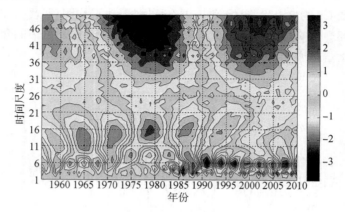

**图 3.4　年降水小波系数实部**

小波系数的模方大小可以表示周期性强弱,颜色越暖,该尺度的周期越显著。年降水量小波系数模方等值线图(见图 3.5)中,与径流类似有两个峰值,高峰在25～50 年尺度,在整个统计时间均有这个周期,且在 1975 年后更为显著。低峰在8～15 年尺度,在 1990 年后逐渐显著。

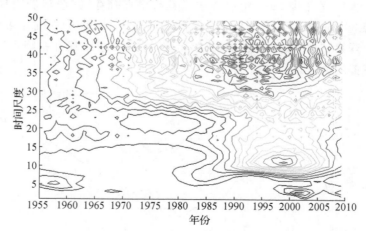

**图 3.5　年降水量小波模方等值线**

从图 3.6 的年降水小波方差中,可以得到主周期。图中最大值在 50 年后仍然上升,50 年以上存在主周期。48 年为图中最大极值,为一个较主要的周期。剩余

3 个极大值分别出现在 6 年、15 年和 3 年,为其余 3 个主周期。

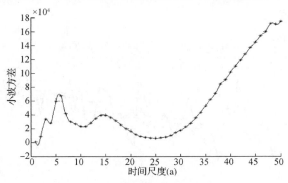

图 3.6　年降水小波方差

# 3.3　气温变化

## 3.3.1　气温年内变化特征

统计月均温度变化(见图 3.7),计算得到变异系数 $Cv$ 为 2.3,各月气温变化很大。6 月、7 月、8 月是温度最高的月份,均在 20 ℃以上,其中 7 月到达极值 21.8 ℃,11 月到 2 月在 0 ℃以下。高温月份与径流量集中月份较为一致,定性验证了冰川融水补给的比重占年均径流量的 34.6% 的结论。气温对于径流年内分配的影响还有在 0 ℃以下的月份中降水产流量很小,在温度回升时产生融雪径流。

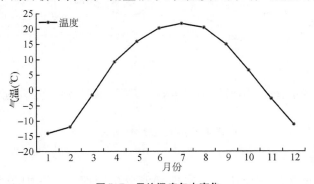

图 3.7　平均温度年内变化

## 3.3.2　气温年际变化特征

### 1) 趋势性与突变性

年均气温变差系数 $Cv$ 为 0.15,气温年际变化不大。根据年均气温滑动平均图(见图 3.8),温度的升高、降低呈现周期性。在趋势上,年均气温 $R^2$ 为 0.446 5,升高趋势较为显著。

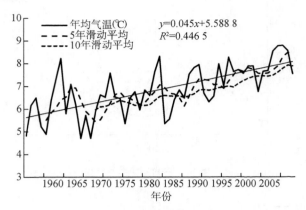

图 3.8 年均气温滑动平均(mm)

年均气温的趋势性和突变性可以从图 3.9 中分析。在统计的年份中,除了 1969 年到 1970 年具有下降趋势外,其余年份均具有升高趋势,且 $UF$ 在 1990 年通过显著水平,并持续增加,表明气温升高趋势在 90 年代以来显著。$UF$ 和 $UB$ 虽然有相交,但是在临界线外,故不认为发生突变,气温增加趋势保持。

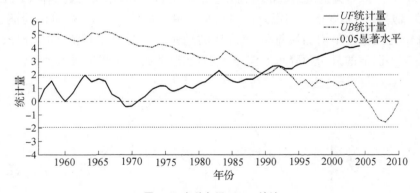

图 3.9 年均气温 M-K 统计

2) 周期性

由图 3.10 的年均气温小波系数实部值分析周期性。图中暖色为正,对应高温;冷色为负,对应低温。从图中可以发现,温度的周期最为规律。根据大小变化的次数将周期尺度划分,大致可分为 3~10 年、11~33 年、34~50 年尺度,基本都是在整个统计时期中震荡的周期。

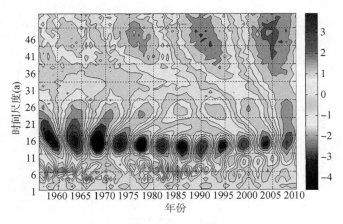

**图 3.10　年均气温小波系数实部**

年均气温小波系数模方等值线图（见图 3.11）中，峰值集中在 15 左右，虽然整个统计时间都有这个周期，但随着时间推移，模方从边缘减小，即周期性随着时间的推移减弱。在 40～50 年尺度上也存在一个较小的周期，其代表的周期变化时间几乎与统计时间相当。

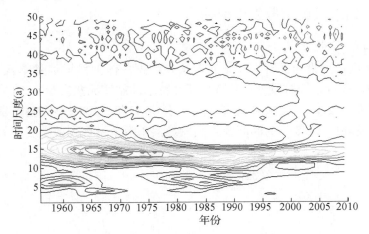

**图 3.11　年均气温小波模方等值线**

从图 3.12 的小波方差中，可以得到明显的主周期 13 年。其他 4 个极大值分别出现在 4 年、7 年、22 年以及 45 年，也是主周期。

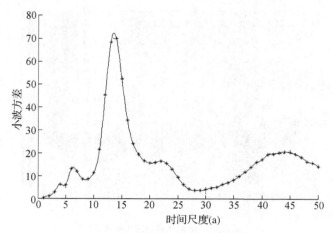

**图 3.12　年均气温小波方差**

# 3.4　蒸散发变化

## 3.4.1　站点尺度蒸散发量变化

### 1）山区蒸散发量

玛纳斯河流域肯斯瓦特水文站实测蒸发数据总体上呈增加趋势,蒸发变化趋势如图 3.13 所示。分时段分析发现肯斯瓦特水文站实测蒸发量在 1978—1996 年逐年下降,而在 1997—2010 年逐年上升。分析 1978—2008 年实测蒸发量累积距平的变化,发现以 1996 年为时间节点蒸发量累积距平呈现先减少后增大的趋势。

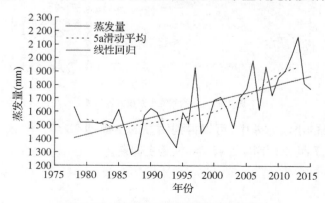

**图 3.13　肯斯瓦特水文站蒸发量变化特征**

在干旱区,降雨不仅使得流域气温下降、湿度增加、入渗强度增大等,也对流域下垫面水分补给有一定的影响,蒸散发是影响土壤水分含量的关键因素。如图 3.14 所示,在干旱区,降雨和蒸发是关系最为紧密的两组数据,一方面流域蒸散发量的大小和降雨多少呈负相关关系,蒸发与降水并不是同步发生,降水的发生使得气温降低从而减少流域蒸散发量;另一方面,在降雨过后,由于雨后土壤水分增加,湿度加大,流域蒸散发量也逐渐上升。

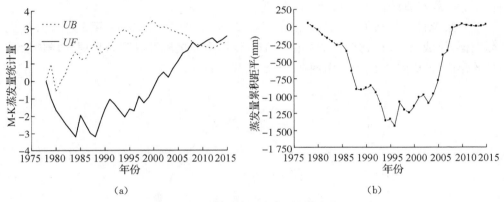

图 3.14　肯斯瓦特水文站蒸发量突变分析

2）绿洲区蒸散发量

（1）实际蒸散发

土壤通过覆膜措施形成了一个相对独立的水分循环系统,锁住了土壤内部水分循环,与不覆膜土壤含水量分布和变化特征有显著差别。节水措施下,地膜覆盖让土壤水分蒸发后在膜下凝结成水滴又返回土壤,减少土壤棵间蒸发,使地表 20 cm 深的土层在长期无降水补给时仍维持较高的含水量。覆膜条件下大部分水汽在膜下凝结而重新滴入土壤,形成膜下土壤水分循环。地膜覆盖影响了 90% 面积棵间土壤蒸发,使得这部分水分得到保存,以满足作物生长发育的需要。通过对地表覆膜与不覆盖条件下蒸发数据分析得出站点尺度土壤水分蒸发过程曲线图。从图 3.15 中可以看出覆膜处理与无覆盖相比,其蒸发过程趋势曲线相似,但是无覆盖土壤蒸发量明显大于覆膜土壤,地膜覆盖可以有效减少 31.8% 的土壤水损失。

膜下滴灌覆膜耕种在低

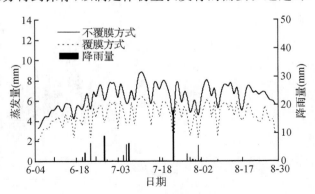

图 3.15　覆膜与裸地蒸发曲线图

温期具有增温和保温作用,在棉花生长期能够维持土壤水分、减少土壤间蒸发量的作用,给作物生长造成了良好的土壤温度环境和水分环境。膜下滴灌可以有效减少 90% 的土壤棵间蒸发,节水效果明显,同时具有保墒的作用。西北干旱区水资源短缺,农业用水高达 90% 以上,降低农作物的用水量可以产生巨大的经济效益,以控制蒸发来解决农业需水问题也是农业抗旱行之有效的措施之一。

(2) 蒸发皿潜在蒸散发($ET_p$)分析

收集统计流域石河子气象站点蒸发皿 2005 年、2010 年、2014 年 1~12 月的观测数据,绘成 $ET_p$ 变化对比图如图 3.16 所示,潜在蒸散发($ET_p$)呈现先增加后减小的年内分布规律,最大值出现在 5~8 月,在 180 mm 左右。

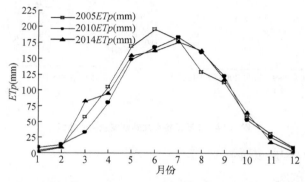

图 3.16　石河子气象站 $ET_p$ 变化曲线对比图(2005 年、2010 年、2014 年)

(3) 基于彭曼(P - M)理论的潜在蒸散发($ET_p$)规律分析

分析玛纳斯河流域 2005 年、2010 年、2015 年石河子气象站气象数据,包括气温、风速、湿度、日照时数、气压等。根据彭曼公式计算站点尺度日蒸散发量如图 3.17 所示。流域站点尺度日最大蒸散发量为 6.2 mm。通过彭曼计算的日尺度蒸散发量得出,近十年流域日蒸散发量有明显减小趋势。

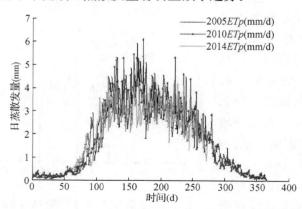

图 3.17　彭曼公式计算 $ET_p$ 变化曲线对比图(2005 年、2010 年、2015 年)

### 3.4.2　区域尺度蒸散发量变化

区域尺度蒸散发量变化主要采用全球蒸散产品 MOD16 数据集,包含全球地区 1 km 空间分辨率的地表蒸散量($ET$)、潜热通量($LE$)、地表潜在蒸散量($PET$)及潜在的潜热通量($PLE$)这四类数据,其时间分辨率包括 8 天尺度、月尺度及年尺度,数据始于 2000 年,空间分辨率为 0.05°。本文选用 MODIS 全球蒸散产品 MOD16A2 数据集中 2000 年至 2014 年的月值和年值地表蒸散量($ETa$)和地表潜在蒸散量($ETp$)作为研究基础数据(见表 3.1、表 3.2)。

#### 1)年际变化

通过对 MOD16 蒸散发产品的一般图像处理及不同尺度的精度验证,得到 2000 年、2014 年玛纳斯河流域实际蒸散发($ETa$)和潜在蒸散发($ETp$)数据集,包括年度蒸散发量和年内典型月蒸散发量,2000 年、2005 年、2010 年、2014 年月蒸散发量,分析得出玛纳斯河流域蒸散发时空分布规律。

节水技术推广后的 15 年期间,玛纳斯河流域实际蒸散发($ETa$)和潜在蒸散发($ETp$)均处于波动变化状态。如图 3.18,年均实际蒸散发波动幅度为 222.2～294.8 mm,年均潜在蒸散发波动幅度为 1 582.4～1 780.3 mm。节水条件下流域年均实际蒸散发最小值出现在 2008 年,为 222.2 mm;同年也是年均潜在蒸散发最大值年份,高达 1 780.3 mm。2013 年是节水条件下流域年均实际蒸散发最大值年份,为 294.2 mm;而年均潜在蒸散发($ETp$)最小值年份为 2003 年,为 1 582.4 mm。节水条件下流域近 15 年间实际蒸散发极值差为 72.6 mm,潜在蒸散发极值差为 197.9 mm。

节水条件下的 15 年间实际蒸散发年际变化呈现先减小后增大规律,与之对应的潜在蒸散发年际变化呈现先增大后减小趋势,实际蒸散发($ETa$)和潜在蒸散发($ETp$)在年际变化上呈现良好的负相关性,这与傅抱璞、丛振涛、韩松俊等专家提出的"蒸发互补"规律一致。节水条件下实际蒸散发的变化幅度比较均匀,第一阶段(2000—2004 年)、第二阶段(2004—2010 年)和第三阶段(2010—2014 年)年间幅度差分别为 35.6 mm、26.4 mm、36.2 mm。潜在蒸散发在第一阶段(2000—2004 年)和第三阶段(2010—2014 年)变化幅度较小,幅度差分别为 54.5 mm 和

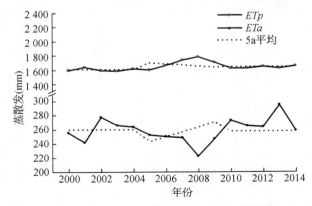

**图 3.18　玛纳斯河流域 $ETa$、$ETp$ 年际变化曲线对比图(MOD16)**

表 3.1　玛纳斯河流域 MOD16 蒸散发产品数据统计表

（单位：mm）

| | | 年份 | 2000 | 2001 | 2002 | 2003 | 2004 | 2005 | 2006 | 2007 | 2008 | 2009 | 2010 | 2011 | 2012 | 2013 | 2014 |
|---|---|---|---|---|---|---|---|---|---|---|---|---|---|---|---|---|---|
| 平原区 | $ETp$ | 最小值 | 1 167.9 | 1 223.9 | 1 191.4 | 1 199.7 | 1 252.4 | 1 205.8 | 1 281.9 | 1 338.6 | 1 371.2 | 1 328 | 1 303.6 | 1 293.5 | 1 274.8 | 1 273.2 | 1 317.5 |
| | | 最大值 | 2 126.8 | 2 150.5 | 2 201.9 | 2 096.7 | 2 081 | 2 165.6 | 2 220.3 | 2 332.5 | 2 345.5 | 2 264.7 | 2 239.1 | 2 211.2 | 2 197.7 | 2 213.3 | 2 159.9 |
| | | 平均值 | 1 657.4 | 1 704.5 | 1 648.5 | 1 643.8 | 1 667.6 | 1 655.2 | 1 719.4 | 1 790.2 | 1 838.1 | 1 755.6 | 1 670.4 | 1 662.2 | 1 697.3 | 1 669.7 | 1 700.1 |
| | | 标准差 | 150.8 | 141.5 | 153 | 143.3 | 135 | 143.9 | 130.3 | 146 | 134.8 | 138.2 | 118.1 | 131.7 | 131 | 120.8 | 116.1 |
| | $ETa$ | 最小值 | 105.5 | 101.7 | 118.1 | 105.8 | 106.3 | 92.9 | 100.5 | 93.1 | 87.1 | 96.2 | 110.2 | 95 | 94.2 | 103.7 | 104.9 |
| | | 最大值 | 651.9 | 656.4 | 620.8 | 638.3 | 638.1 | 606.5 | 606.4 | 666.5 | 564.7 | 598.4 | 598.6 | 626.8 | 594.3 | 627.7 | 518.1 |
| | | 平均值 | 221.2 | 207.5 | 245 | 234.3 | 235.5 | 220.2 | 217.7 | 220.3 | 196.6 | 220.8 | 251.8 | 242.8 | 238.7 | 276.8 | 237.4 |
| | | 标准差 | 81.9 | 76.4 | 81.9 | 81.3 | 77.5 | 80.8 | 74.5 | 83.3 | 71.8 | 74.9 | 75.5 | 80.4 | 79.2 | 89.6 | 72.4 |
| 全流域 | $ETp$ | 最小值 | 410.4 | 352.7 | 665.6 | 686 | 751.9 | 403.7 | 465.8 | 530.2 | 849.2 | 479.3 | 724.1 | 734.6 | 723.1 | 511 | 538.6 |
| | | 最大值 | 2 126.8 | 2 150.5 | 2 201.9 | 2 097.6 | 2 081 | 2 165.6 | 2 220.3 | 2 332.5 | 2 345.5 | 2 264.7 | 2 239.1 | 2 211.2 | 2 197.7 | 2 213.3 | 2 159.9 |
| | | 平均值 | 1 594.3 | 1 636.9 | 1 592.6 | 1 582.4 | 1 616.2 | 1 595.2 | 1 655.3 | 1 734.9 | 1 780.3 | 1 700.8 | 1 624.2 | 1 617.7 | 1 641.9 | 1 622.3 | 1 651.2 |
| | | 标准差 | 287 | 278.7 | 283.9 | 274.7 | 261.8 | 280.3 | 276.3 | 280.2 | 280.8 | 276.5 | 247 | 263.3 | 277.3 | 247.7 | 250.5 |
| | $ETa$ | 最小值 | 102.3 | 98.2 | 115.9 | 105.1 | 103.7 | 90.9 | 99.6 | 88.4 | 85.7 | 94.6 | 105.9 | 95 | 91.1 | 97.8 | 101.1 |
| | | 最大值 | 696.8 | 656.4 | 713.8 | 662.1 | 638.1 | 641.7 | 702 | 680 | 621.3 | 618.7 | 883 | 626.8 | 619 | 627.9 | 584.2 |
| | | 平均值 | 255.5 | 241.7 | 277.3 | 265.6 | 263.6 | 252.2 | 250.2 | 248.6 | 222.2 | 247 | 272.7 | 264.2 | 263.2 | 294.8 | 258.6 |
| | | 标准差 | 138.6 | 132.5 | 136.9 | 134.9 | 128.5 | 137.5 | 131 | 132.8 | 114.5 | 122.1 | 118 | 122.2 | 125 | 130.3 | 113.3 |

**表 3.2  玛纳斯河流域 MOD16 蒸散发产品数据分阶段、分区域统计表**  （单位：mm）

| | | | 2000—2004 平均值 | 2005—2009 平均值 | 2010—2014 平均值 | 2000—2014 平均值 |
|---|---|---|---|---|---|---|
| 平原区 | $ETp$ | 最小值 | 1 207.9 | 1 313.5 | 1 299.6 | 1 273.7 |
| | | 最大值 | 2 068.7 | 2 258.2 | 2 150.2 | 2 121.5 |
| | | 平均值 | 1 664.2 | 1 751.6 | 1 679.8 | 1 698.5 |
| | | 标准差 | 143.2 | 136.6 | 121.4 | 129.7 |
| | $ETa$ | 最小值 | 109.7 | 95.2 | 103.9 | 103.1 |
| | | 最大值 | 622 | 583.2 | 559.1 | 584.6 |
| | | 平均值 | 228.7 | 215.1 | 249.5 | 231.1 |
| | | 标准差 | 78.7 | 75.2 | 76.5 | 72.3 |
| 全流域 | $ETp$ | 最小值 | 689.5 | 815.1 | 820.2 | 781.2 |
| | | 最大值 | 2 068.7 | 2 258.2 | 2 150.2 | 2 121.5 |
| | | 平均值 | 1 606.5 | 1 695.2 | 1 633.2 | 1 646 |
| | | 标准差 | 274.1 | 275.6 | 254.2 | 265 |
| | $ETa$ | 最小值 | 108.3 | 93.9 | 100.3 | 101.5 |
| | | 最大值 | 630.3 | 611 | 608.4 | 615.4 |
| | | 平均值 | 259.8 | 243.2 | 270.1 | 257.3 |
| | | 标准差 | 132.9 | 125.9 | 119.7 | 123.6 |

33.5 mm，而在第二阶段变化幅度较大，幅度差为 175.1 mm，这与节水技术在流域大面积推广时期相吻合。

2）年内分布

（1）实际蒸散发年内分布规律

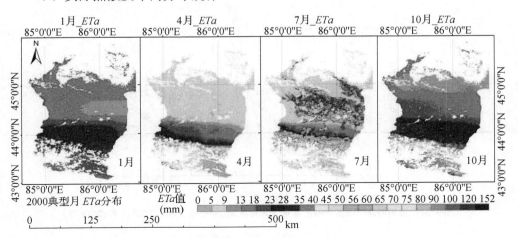

**图 3.19  玛纳斯河流域实际蒸散发年内分布图（2000 年）**

　　以 2000 年为例,玛纳斯河流域实际蒸散发呈现带状分布特征(见图 3.19),从南部山区到北部荒漠区递减,与潜在蒸散发空间分布规律类似,夏季农田灌溉期中部平原带状分布特征被打破,呈现中部平原区实际蒸散发明显大于与其接近的山区和荒漠区。

　　图 3.20 所示为 2000—2014 年玛纳斯河流域实际蒸散发年内分布,图 3.21为 4 个年份玛纳斯河流域实际蒸散发年内分布曲线。由图 3.20 和图 3.21 可知,2000 年、2005 年、2010 年、2014 年玛纳斯河流域实际蒸散发年内分布规律呈现不规则波动趋势,其中,4 月、10 月为实际蒸散发较低,7 月、8 月最高,实际蒸散发年内分布较潜在蒸散发均匀,5—8 月实际蒸散发量占全年实际蒸散发量的 38% 左右。

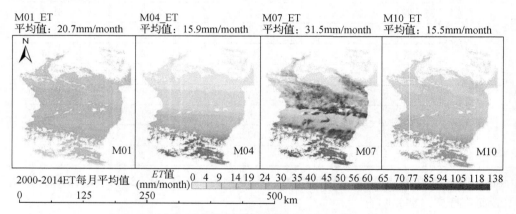

图 3.20　玛纳斯河流域实际蒸散发年内分布图(2000—2014 年)

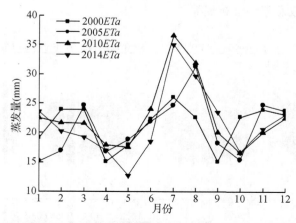

图 3.21　玛纳斯河流域实际蒸散发年内分布曲线(2000 年、2005 年、2010 年、2014 年)

(2) 潜在蒸散发年内分布规律

图 3.22 为玛纳斯河流域潜在蒸发年内分布图,以 2014 年为例,玛纳斯河流域潜在蒸散发呈现带状分布特征,从南部山区到北部荒漠区递增。夏季中部平原区带状分布特征被耕地区域潜在蒸散发减小而打破,呈现中部平原区潜在蒸散发小于与其接近的山区潜在蒸散发值,说明人类活动对潜在蒸散发也存在一定影响。

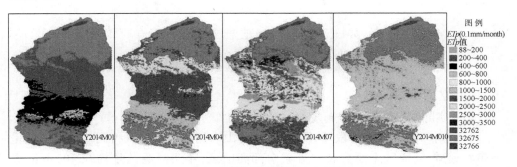

**图 3.22 玛纳斯河流域潜在蒸散发年内分布图(2014 年)**

结合图 3.23 和图 3.24,分析典型年 2000 年、2005 年、2010 年、2014 年潜在蒸散发($ETp$)月平均值,得出年内潜在蒸散发时空变化特征。从流域潜在蒸散发($ETp$)月平均值变化曲线对比可以看出流域潜在蒸散发年内分布规律呈现良好的一致性,呈现倒"U"型,即先增大后减小,其中,1 月、2 月、11 月、12 月潜在蒸散发量在 20～80 mm 之间;3 月、4 月为快速增长期,9 月、10 月为快速下降期;5—8 月潜在蒸散发量在 200～240 mm。说明潜在蒸散发受季节影响很大,且年内分布很不均匀,5—8 月潜在蒸散发量占全年潜在蒸散发量的 35% 左右。

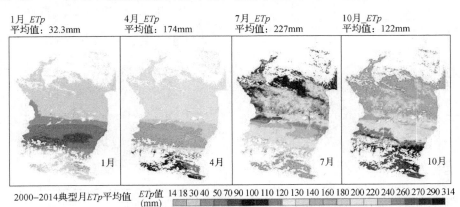

**图 3.23 玛纳斯河流域潜在蒸散发年内分布图(2000—2014 年)**

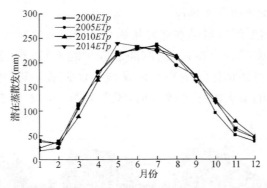

**图 3. 24　玛纳斯河流域潜在蒸散发年内分布曲线(2000 年、2005 年、2010 年、2014 年)**

### 3) 空间分布

#### (1) 实际蒸散发空间分布规律

玛纳斯河流域实际蒸散发($ETa$)从南部山区到中部平原区再到北部荒漠区呈条带状递减,高值区主要分布在流域南部高山区,年实际蒸散量均在 400 mm 以上,见图 3.25。低值区则主要分布在北部的荒漠区,年实际蒸散量多在 140 mm 以下,主要因为荒漠区虽然有很强的蒸发能力,由于土壤含水量低,实际蒸散发量小。中部平原区实际蒸散发量介于两者之间,均值在 300 mm 左右。平原区实际蒸散发有明显的增大趋势,2013 年平原区实际蒸散发量达近 400 mm,这与流域内耕地面积增长、植被密度增大有较大关系。

#### (2) 潜在蒸散发空间分布规律

玛纳斯河流域潜在蒸散发($ETp$)空间分布也具有明显的地域差异,与实际蒸散发量相反(见图 3.25),流域潜在蒸散发从南部山区到中部平原区再到北部荒漠

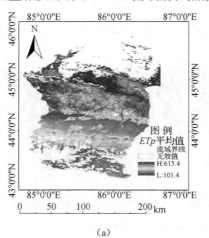

(a)

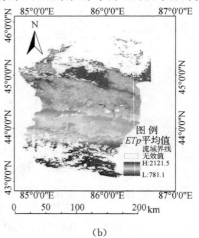

(b)

**图 3. 25　实际蒸散发($ETa$)和潜在蒸散发($ETp$)空间分布规律(2000—2014 年)**

区呈现带状递增。其中山区 $ETp$ 平均值在 1 100 mm 左右,并且有明显的减小趋势,这与冰盖范围减小引起蒸散潜力减小有关;平原区潜在蒸散发量在 1 700 mm 左右,也有减小趋势,这与平原区人类活动,比如耕地灌溉方式和气候变化等因素相关;荒漠区潜在蒸散发量在 2 000 mm 左右,存在明显的增加趋势,同时说明荒漠区干旱指数不断增大,干旱程度不断增加。

### 3.4.3 绿洲区蒸散发量变化

将玛纳斯河流域平原区实际蒸散发和潜在蒸散发变化绘于图 3.26,2000—2014 年实际蒸散发和潜在蒸散发年际波动不大。节水条件下流域实际蒸散发平均值在 101~615 mm,潜在蒸散发平均值在 781~2 121 mm,年均实际蒸散发和潜在蒸散发量差距很大,进一步说明玛纳斯河流域属于干旱缺水地区。

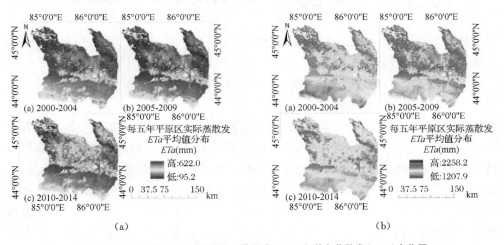

图 3.26 玛纳斯河流域平原区实际蒸散发($ETa$)和潜在蒸散发($ETp$)变化图

#### 1) 绿洲区实际蒸散发量变化

图 3.27 为 2000—2014 年玛纳斯河流域实际蒸散发和潜在蒸散发变化趋势图,玛纳斯河流域实际蒸散发量增加区域面积约占 16.6%,轻微增加和明显增加各占 12.0% 和 4.6%,轻微增加区域集中在绿洲耕作区,明显增加区域主要分布于新增耕地区,实际蒸散发增加,一方面是由于耕地面积扩张,导致植被覆盖度增加,另一方面是水利工程调蓄措施使得实际蒸发量变大。实际蒸散发量减少区域约占 8.7%,主要分布在流域南部山区山前草原和林带,可能与植被覆盖度降低有关。受人类活动影响,玛纳斯河流域河谷平原一带森林被众多经济林和村镇绿化林取而代之,植被覆盖度有所下降。实际蒸散发基本不变的区域面积约占 74.7%,其中南部山区和北部荒漠区出现减少趋势,占 57.3%,而中部平原区显示增加趋势,

占 17.4%。

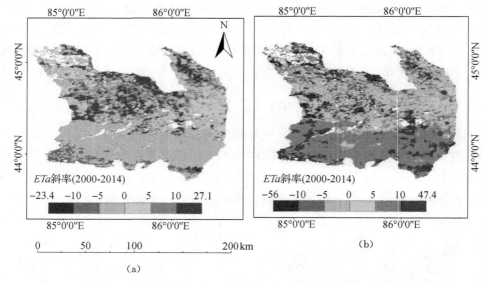

图 3.27　玛纳斯河流域 2000—2014 年 *ETa*、*ETp* 变化趋势分布图(MOD16)

### 2)绿洲区潜在蒸散发量变化

玛纳斯河流域潜在蒸散发量增加区域约占 79.3%,轻微增加和明显增加各占 74.6% 和 4.7%,分布在除平原区以外的其他区域,一般气候越干旱,潜在蒸散发越大,可反映出流域绿洲平原区有湿润趋势。潜在蒸散发量减少区域约占 8.6%,以严重减少(7.4%)为主,主要分布在流域中部平原区,潜在蒸散发的减少可能与绿洲区气候因素变化有关。潜在蒸散发基本不变区域面积约占 12.1%。流域绿洲耕作区潜在蒸散发呈现减少趋势,这可能与人类开荒拓荒,改变了绿洲气候等因素相关。

## 3.4.4　不同土地类型蒸散发量分析

影响区域蒸散发的因素有许多,它不仅与区域土地利用类型、土壤理化性质有关,还与气候条件相关。本文选取 2000 年、2005 年、2010 年、2014 年作为代表年份,利用 MOD16 反演的 *ETa*、*ETp* 数据,通过 GIS 叠置分析和数理统计,确定不同土地利用类型下玛纳斯河流域蒸散发量,见表 3.3。玛纳斯河流域土地利用从南到北可归纳为山前阔叶林地、林草地、耕地和荒漠植被 4 种类型。依据 MOD16 蒸散发产品数据按照地物类型分析得出不同土地类型平均年实际蒸散发量和潜在蒸散发量。

**表 3.3　不同土地类型的蒸散发量**　　　　　　　　　　　　（单位：mm）

| 参　数 | 山区阔叶林 | 耕地 | 林草地 | 荒漠区 |
|---|---|---|---|---|
| ETp 范围 | 370～1 300 | 1 550～1 750 | 1 400～1 900 | 1 800～2 200 |
| ETp 平均值 | 1 220 | 1 600 | 1 520 | 1 940 |
| ETa 范围 | 290～880 | 230～420 | 150～260 | 90～175 |
| ETa 平均值 | 480 | 320 | 208 | 108 |

图 3.28 呈现了 2000 年、2005 年、2010 年和 2014 年玛纳斯河流域实际蒸散发和潜在蒸散发的空间分布规律。结合表 3.3 不同土地利用类型，分析得出以下规律：

（1）山区阔叶林实际蒸散发量主要在 290～880 mm 之间，均值为 480 mm，潜在蒸散发量主要在 370～1 300 mm 之间，均值为 1 220 mm。玛纳斯河流域水资源主要来源为天山融雪水，山区阔叶林区域是地表水资源流过的第一个水资源消耗区域，该区域植被条件良好，有足够蒸散发所需水源，因此该区是流域实际蒸散发高值区，又因为气候条件限制，是潜在蒸散发低值区。

（2）耕地实际蒸散发量主要在 230～420 mm 之间，均值为 320 mm，潜在蒸散发量主要在 1 550～1 750 mm 之间，均值为 1 600 mm。耕地是玛纳斯河流域中部平原区天山北坡高效生态经济区内分布最广泛的土地利用类型之一，是天山北坡经济带的粮食高产区，农作物以棉花为主，灌溉条件较好，导致实际蒸散发量大都在 280 mm 以上。

（3）林草地区域实际蒸散发量主要在 150～260 mm 之间，均值为 208 mm，潜在蒸散发量主要在 1 400～1 900 mm 之间，均值为 1 520 mm。该区域蒸散发量比较平均，较高和较低的区域面积较小。

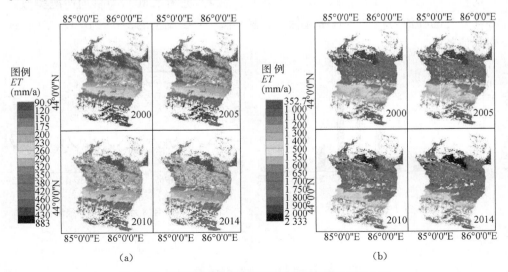

**图 3.28　玛纳斯河流域实际蒸散发和潜在蒸散发空间分布**

（4）荒漠植被区实际蒸散发量主要在 90～175 mm 之间，均值为 108 mm，潜在蒸散发量主要在 1 800～2 200 mm 之间，均值为 1 940 mm。由于流域大量开垦，耕地面积的增加，流域有限的水资源在农业灌溉上显得捉襟见肘，因此，到达流域下游荒漠区，可用于蒸散发的水资源量基本为零，导致该区域实际蒸散发量最低。又因为荒漠区气温高，辐射强度大，具备较好的蒸发能力，导致该区域潜在蒸散发较高。

不同土地利用类型实际蒸散发量和潜在蒸散发量都不相同，流域蒸散发量大小可以按照不同土地利用类型进行分类。玛纳斯河流域土地类型转化逐渐从双向转化趋向于单向转化，草地与未利用土地不断地转化为耕地与建设用地，在人类活动强烈影响的基础上，耕地和建设用地的增加使得平原区用水量增加，实际蒸散发量随之增加，潜在蒸散发降低，绿洲区更湿润；反之，除平原区以外，荒漠区和山区均出现实际蒸散发减小，潜在蒸散发增加，说明荒漠区和山区更干旱，荒漠化加剧。

## 3.5　径流变化

### 3.5.1　径流年内变化特征

根据 1955 年到 1999 年的月径流数据，统计得到年均径流的年内分配情况，变异系数 $C_v$ 为 1.2，很不均匀（见图 3.29），径流量集中在 5 月到 8 月，尤其是 7、8 两月均在 25% 以上。从每年的年径流分配情况来看（见图 3.30），与平均情况类似，7 月与 8 月的径流总量虽然有所起伏，但是基本在年径流量的 50% 到 70% 之间，远超其他各月。

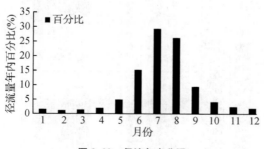

图 3.29　径流年内分配

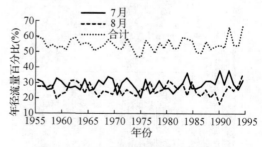

图 3.30　7 月、8 月径流量占年径流百分比

### 3.5.2 径流年际变化特征

#### 1) 趋势性与突变性

统计 1955 年到 2008 年肯斯瓦特站年径流量,计算得到变差系数 $Cv$ 为0.183,年际变化较小。绘制距平积差图(见图 3.31),发现在 90 年代之前距平都较小,1990 年的－3.16 的绝对值是最大的,在 90 年代后,年径流变化较之前剧烈,1997 年出现统计年份中最大的数 7.68。从积差上看,1993 年之前基本不断下降,在 1993 年开始上升,即 1993 年前的年径流量小于均值的年份多,而在 1993 年后大于均值的年份多。从斜率上看,基本上有这样的规律,1970 年之前较小,而后较大,说明年径流变化的情况在 1970 年后增大。

**图 3.31　年径流量距平积差图(亿 m³)**

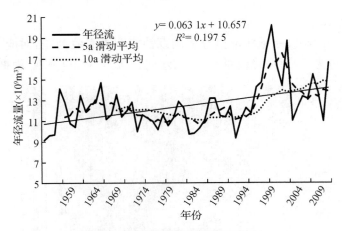

**图 3.32　年径流量滑动平均(×10⁹m³)**

由图 3.32 知,年径流统计量通过线性回归分析,发现有增大的趋势,由于测定系数 $R^2$ 为0.198,此趋势不显著。从 5 年滑动平均上来看,年径流基本呈现波动的过程,在 90 年代出现了较长时间增大的过程,2000 年达到顶峰,而后较快回落。从 10 年滑动平均上来看,1970—1985 年,年径流量处于一个缓慢减小的过程中;1985—1994 年,年径流量较为平稳;1994 年后较快增大,2000 年后缓慢增长。

　　通过 M−K 统计(图 3.33),可以发现在统计的年份中,除了 1980 年、1983—1989 年、1992—1995 年,其余年份的年径流均在增加的趋势中。在有增加趋势的年份中,大多数不显著,唯有 1966—1967 年,2000—2010 年两段的 UF 超过 0.05 的显著水平,增加趋势显著。观查到 UF 和 UB 在 1995 年相交,可以认为 1995 年是年径流由减少趋势到增加趋势的突变点。

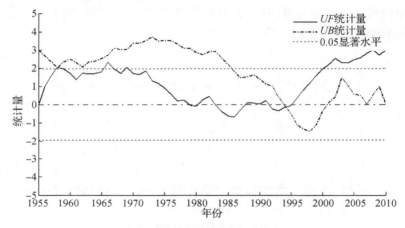

图 3.33　年径流 M−K 统计

## 2) 周期性

　　由图 3.34 的小波系数实部值分析周期性。图中暖色为正,对应的径流量大,为丰水期;冷色为负,对应径流量小,为枯水期。从图中可以发现,根据丰枯变化的

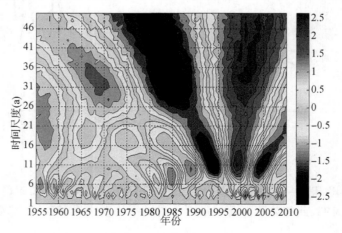

图 3.34　年径流小波系数实部

次数来将周期尺度划分,大致可分为 3~8 年尺度在整个统计期内持续震荡,间隔最短。12~21 年尺度经历了三段丰水期,四段枯水期。9~11 年尺度比前者多了一次丰枯震荡。22~34 年尺度由枯水期开始,经历两段丰水期,统计时间末回到枯水期。35~50 年的尺度有全局性,共三次丰枯震荡,时间间隔较长。

在年径流小波模方等值线图中(图 3.35),有两个峰值,高峰在 30~50 年尺度,在整个统计时间均有这个周期,且在 1980 年后更为显著。低峰在 8~15 年尺度,在 1980 年后开始存在,逐渐显著。

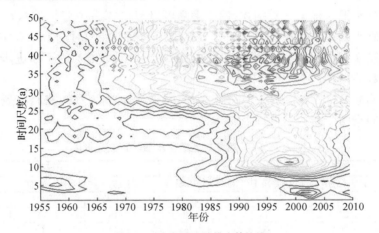

图 3.35 年径流小波模方等值线

从图 3.36 的小波方差中,可以得到主周期。图中,最大值出现在 34 年对应的方差上,即 34 年为第一主周期;以此类推,剩余 3 个极大值分别出现在 11 年、17 年和 4 年,为其余 3 个主周期。

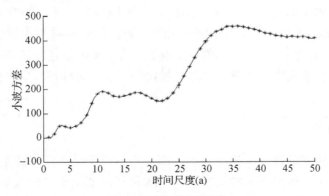

图 3.36 年径流小波方差

# 3.6　入渗变化

## 3.6.1　土壤入渗

20 世纪 90 年代后期节水技术开始得以推广,2000 年以后农业节水灌溉在新疆地区迅速发展,其中,玛纳斯河流域在节水灌溉方面取得重大进展,处于全疆乃至全国领先水平。根据文献描述,棉田滴灌可以节约 30%～40%的水。1980 年沟灌时期灌溉水利用系数只有 0.38,2000 年沟灌和滴灌混合时期为 0.57,2015 年滴灌推广时期灌溉水利用系数为 0.68,说明流域农田灌溉方式的不断进步促使灌溉水利用系数的提高。

膜下滴灌条件下,作物散发、降水补给、地膜对土壤蒸发的控制等条件均对土壤含水量的垂向分布特征有显著影响。

表 3.4　膜下滴灌对土壤含水量垂直变化影响

| 深度<br>(cm) | 地膜覆盖 | | | 无覆盖 | | |
| --- | --- | --- | --- | --- | --- | --- |
| | 7 月 15 日 | 8 月 15 日 | 9 月 15 日 | 7 月 15 日 | 8 月 15 日 | 9 月 15 日 |
| | (m³/m³) | (m³/m³) | (m³/m³) | (m³/m³) | (m³/m³) | (m³/m³) |
| 30 | 0.238 | 0.224 | 0.219 | 0.148 | 0.14 | 0.162 |
| 50 | 0.202 | 0.184 | 0.176 | 0.162 | 0.167 | 0.175 |
| 70 | 0.176 | 0.165 | 0.158 | 0.151 | 0.148 | 0.143 |
| 100 | 0.196 | 0.182 | 0.176 | 0.172 | 0.148 | 0.148 |

节水措施在作物生长时期节水效果明显。由表 3.4 可知,膜下滴灌技术与无覆盖条件相比,表层土壤含水量较大,而根系以下土壤含水量两者相差不大,覆膜影响内土层含水量深度为 70 cm。总体而言,覆膜技术对于土壤含水层水分蒸发影响显著,土壤含水量呈上下大、中间小的土壤分层特点,并且土壤含水量损失速率较慢,具有保温保水效果,而无覆盖土壤表层含水量消退速度较快。膜下滴灌技术能够减小作物苗期棵间土壤蒸发蒸腾量,减小土壤水分损失,满足作物生长期水分需要。

## 3.6.2　河道入渗

玛纳斯河流域的地下水和地表水资源主要来源于出山口径流量的补给,出山口径流量的大小直接决定了农灌区渠首引水量和河道来水量的大小,也是流域地下水补给的主要来源。地下水贮存和转移条件在玛纳斯河出山口到夹河子水库之间较好,河床渗漏条件较好,平均渗漏系数达到 0.40 左右。根据新疆统计年鉴,1956 年玛纳斯河流域溢出带的泉水流量为 4.29 亿～5.00 亿 m³/a。1959 年东岸大渠开始引水后,渠系输水代替原有的河道输水,玛纳斯河河道径流量大大减少,高标准的渠道衬砌从而使得地下水的补给量骤然减少,造成泉水流量显著减小。1960 年泉流量约为 3.70 亿 m³,相较于原本河道输水时,泉水流量约减少了 1 亿 m³,由此可见河道流量对地下水的补给作用明显。下游灌区农业用水主要依靠渠首引水量,其大小往往受出山口径流量大小和渠道设计引水能力的影响,渠道多年平均引水量为 9.18 亿 m³。计算河道对于地下水的补给量,假设渠首引水量基本不变,保证率为 50% 时河道向地下水补给量是 1.29 亿 m³/a,大于 70% 保证率的补给量则小于 1.00 亿 m³/a,计算玛纳斯河多年平均河道流渗漏补给量为 1.1 亿 m³/a。

### 3.6.3　渠系入渗

　　流域地下水含水层不同、不同水文地质分带对于渠系补给量的大小有显著影响。一般在水平径流带和溢出带,渠系渗漏补给地下水可增加地下水的可利用资源量;但是在垂向交替带,地下水潜水水位依靠渠系渗漏补给,造成潜水位埋深变浅,潜水含水层蒸发量增加,强烈的蒸发作用不仅没有增加地下水可利用水资源量,而且使得土壤产生了次生盐渍化。玛纳斯河流域渠系水有效利用系数平均为 0.78(补给修正系数按 0.88 计算)。随着流域水利工程修建和主要渠系防渗措施的加强,全流域的渠系水有效利用系数逐年增加,地下水受到的渠系渗漏补给逐年减小,根据实测资料计算得到当渠系有效利用系数提高 1% 时,渠系渗漏补给量约减少 0.08 亿 m³/a。图 3.37 是 1994—2016 年地下水均衡量变化图。

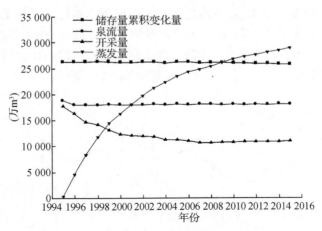

**图 3.37　地下水均衡量变化曲线**

## 3.7　地下水水位变化

玛纳斯河流域拥有全国第六大灌区,近年来农业用水量占总用水量 95% 左右,地下水主要在灌溉和人工开采影响下,水位变化较大。选择灌区进行地下水水位分析,能够得到流域地下水水位变化规律。受限于资料,本节主要分析莫索湾灌区 148 团两口省级观测井 2000—2008 年月埋深数据,说明流域地下水水位变化规律。1 号观测井位于 148 团气象站,经纬度为东经 86°18′,北纬 44°51′。2 号观测井位于 148 团 2 连,经纬度为东经 86°20′,北纬 44°49′。

### 3.7.1　年内变化

从 148 团两口观测井月埋深均值(图 3.38)中可以发现两口井的埋深以及埋深的变化基本一致,具体表现为 3 月份起埋深变浅,5、6 月份有一次变深的过程,在经过埋深最浅的 7、8 月份后,水位较快下降,埋深增加,在 11 月后基本保持稳定,持续到来年 3 月份。由于 148 团远离玛纳斯河,补给来源主要是灌溉补给,其地下水埋深年内变化反映了这一特点。在灌溉期内,埋深变浅,灌溉结束,埋深变深。而 147 团的年内变化则呈现不同的特点,将 2006 年 4 口观测井的数据进行平均(图 3.39),发现 1—4 月有一个显著埋深变浅的过程,而后埋深持续变深,8—10 月为最深值。147 团地下水开采量大,灌溉回补不足,地下水水位在人工开采控制下。1—3 月有一个融雪过程且农作物需水量小,人工开采并未开始,8 月为地下水开采峰值,农作物需水量大,地下水埋深变深。地下水水位在年内的变化情况用变异系数表示时,变异系数均较小,148 团两观测井在 2000—2008 年的变异系数(图 3.40)最大为 0.35,最小为 0.05,埋深年内变化不显著。147 团 2006 年观测井月平均埋深变异系数为 0.31,与 148 团相近,埋深年内变化较小。

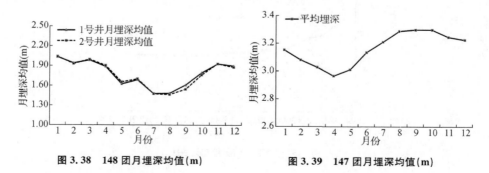

图 3.38　148 团月埋深均值(m)　　　　图 3.39　147 团月埋深均值(m)

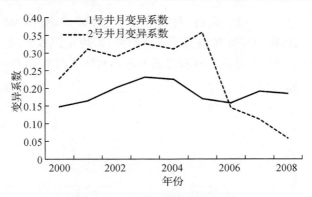

图 3.40  148 团观测井月变异系数

### 3.7.2  年际变化

从 148 团两口观测井的年均埋深来看,两口井年均埋深均变深,1 号井年均变深 0.07 m/a,2 号井变深 0.1 m/a。从趋势上看,1 号井趋势较为显著,2 号井趋势显著(见图 3.41)。可以推测将来地下水埋深总体上仍将保持变深的趋势。其主要原因在于农业用水量大,地下水大量开采,径流、降水补给在干旱区较少。

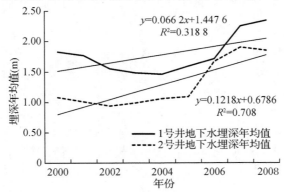

图 3.41  148 团观测井年均埋深(m)

## 3.8  气候因子预测

目前,进行区域未来气候特征研究的手段包括全球气候模式(global climate model,GCM)和降尺度技术等。在本研究中,选择 CMIP5 中参与长期试验的全球耦合模式中的精度较高。CNRM - CM5,FGOALS - g2 和 HadGEM2 - AO 模式下的三种情景 RCP2.6(最低温室气体排放情景)、RCP4.5(中等温室气体排放情景)和 RCP8.5(最高温室气体排放情景),基于月平均资料对泾河流域未来 2021—2060 年径流进行模拟和预估。为了和历史时期进行对比,采用了 1961—2000 作为模型对比的基准年。为了模型输入数据的准确和模型的计算精度,采用中位数法对三种模式的不同排放情景的数据进行修正,修正之前和之后的数据对比如图 3.42 所示。

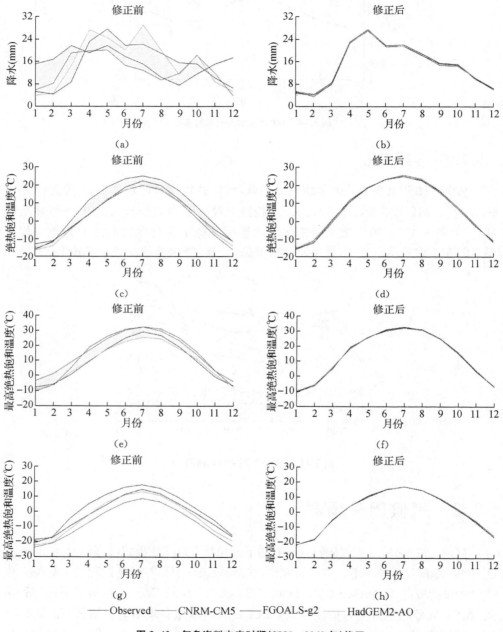

图 3.42　气象资料未来时期(2021—2060 年)修正

如图 3.43 所示,通过和基准年的数据进行对比,发现 2021—2060 年的月平均温度呈现上升的趋势,在所有的排放情景中,温度升高的幅度和气体排放的大小成正比,在 RCP2.6、RCP4.5 和 RCP8.5 三种排放情景下,CNRM-CM5 的升温幅度分别是 1.39 ℃、1.38 ℃ 和 1.66 ℃,FGOALS-g2 分别为 1.47 ℃、2.06 ℃ 和 2.48 ℃,HadGEM2-AO 分别为 1.82 ℃,2.06 ℃ 和 2.25 ℃。在不同月份,温度的上升幅度也有不同,其中最大的温度上升幅度为 3.54 ℃,发生在 CNRM-CM5 模式中的 RCP8.5 情景中。最低的上升幅度发生在 CNRM-CM5 的 RCP4.5 中,为 0.15 ℃。各个月份中,绝大多数的温度上升为 1~3 ℃,而在模型模式中,会在 1月、2月、3月和4月发生上升温度小于 1 ℃ 的情况,在某些模式的 2月、11月和12月,有时温度的上升幅度会大于 3 ℃。降水在大多数的月份均呈现上升的趋势,但在很少数的某些月份(CNRM-CM5 模式的 1月、7月、11月和12月,FGOALS-g2 模式的 3月和4月,HadGEM2-AO 模式的 7月和8月)还是会发生降水的下降。

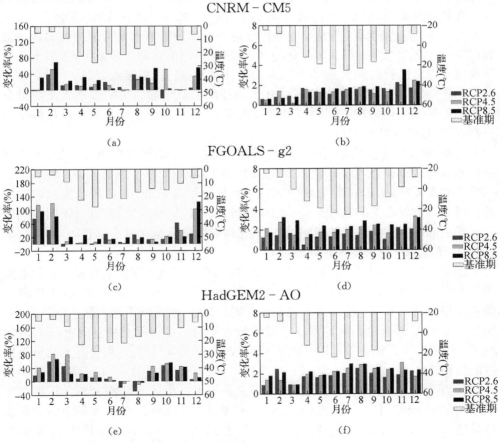

图 3.43　气象资料未来时期(2021—2060 年)与基准期(1961—2000 年)变化对比

## 3.9　本章小结

用统计方法,对玛纳斯河流域降水、气温、径流、入渗、蒸散发和地下水位变化进行了分析,并对未来气候因子进行预测,得到了年内年际的变化规律。

(1) 降水、气温、径流均有年内分配不均的特点。在趋势性和突变性上,1997 年是降水量由减少趋势到增加趋势的突变点,与年径流量的突变点接近,但多年减少的趋势与年径流量多年增加的趋势相比有一定出入。可以认为气温上升产生的径流补充了降水量下降减少的径流。径流量近年持续增加的主要原因是气温上升和降水增加,而径流突变年主要由于气温的持续上升。在周期性上,年径流、年降水、年均气温均有一个主周期接近 15 年,但第一主周期相差较大。在近年内,三者均在主周期的丰水期中,丰水年将会持续一段时间。温度会较早变低,但在总体趋势升高的情形下,降温不会太大。降水方面,降水量增加的趋势可能在 5 年内不会改变,而后会减少。在径流方面,丰水可能再持续 10 年以上,而后迎来一个较长的枯水阶段。

(2) 通过遥感解译手段从站点和区域两个方面分析节水条件下流域实际蒸散发($ETa$)和潜在蒸散发($ETp$)变化规律,确定了不同下垫面蒸散发量,为节水条件下流域水循环模提供降水、蒸发和入渗参数基础数据。主要结论如下:

① 节水条件下玛纳斯河流域的降水和径流明显增加。采用多项式曲线拟合及 Mann-Kendall 秩次检验法估算得出,从 2000 年左右开始降水和径流趋势逐年升高,并且近年来增加明显。

② 区域实际蒸发量是反映当地水资源消耗及水资源利用的重要指标,膜下滴灌技术通过地膜覆盖可以有效减少 31.8% 的土壤水损失。2000—2014 年节水技术推广时期,流域实际蒸散发在中部平原区显示增加趋势,其余区域显示减少趋势。潜在蒸散发在中部平原区显示减少趋势,其余区域显示增加趋势,说明玛纳斯河流域中部平原区有越来越湿润趋势,其他区域则显示越来越干旱趋势,节水技术作用下,流域绿洲化和荒漠化同时加剧。

③ 2000—2014 年节水技术推广时期,玛纳斯河流域实际蒸散发和潜在蒸散发量均处于波动状态,年均实际蒸散发在 222.2～294.8 mm 范围内波动,年均潜在蒸散发在 1 582.4～1 780.3 mm 范围内波动。2008 年流域年均实际蒸散发最小,为 222.2 mm,同时也是年均潜在蒸散发最大年份。在年际上和空间上,$ET$ 增加则 $ETp$ 减少,$ET$ 减少则 $ETp$ 增加,$ET$ 与 $ETp$ 在年际变化上和空间上均呈现良好的负相关性。

④ 不同土地利用类型蒸散发量大小差异较大。山区落叶阔木林实际蒸散发量最大(480 mm),其次为耕地(320 mm)、林草地(208 mm),蒸散发最小的为荒漠植被区(108 mm);荒漠植被区潜在蒸散发最大(1 940 mm),其次为林草地(1 520 mm)、耕地(1 600 mm)和山区落叶阔木林(1 220 mm)。

# 4 流域生态水文景观格局分析

## 4.1 研究方法

### 4.1.1 数据处理

在对研究区土地利用类型分类之前需要对影像进行标准化预处理。为降低遥感影像中非目标信息的影响,以减少遥感影像间或遥感影像内部的由于几何位置所造成的差异,需要对所有的影像进行辐射定标,将所获取的 DN(Digital Number,简称 DN)值转化为天顶反射率。本研究中要分别移植并改进 LEDAPS(The Landsat Ecosystem Disturbance Adaptive Processing System, LEDAPS)系统中的几何纠正算法,及 AROP 软件包中的正射投影算法,满足课题中遥感数据的几何纠正和正射投影预处理需要。本研究基于云像元反射率较高且温度较低的特点,设定不同的阈值或者建立波段反射率和温度的二维空间从中区分云像元。对于云阴影像元,可根据地表阴影温度和云顶温度的差值确定云层的高度、影像成像时间的太阳高度角确定云阴影的位置,进而提取云阴影的像元。采用 ENVI 软件中的自带大气校正模块(FLASH)对遥感影像进行大气校正。去除云(阴影)像元之后,可将覆盖研究区的三景遥感影像进行合成处理,完成拼接按照研究区矢量边界对影像进行裁剪。对于生成的遥感影像标准化数据,要进行质量检验,确认处理出来的影像不存在几何纠正或辐射标定等方面的错误,才能进行下一步的应用。

### 4.1.2 土地利用类型信息提取

本研究采用德国遥感分类软件 eCognition8.7,以面向对象的遥感地物信息提取方法,经多尺度分割及地物提取两个主要步骤,通过构建研究区 TM(Thematic Mapper,简称 TM)影像多尺度分割及分类规则体系,提取研究区的相关地物信息,并用混淆矩阵法进行精度评价。

土地利用/土地覆被类型的划分是进行土地利用/土地覆被研究的首要步骤,对揭示其分布规律具有重要意义。本研究依据中国土地资源分类系统的二级分类体系,并结合流域实际情况,整体上对土地利用/土地覆被的类型主要分为:林地、草地、水域、耕地、建工用地和未利用地六大类为一级指标,并分别用 1,2,3,4,5,6 标注其属性值,6 个大类下又划分出 28 个小类为二级指标,对应的代码及指标见

《玛纳斯河流域土地利用/土地覆被类型分类系统》(表4.1)。

　　五个时期的遥感影像在 ENVI4.8、eCognition8.6 和 ARCGIS10.1 软件的支持下,按照上述的分类系统对遥感影像进行目视解译并且数字化、建立拓扑关系,并用野外考察数据对解译结果进行校正,获得土地利用/土地覆被图形数据和属性数据,统计出不同时期的各类土地面积和转移矩阵等指标。

### 4.1.3　土地利用时空格局分析

　　采用单一土地利用类型动态度、综合土地利用动态度、土地利用程度综合指数分析研究区土地利用变化过程。土地利用动态度指数考虑研究时段土地利用类型间的转移,强调过程,其意义在于反映整个区域土地利用变化的剧烈程度,便于在不同空间尺度上找出土地利用变化的热点区域。

　　(1) 单一土地利用类型动态度,表达的是研究区一定时间范围内某种土地利用类型的数量变化情况,若为正值表示某类型数量增加,负值表示该类型数量减小。其数学模型为:

$$K = (U_b - U_a)/U_a \times \frac{1}{T} \times 100\% \tag{4.1}$$

式中:$K$ 为研究时段内某一土地利用类型动态度;$U_a$、$U_b$ 分别为研究期初及研究期末某一种土地利用类型的数量;$T$ 为研究时段长,当 $T$ 的时段定为年时,$K$ 的值就是该研究区域某种土地利用类型年变化率。

　　(2) 综合土地利用动态度,是反映研究区一定时间内综合土地利用类型数量变化程度指标,其数学模型为:

$$S = \sum_{i=1}^{n} \{LA_{(i,t_1)} - LA_{(i,t_2)}\} / \sum_{i=1}^{n} LA_{(i,t_1)} / (t_2 - t_1) \times 100\% \tag{4.2}$$

式中:$i$ 为土地利用类型;$LA_{(i,t_1)}$ 为第 $i$ 类土地变化期初的面积;$LA_{(i,t_2)}$ 为变化期末的面积;$n$ 为总地类数;$ULA_i$ 为第 $i$ 类土地期末变化的面积。

**表 4.1　玛纳斯河流域土地利用/土地覆被类型分类系统**

| 序号 | Ⅰ级分类 | 代码 | Ⅱ级分类 | 指标 |
|---|---|---|---|---|
| 1 | 林地 | 11 | 落叶阔叶林 | 自然或半自然植被,$H=3\sim30$ m,$C>15\%$,落叶,阔叶 |
| | | 12 | 常绿针叶林 | 自然或半自然植被,$H=3\sim30$ m,$C>15\%$,不落叶,针叶 |
| | | 13 | 落叶阔叶灌木林 | 自然或半自然植被,$H=0.3\sim5$ m,$C>15\%$,落叶,阔叶 |
| | | 14 | 稀疏灌木林 | 自然或半自然植被,$H=0.3\sim5$ m,$C=4\%\sim15\%$ |
| | | 15 | 乔木园地 | 人工植被,$H=3\sim30$ m,$C>15\%$ |
| | | 16 | 灌木园地 | 人工植被,$H=0.3\sim5$ m,$C>15\%$ |
| | | 17 | 乔木绿地 | 人工植被,人工表面周围,$H=3\sim30$ m,$C>15\%$ |
| | | 18 | 灌木绿地 | 人工植被,人工表面周围,$H=0.3\sim5$ m,$C>15\%$ |

| 序号 | Ⅰ级分类 | 代码 | Ⅱ级分类 | 指标 |
|---|---|---|---|---|
| 2 | 草地 | 21 | 草甸 | 自然或半自然植被，$K>1.5$，土壤水饱和，$H=0.03\sim3$ m，$C>15\%$ |
| | | 22 | 草原 | 自然或半自然植被，$K=0.9\sim1.5$，$H=0.03\sim3$ m，$C>15\%$ |
| | | 23 | 稀疏草地 | 自然或半自然植被，$H=0.03\sim3$ m，$C=4\%\sim15\%$ |
| | | 24 | 草本绿地 | 人工植被，人工表面周围，$H=0.03\sim3$ m，$C>15\%$ |
| 3 | 水域 | 31 | 湖泊 | 自然水面，静止 |
| | | 32 | 水库/坑塘 | 人工水面，静止 |
| | | 33 | 河流 | 自然水面，流动 |
| | | 34 | 运河/水渠 | 人工水面，流动 |
| | | 35 | 草本湿地 | 自然或半自然植被，$T>2$ 或湿土，$H=0.03\sim3$ m，$C>15\%$ |
| 4 | 耕地 | 41 | 水田 | 人工植被，土地扰动，旱生作物，收割过程 |
| | | 42 | 旱地 | 人工植被，土地扰动，水生作物，收割过程 |
| 5 | 建工用地 | 51 | 居住地 | 人工硬表面，居住建筑 |
| | | 52 | 工业用地 | 人工硬表面，生产建筑 |
| | | 53 | 交通用地 | 人工硬表面，线状特征 |
| | | 54 | 采矿场 | 人工挖掘表面 |
| 6 | 未利用地 | 61 | 裸岩 | 自然，坚硬表面 |
| | | 62 | 裸土 | 自然，松散表面，壤质 |
| | | 63 | 沙漠/沙地 | 自然，松散表面，沙质 |
| | | 64 | 盐碱地 | 自然，松散表面，高盐分 |
| | | 65 | 冰川/永久积雪 | 自然，水的固态 |

注：$C$:覆盖度/郁闭度(%)；$F$:针阔比率(%)；$H$:植被高度(m)；$T$:水一年覆盖时间(月)；$K$:湿润指数

　　(3) 土地利用程度综合指数，一方面可反映特定时期的土地利用程度和人类干扰程度，另一方面通过研究期内该指数的变化可反映区域土地利用程度的变化，其数学模型为：

$$L = 100 \times \sum_{i=1}^{n} A_i \times C_i, L \in [100,400] \quad (i=1,2,3,4) \tag{4.3}$$

式中：$L$——区域土地利用程度综合指数；

　　　$A_i$——土地利用程度第 $i$ 级的分级指数（$A_1$＝未利用地；$A_2$＝林地、草地、水域；$A_3$＝耕地；$A_4$＝建工用地）；

　　　$C_i$——土地利用程度第 $i$ 级的面积百分比；

　　　$n$——土地利用程度分级数。

# 4.2　流域土地利用/植被覆盖动态演变分析

## 4.2.1　近50年玛纳斯河流域土地利用/土地覆被变化特征

### 1）总体情况

玛纳斯河流域总面积为34 050.35 km²,其中土地利用类型面积超过1 000 km²以上的包括:旱地、稀疏灌木林、草原、草甸、稀疏草地、裸土、裸岩和冰川/永久积雪等8类。由表4.2和图4.1可发现:近50年研究区内旱地、居住地和草甸等均有明显递增趋势;草原、稀疏草地、稀疏灌木林和冰川/永久积雪等均有递减趋势;其他各类用地面积变化相对较小。

表4.2　近50年玛纳斯河流域土地利用类型面积统计表　　　　（单位:km²）

| 土地类型 | 1976年 | 1990年 | 2000年 | 2005年 | 2015年 |
|---|---|---|---|---|---|
| 冰川/永久积雪 | 1 555.997 | 1 459.620 | 1 215.666 | 1 215.222 | 1 215.189 |
| 草本绿地 | 9.140 | 9.371 | 9.881 | 9.559 | 10.007 |
| 草本沼泽 | 113.919 | 126.324 | 126.013 | 118.707 | 116.445 |
| 草甸 | 4 537.287 | 4 605.098 | 4 728.401 | 4 646.315 | 4 658.049 |
| 草原 | 5 454.548 | 5 654.513 | 5 522.697 | 5 205.499 | 4 577.334 |
| 常绿针叶林 | 552.675 | 529.816 | 552.582 | 552.582 | 552.602 |
| 工业用地 | 15.393 | 15.840 | 15.411 | 27.130 | 29.995 |
| 灌木绿地 | 0.041 | 0.061 | 0.041 | 0.502 | 0.502 |
| 旱地 | 3 218.790 | 4 579.200 | 5 348.604 | 6 170.415 | 7 424.904 |
| 河流 | 131.829 | 131.483 | 131.556 | 137.890 | 133.022 |
| 湖泊 | 5.387 | 0.349 | 222.783 | 6.067 | 7.960 |
| 交通用地 | 36.695 | 20.520 | 52.893 | 58.310 | 59.693 |
| 居住地 | 197.291 | 262.178 | 383.473 | 431.861 | 454.797 |
| 裸土 | 1 921.088 | 2 140.164 | 2 140.136 | 2 074.118 | 2 052.152 |
| 裸岩 | 1 171.243 | 1 119.136 | 1 171.872 | 1 172.829 | 1 164.078 |
| 落叶阔叶灌木林 | 45.451 | 45.799 | 45.268 | 29.423 | 21.535 |
| 落叶阔叶林 | 105.656 | 107.651 | 105.587 | 96.110 | 87.368 |
| 乔木绿地 | 2.218 | 2.567 | 2.510 | 2.856 | 2.859 |
| 乔木园地 | 10.668 | 10.703 | 10.652 | 19.515 | 17.981 |
| 沙漠/沙地 | 492.791 | 491.969 | 492.529 | 492.525 | 492.501 |

**续表4.2**

| 土地类型 | 1976年 | 1990年 | 2000年 | 2005年 | 2015年 |
|---|---|---|---|---|---|
| 水库/坑塘 | 102.956 | 47.016 | 109.493 | 79.218 | 109.575 |
| 水田 | 12.068 | 17.129 | 16.830 | 17.011 | 12.612 |
| 稀疏草地 | 5 462.430 | 4 082.450 | 3 290.354 | 3 076.831 | 2 818.772 |
| 稀疏灌木林 | 7 655.594 | 7 695.425 | 7 627.943 | 7 487.115 | 7 117.141 |
| 盐碱地 | 1 171.778 | 958.788 | 723.545 | 919.109 | 909.732 |
| 运河/水渠 | 3.599 | 4.241 | 3.627 | 3.627 | 3.541 |
| 总计 | 34 050.347 | 34 050.347 | 34 050.347 | 34 050.347 | 34 050.347 |

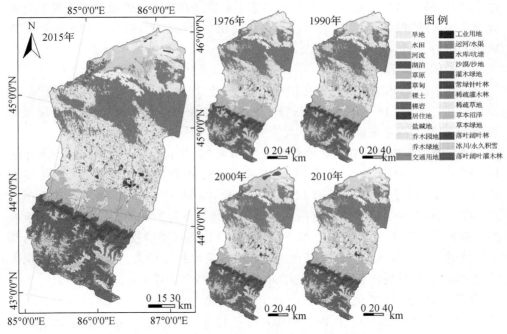

**图4.1　1976—2015年玛纳斯河流域土地利用分类图**

### 2) 耕地面积变化

1976—2015年间流域耕地面积呈明显递增趋势。节水技术实施前,耕地面积由1976年的3 230.86 km² 增至2000年的5 365.43 km²,增长率为66%,年均增长85.4 km²;节水技术实施后,耕地面积由2000年的5 365.43 km² 增至2015年的7 437.52 km²,增长率为38%,年均增长138.1 km²。

节水技术实施前后旱地递增面积由85.2 km²/a 增加为138.4 km²/a,水田面积变化不大;流域耕地面积快速扩张主要是由不同阶段的灌溉水平和城市化水平造成的。1976年以前主要是河道引水和地表水开发的低效灌溉阶段,1976—1999

年间采用地表与地下水联合利用,进入水库、渠道和水井联合灌溉阶段,1999 年以来采用膜下滴灌技术后流域农田灌溉进入高效节水灌溉阶段,耕地面积快速扩张。

### 3) 建工用地面积变化

1976—2015 年间研究区内建工用地面积持续扩大,由 1976 年的 249.38 km² 扩张至 2015 年的 544.49 km²,增加率为 118%;其中居住用地占建工用地面积比重最大,研究期内居住用地面积增加约 234.6 km²,增加率达到 123.5%。

节水技术实施前后建工用地面积年均增长面积分别为 8.1 km²/a 和 6.2 km²/a;居住节水条件下玛纳斯河流域水循环过程模拟研究用地面积年均增长面积分别为 7.4 km²/a 和 4.8 km²/a;研究期内建工用地中交通用地和工业用地虽然所占面积较小,但均呈现递增态势,这与流域近年来工业发展和基础设施建设高速发展有很大关系。虽然节水技术实施前后建工用地面积在持续扩大,但是年均增长速度有减缓的趋势。

### 4) 草地面积变化

1976—2015 年间流域草地面积明显减少,由 1976 年的 15 463.4 km² 缩小至 2015 年的 12 064.16 km²,减少率达到 22%;其中草原面积比重最大,草本绿地面积最小,研究期内草甸面积变化不大。

节水技术实施前研究区草地面积由 1976 年的 15 463.4 km² 缩小至 2000 年的 13 551.3 km²,减少率为 12%;节水技术实施后研究区草地面积由 2000 年的 13 551.3 km² 缩小至 2015 年的 12 064.16 km²,减少率为 11%。流域草地面积主要集中在上游山区,节水技术应用主要影响流域中下游的绿洲与荒漠区。由于人类作用和自然环境变化,流域上游草原和稀疏草地面积减少较明显,主要表现为部分草场退化和被开垦为耕地及其他用地。由于节水技术的大力推广,耕地面积得到大大增加,对草场面积的影响较大,草场面积减少较为明显。

### 5) 林地面积变化

1976—2015 年间研究区内林地面积变化较小,由 1976 年的 8 372.30 km² 缩小至 2015 年的 7 799.99 km²,减少率为 7%。

节水技术实施前后位于上游山区的常绿针叶林和灌木林面积变化较小,中下游绿洲区的乔木绿地和乔木园地呈小幅递增态势。林地面积变化主要是由位于下游荒漠区的稀疏灌木林面积变小所致,节水技术实施前稀疏灌木林基本维持在 7 600 km²,节水技术实施后由 2000 年的 7 627.94 km² 减少至 2015 年的 7 117.14 km²,年均减少 34.1 km²。这是由于节水技术的大力推广使得流域内农业得到了快速的发展,中上游工农业用水增多使得下游地下水位逐渐降低,影响了荒漠区梭梭和柽柳等灌木的生态环境。

6) 水域面积变化

1976—2015 年间流域水域面积变化呈倒"V"型,由 1976 年的 357.69 km² 增加至 2000 年的 593.47 km²,而后减少至 2015 年的 370.54 km²。玛纳斯河流域内湿地、水库群上接河道、下通灌区,是流域农田供水系统中保证率较高的供水水源。

节水前后草本沼泽、河流面积变化不大,水域面积的变化一方面主要体现在随着人类活动的影响,湖泊、水库面积增加;另一方面渠道面积变化呈现倒"V"型,这与农田灌溉水平密切相关。90 年代人类大量修建渠道引地表水进行农田灌溉,水域面积大幅增加。2000 年以后随着节水技术的推广,灌区田间农渠、斗渠逐渐减少消失,渠道面积又有所回落。

7) 未利用土地面积变化

1976—2015 年间流域未利用地面积逐渐缩小,由 1976 年的 6 312.90 km² 减少至 2015 年的 5 833.65 km²,减少率为 8%,未利用土地以冰川/永久积雪和裸土裸岩为主。

节水前后冰川/永久积雪面积有所减少,裸岩、盐碱地和沙漠面积变化不大。节水技术大面积推广前裸土的面积由 1976 年的 1 921.1 km² 增加至 2000 年的 2 140.1 km²,主要是由于人类活动对流域水土资源不合理开发造成的。节水技术大面积推广后裸土的面积由 2000 年的 2 140.1 km² 减少至 2015 年的 2 052.2 km²,15 年间减少近 100 km²,主要是由于节水技术推动绿洲化进程所致。

## 4.2.2  土地利用动态度分析

土地利用程度综合指数可以表述玛纳斯河流域土地利用开发程度。玛纳斯河流域土地利用程度综合指数基本呈现线性增加趋势,反映了土地利用分级数高的土地利用类型所占面积比例在提高,即流域耕地面积与建工用地面积所占比重在增加,未利用地、林地、草地以及水域所占面积比重在下降。总的来看,土地利用综合程度的分析一方面表明了玛纳斯河流域土地利用程度在不断增加,同时也反映出人类干扰该区域程度的加剧。

总体来看,近 50 年玛纳斯河流域人类活动加剧,随着社会和经济的发展以及人口数量的递增,使得流域内出现了大量开垦耕地和扩大建设用地面积。从 1976—2015 年的各个研究期内,绿洲面积分别为 3 480.2 km²、4 894.9 km²、5 817.2 km²、6 704.7 km² 和 7 982.0 km²,其面积呈明显递增态势,其中 1976—1990 年面积递增最为明显,增长率为 40.6%,1990—2000 年增长率为 18.8%,2000—2010 年增长率为 15.3%,2010—2015 年增长率为 19.1%,绿洲面积增长率达到 129.4%。玛纳斯河流域绿洲面积不同时期扩张主要是由不同阶段的灌溉水平和城市化水平造成的。

如表 4.3 所示,从不同时间段来看,1976—1990 年间,研究区土地利用综合动态度为−0.03%,耕地在此期间内最为活跃,未利用地和林地稳定;1990—2010 年间,类型动态度均表现为水域最活跃,林地最稳定;2010—2015 年间,耕地最活跃,未利用地最稳定。从各土地利用类型来看,耕地和建工用地一直比较活跃,耕地在 2000—2015 年间动态度最大,总体呈现增大趋势,建工用地在 1990—2000 年间动态度出现极大值。草地与林地动态度基本为负值,其绝对值呈现增大趋势,在 2000—2015 年达到极值。水域整体波动情况较大,1990—2000 年间变化剧烈。未利用地变化则一直比较平稳。

**表 4.3　1976—2010 年玛纳斯河流域土地利用类型动态度**

| 土地利用类型 | 土地利用类型动态度 | | | |
| --- | --- | --- | --- | --- |
| | 1976—1990 年 | 1990—2000 年 | 2000—2010 年 | 2010—2015 年 |
| 耕地 | 3.0% | 1.7% | 3.1% | 4.0% |
| 建工用地 | 1.4% | 5.1% | 2.9% | 1.1% |
| 草地 | −0.5% | −0.6% | −0.9% | −1.4% |
| 林地 | 0.0% | −0.1% | −0.4% | −0.9% |
| 水域 | −1.0% | 9.2% | −8.4% | 1.4% |
| 未利用地 | −0.2% | −0.7% | 0.5% | −0.1% |
| 综合动态度 | −0.03% | 0.02% | 0.00% | 0.00% |

## 4.2.3　土地利用结构变化分析

土地利用结构变化可以用来表明区域土地利用变化规律及趋势,土地利用类型间转化情况主要通过转移矩阵来展现,土地利用面积变化率则反映变化程度。

由表 4.4 知,流域节水技术推广前,从 1976—2000 年各土地利用类型转移情况来看,未利用土地主要向草地转移,转移面积达到 557.74 km²;建工用地向耕地转移面积最大,达到 137.53 km²;草地向耕地的转移量最大,其转移面积达 2 542.93 km²;林地向草地转移面积达到 189.64 km²,向耕地转移 93.46 km²;水域向草地的转移最多,转移面积达到了 72.08 km²,向其他土地利用类型转移较少;耕地向草地转移幅度最大,转移面积达到了 381.8 km²,向建工用地转移 232.82 km²,向其他类型转移较少。

由表 4.5 知,流域节水技术推广后,从 2000—2015 年各土地利用类型转移情况来看,未利用土地主要向草地转移,转移面积达到了 108.67 km²;建工用地向耕地转移面积最大,达到 37.36 km²;草地向耕地的转移量最大,其转移面积达 1 756.24 km²;林地向耕地转移面积达到 567.41 km²;水域向未利用土地转移最

多,转移面积达到了 226.22 km²,向其他土地利用类型转移较少;耕地向草地转移
幅度较大,转移面积达到了 215.28 km²,向建工用地转移 79.36 km²,向其他类型
转移较少。

从节水技术推广前后土地类型转移矩阵对比来看,节水技术推广前后,建工用
地和草地土地转移情况一致,主要向耕地面积转移;而未利用土地节水技术推广前
后由向水域面积转移转变为向草地面积转移,林地由向草地转移转变为向耕地转
移,水域由向草地转移转变为向未利用土地转移。节水技术推广前后其他类型土
地向耕地转移面积分别为 111 km²/a 和 160 km²/a。

**表 4.4　1976—2000 年节水技术推广前土地利用类型转移矩阵**　　　(单位:km²)

| 土地类型 | 未利用地 | 建工用地 | 草地 | 林地 | 水域 | 耕地 | 合计 |
|---|---|---|---|---|---|---|---|
| 未利用地 | 480.06 | 1.09 | 557.74 | 53.30 | 235.96 | 2.06 | 1 330.22 |
| 建工用地 | 0.26 | 1.07 | 31.62 | 1.81 | 0.49 | 137.53 | 172.78 |
| 草地 | 215.75 | 70.02 | 367.91 | 190.47 | 82.07 | 2 542.93 | 3 469.16 |
| 林地 | 53.35 | 4.77 | 189.64 | 59.39 | 6.82 | 93.46 | 407.44 |
| 水域 | 8.71 | 0.52 | 72.08 | 6.98 | 22.00 | 10.40 | 120.68 |
| 耕地 | 1.14 | 232.82 | 381.80 | 27.75 | 8.48 | 3.74 | 655.73 |
| 合计 | 759.26 | 310.30 | 1 600.79 | 339.72 | 355.82 | 2 790.11 | 6 156.02 |

**表 4.5　2000—2015 年节水技术推广后土地利用类型转移矩阵**　　　(单位:km²)

| 土地类型 | 未利用地 | 建工用地 | 草地 | 林地 | 水域 | 耕地 | 合计 |
|---|---|---|---|---|---|---|---|
| 未利用地 | 7.45 | 0.28 | 108.67 | 10.40 | 34.85 | 6.55 | 168.19 |
| 建工用地 | 0.01 | 1.47 | 1.72 | 0.10 | 0.15 | 37.36 | 40.81 |
| 草地 | 11.58 | 46.83 | 95.50 | 12.11 | 51.15 | 1 756.24 | 1 973.41 |
| 林地 | 12.34 | 4.24 | 0.61 | 8.12 | 5.23 | 567.41 | 597.95 |
| 水域 | 226.44 | 1.34 | 64.46 | 3.12 | 39.33 | 27.93 | 362.63 |
| 耕地 | 0.27 | 79.36 | 215.28 | 19.51 | 8.99 | 6.76 | 330.16 |
| 合计 | 258.09 | 133.52 | 486.24 | 53.35 | 139.70 | 2 402.24 | 3 473.15 |

土地利用结构变化可以反映出土地利用变化趋势,土地利用类型间转化情况
主要通过转移矩阵来展现,土地利用面积变化率则反映变化程度。从 1976—2015
年各土地利用类型向其他土地利用类型转移情况来看(见表 4.6),未利用地主要
向草地转移,转移面积达到了 461.40 km²;建工用地向耕地转移面积最大,达到
29.55 km²;草地向耕地的转移量最大,其转移面积达 3 744.35 km²;林地向耕地转
移最多,其转移面积达到 580.44 km²;水域向草地的转移最多,转移面积达到了
44.33 km²,其次向耕地转移 28.79 km²,向其他土地利用类型转移较少;耕地向建

工用地的转移幅度最大,转移面积达到了 127.83 km²,其次向草地转移 38.07 km²,向其他类型转移较少。

表 4.6 1976—2010 年玛纳斯河流域土地利用类型转移矩阵　　　(单位:km²)

| 1976 ＼ 2010 | 未利用地 | 建工用地 | 草地 | 林地 | 水域 | 耕地 | 合计 |
|---|---|---|---|---|---|---|---|
| 未利用地 | 259.10 | 1.57 | 461.40 | 7.24 | 36.30 | 5.63 | 771.24 |
| 建工用地 | 0.00 | 1.06 | 3.00 | 0.30 | 0.11 | 29.55 | 34.02 |
| 草地 | 24.65 | 122.44 | 179.12 | 43.00 | 44.78 | 3744.35 | 4158.34 |
| 林地 | 8.13 | 10.38 | 34.15 | 10.46 | 5.08 | 580.44 | 648.64 |
| 水域 | 0.07 | 0.98 | 44.33 | 4.03 | 28.05 | 28.79 | 106.25 |
| 耕地 | 0.03 | 127.83 | 38.07 | 11.62 | 4.80 | 6.67 | 189.02 |
| 合计 | 291.98 | 264.26 | 760.07 | 76.65 | 119.12 | 4 395.43 | 5 907.51 |

## 4.2.4　土地利用综合程度分析

土地利用程度综合指数可以反映研究区土地利用程度。研究区土地利用程度综合指数基本呈现线性增加趋势,反映了土地利用分级数高的土地利用类型所占面积比例在提高,即耕地与建工用地面积所占比例在增加,未利用地、林地、草地以及水域所占面积比例在下降。总的来看,土地利用综合程度的分析一方面表明了玛纳斯河流域土地利用程度在不断加深,同时另一方面也反映出人类干扰该区域程度的加剧。

总体来看,近50年玛纳斯河流域人类活动加剧,随着社会和经济的发展,以及人口数量的递增,使得研究区内出现了大量开垦耕地和扩大建设用地面积。从 1976—2015 年的 5 个研究期内,绿洲面积分别为 3 480.2 km²、4 894.9 km²、5 817.2 km²、6 704.7 km² 和 7 982.0 km²,其面积呈明显递增态势,其中 1976—1990 年面积递增最为明显,增长率为 40.6%,1990—2000 年增长率为 18.8%,2000—2010 年增长率为 15.3%,2010—2015 年增长率为 19.1%,绿洲面积增长率达到 129.4%。研究区绿洲面积不同时期扩张主要是由不同阶段的灌溉水平和城市化水平造成的。随着人类活动干扰和自然因素变化,玛纳斯河流域发生了不同程度的土地退化现象。借助土地利用类型转移矩阵分析得出,研究区荒漠化程度呈波动递减态势,1976—1990 年间荒漠化面积为 448.5 km²,其中人为荒漠化面积 318.8 km²,1990—2000 年间荒漠化面积为 260.44 km²,人为荒漠化面积 102.1 km²,2000—2010 年间荒漠化面积为 408.34 km²,人为荒漠化面积 149.1 km²,2010—2015 年间荒漠化面积为 217.92 km²,人为荒漠化面积 106.6 km²。

## 4.3　景观格局变化及其驱动机制

### 4.3.1　景观格局指数分析

根据表 4.7 景观尺度指数的变化进行景观尺度分析。1976—1990 年,平均欧式邻近距离(ENN_MN)、蔓延度指数(CONTAG)、香农多样性指数(SHDI)和聚集度指数(AI)增加,同类斑块邻近度低,分布较离散,景观破碎度和异质性增强。1990—2000 年,SHDI 增加,ENN_MN、CONTAG 和 AI 减少,说明景观破碎度和异质性增强。2000—2005 年,ENN_MN、CONTAG 和 AI 增加,增加幅度小,SHDI 不变,其余指数减小,说明景观破碎度和异质性变化不大。2010—2015 年,所有指数均增加,反映景观破碎度及景观异质性增强。

表 4.7　景观尺度指数的变化(1976—2015 年)

| 年份 | 蔓延度指数 | 平均欧式邻近距离 | 聚集度指数 | 香农多样性指数 |
| --- | --- | --- | --- | --- |
| 1976 年 | 45.28 | 1 489.23 | 81.37 | 1.33 |
| 1990 年 | 45.53 | 1 557.33 | 83.93 | 1.37 |
| 2000 年 | 42.54 | 1 505.09 | 82.74 | 1.43 |
| 2005 年 | 42.57 | 1 520.02 | 82.92 | 1.43 |
| 2010 年 | 42.68 | 1 534.44 | 84.18 | 1.46 |
| 2015 年 | 42.92 | 1 556.31 | 86.13 | 1.51 |

就 NP 指数变化来看,草地指数值最大,呈现的是先增大后来又下降,总体呈增大趋势,说明草地的破碎度增高。建工用地 NP 指数先减后增,总体呈增大趋势,反映建工用地的破碎度增高。耕地的 NP 指数则呈现先减后增再减的波动减小变化趋势,反映其破碎度降低,越来越集中。草地的 PLAND 逐渐减小,表明其在流域中所占的比例不断减小。耕地的 PLAND 在逐渐增大,同时增幅也最大,表明其面积在激增。林地和未利用地的 PLAND 指数总的来看略有下降,反映其比例在减小。水域的 PLAND 变化不大,而建工用地 PLAND 总体增大,反映其所占比例增大。草地的 IJI 指数最大,且基本保持不变。水域、林地和耕地的指数都在不断变大,但是水域的指数变化呈现波动增大,反映了与这三类土地利用类型相邻的土地类型增多。建工用地的 IJI 指数一直在减小,而未利用地的 IJI 指数呈现先增后减,反映与这两类土地利用类型相邻的土地类型减少。耕地的 LPI 指数上升比较快,表明了耕地的优势度在逐年扩大。而未利用地和林地的 LPI 指数变化不大但还是较高,表明了未利用地和林地在研究区中始终保持着较大的优势度。建

工用地和水域的 LPI 指数也基本保持不变,但其 LPI 指数比较低,说明了建工用地和水域的优势度不是很大。可以看到草地的 LPI 指数在逐年减少,说明草地的优势度在逐年减小。

## 4.3.2　驱动机制分析

研究区绿洲面积不同时期扩张主要是由不同阶段的灌溉水平和城市化水平造成的。本研究选取 8 个指标:径流量($X_1$);GDP($X_2$);降水量($X_3$);城镇化水平($X_4$);人口($X_5$);农业用水比例($X_6$);第二产业比例($X_7$);地下水埋深($X_8$),利用 SPSS 软件进行因子分析,得到 3 个主成分因子(表 4.8)。由表 4.8 可知:$X_4$ 和 $X_5$ 在第一主成分上有较高载荷,主要反映了城市发展水平;$X_2$ 和 $X_7$ 在第二主成分上有较高载荷,主要反应了经济发展水平;$X_1$ 和 $X_3$ 在第三主成分因子上有较高载荷,主要反映了干湿度状况。

表 4.8　旋转成分矩阵

| 变量 | 主成分 | | |
|---|---|---|---|
| | 1 | 2 | 3 |
| $X_1$ | −0.011 | 0.002 | 0.917 |
| $X_2$ | −0.593 | 0.721 | −0.146 |
| $X_3$ | 0.463 | 0.003 | 0.662 |
| $X_4$ | 0.929 | 0.137 | 0.129 |
| $X_5$ | 0.834 | 0.233 | 0.078 |
| $X_6$ | −0.937 | 0.079 | −0.070 |
| $X_7$ | 0.327 | 0.904 | 0.076 |
| $X_8$ | −0.692 | 0.107 | −0.274 |

通过景观格局指数灰色关联度分析(见表 4.9)发现:第二产业比例与香农多样性指数相关性最高,表明随着第二产业发展,拼块异质性变化显著;其中径流量与聚集度指数相关性最大,反映了在流域范围内各景观聚集程度很大程度上受到径流量的影响;各个因子对平均邻近指数相关性关联程度相差不大,说明各因子对同类型拼块间的邻近程度以及景观的破碎度贡献基本相当;各个指数与蔓延度指数相关性基本相差不大,说明各影响因子对景观中不同拼块类型的团聚程度或延展趋势影响基本相同;综合来看,第二产业比例和径流量是引起研究区景观格局变化的主要因子。

**表 4.9 景观格局指数灰色关联度分析**

| 灰色关联度 | 相关景观格局指数 | | | |
|---|---|---|---|---|
| | SHDI | ENN_MN | CONTAG | AI |
| 径流量 | 0.707 3 | 0.548 6 | 0.617 5 | 0.881 4 |
| GDP | 0.501 5 | 0.500 8 | 0.501 0 | 0.504 7 |
| 降水 | 0.597 9 | 0.536 5 | 0.562 8 | 0.587 3 |
| 第二产业比例 | 0.916 8 | 0.555 2 | 0.666 1 | 0.728 0 |
| 城镇化水平 | 0.726 1 | 0.526 2 | 0.553 4 | 0.585 0 |
| 人口 | 0.623 5 | 0.540 9 | 0.577 7 | 0.621 8 |

## 4.4 本章小结

近 50 年玛纳斯河流域人类活动加剧,玛纳斯河流域出现了大量开垦耕地和扩大建设用地面积。从 1976—2015 年的 5 个研究期内,人工绿洲面积增长率达到 129.4%。其中:1976—1990 年面积递增最为明显,增长率为 40.6%;1990—2000 年增长率为 18.8%;2000—2010 年增长率为 15.3%;2010—2015 年增长率为 19.1%。从土地利用类型转移矩阵分析得出,流域荒漠化程度呈波动递减态势:1976—1990 年间荒漠化面积为 448.5 km²,其中人为荒漠化面积为 318.8 km²;1990—2000 年间荒漠化面积为 260.44 km²,人为荒漠化面积为 102.1 km²;2000—2010 年间荒漠化面积为 408.34 km²,人为荒漠化面积为 149.1 km²;2010—2015 年间荒漠化面积为 217.92 km²,人为荒漠化面积为 106.6 km²。

绿洲面积不同时期扩张主要是由不同阶段的灌溉水平和城市化水平造成的。近 50 年来,研究区经历了 3 个灌溉阶段,1976 年以前主要是河道引水和地表水开发的低效灌溉阶段,1976—1998 年间采用地表与地下水联合利用,是渠道、水库和井联合灌溉阶段,随着灌溉水平的提高绿洲面积出现了明显增加,1998 年以来水资源得以高效利用,采用膜下滴灌技术后进入高效节水灌溉阶段,期间绿洲规模也急剧扩大。荒漠化面积变化主要由人类活动和气候变化两方面造成的。其中人为荒漠化的变化表现在:1990 年之后人类活动对研究区自然环境干扰或破坏加剧,使得荒漠化面积增加,到 2010 年以后荒漠面积逐渐减少,是由于政府采取相关退牧还草、退耕还林等相关政策,加强了对生态环境的保护,研究区荒漠化得以控制。

# 5 流域水循环过程模拟研究

## 5.1 流域降雨径流模型建立

### 5.1.1 NAM模型

　　NAM模型首次出现是在 1973 年,由 Nielsen 和 Hansen 开发出此模型。NAM 模型是一个集总参数的概念性水文模型,主要用来模拟水文循环过程中的降雨径流过程。模型需要收集的数据包括:降水资料、蒸发资料和气温资料;模型输出结果包括:河道径流量、地下水埋深、土壤含水率以及径流对地下水的补给量。模型模拟过程如图 5.1 所示。

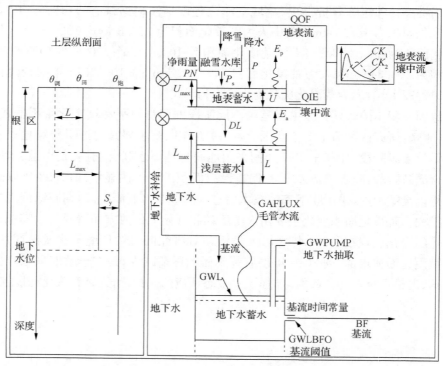

**图 5.1　NAM 模型结构图**

1) NAM 模型的产流机制

蒸散发采用的计算公式为：

$$E2=(EP-U)\frac{L}{L_{\max}} \tag{5.1}$$

式中：$E2$——浅层蓄水层实际蒸发量（mm）；

　　$EP$——蒸散发能力；

　　$U$——地表蓄水层蓄水量（$m^3$）；

　　$L_{\max}$——浅层蓄水容量；

　　$L$——浅层蓄水量。

① 流域地表径流

流域地表产流过程遵循以下公式：

$$QOF=\begin{cases} CQOF\dfrac{L/L_{\max}-TOF}{1-TOF} & (L/L_{\max}>TOF) \\ 0 & (L/L_{\max}\leqslant TOF) \end{cases} \tag{5.2}$$

式中：$CQOF$——地表径流系数（$0\leqslant CQOF\leqslant 1$）；

　　$L$——浅层蓄水层蓄水深度；

　　$L_{\max}$——浅层蓄水层蓄水容量；

　　$TOF$——地表径流阈值（$0\leqslant TOF\leqslant 1$）。

降落到地面的净雨量再次进行水量分配，一部分的净雨渗透到地下蓄水层，另一部分净雨渗透到浅层蓄水层。

$$G=\begin{cases} (PN-QOF)\dfrac{L/L_{\max}-TG}{1-TG} & (L/L_{\max}>TG) \\ 0 & (L/L_{\max}\leqslant TG) \end{cases} \tag{5.3}$$

式中：$TG$——地下水补给阈值（$0\leqslant TG\leqslant 1$）；

　　$PN$——净雨量。

② 流域壤中流

壤中流 $QIF$ 计算公式为：

$$QIF=\begin{cases} (CKIF)^{-1}\dfrac{L/L_{\max}-TIF}{1-TIF}U & (L/L_{\max}>TIF) \\ 0 & (L/L_{\max}\leqslant TIF) \end{cases} \tag{5.4}$$

式中：$CKIF$——壤中流出流时间常数；

　　$TIF$——根系带壤中流产流阈值（$0\leqslant TIF\leqslant 1$）。

③ 基流

基流可看成是一个出流时间为 $CKBF$ 的线性水库的出流,用下列公式计算:

$$BF=\begin{cases}(GWL_{BF0}-GWL)S_Y(CKBF)^{-1} & (GWL\leqslant GWL_{BF0})\\ 0 & (GWL>GWL_{BF0})\end{cases} \quad (5.5)$$

式中:$GWL_{BF0}$——地下蓄水层产流的最大水深;

$S_Y$——地下蓄水层出水系数;

$CKBF$——基流时间常量。

2)NAM 模型的汇流机制

NAM 模型采用线性水库的方法计算汇流过程,计算公式是:

$$I(t)-Q(t)=\frac{\mathrm{d}W(t)}{\mathrm{d}t},\ W(t)=KQ(t) \quad (5.6)$$

式中:$I(t)$——线性水库的入流和出流过程;

$W(t)$——线性水库的蓄水过程;

$K$——线性水库蓄水量常数。

(1)NAM 模型降雨量、蒸发量时间序列文件建立

玛纳斯河流域上游山区面积较小,建立降雨径流模型时不再划分子流域,以整个山区作为降雨径流模拟演算单元。选择 2005—2015 年肯斯瓦特水文站的逐日雨量的平均值作为降雨量时间序列文件的来源,图 5.2 为建立降雨径流模型时间序列文件的界面。玛纳斯河流域内蒸发资料稀少,流域内只有肯斯瓦特站点的蒸散发数据较为完整,在建立模型时对实测蒸散发数据均乘以一个折算系数,系数值取值 0.55。

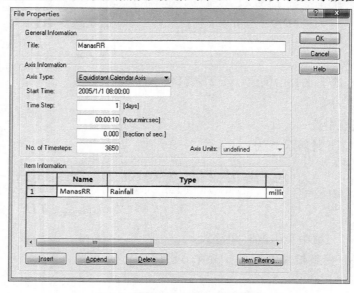

图 5.2　降雨径流模型时间序列文件

对话框属性设置好以后,出现时间序列文件编辑器。在右侧空白处输入或从 Excel 中复制粘贴逐日雨量数据。

(2) NAM 模型气温时间序列文件建立

整个玛纳斯河流域内只有肯斯瓦特一个站具有实测的日平均气温资料,所以模型中融雪径流计算所需的气温资料是在肯斯瓦特水文站实测气温的基础上按照气温随海拔高度的分布规律计算而得的。根据气温沿高程的变化规律,设置气温垂直递减率为 0.62 ℃/100 m。

(3) NAM 模型参数文件建立

参数文件过程为:点击"File"—选择"New File"—选择"Mike11"—选择"RR Parameters(.rr11)"点击"OK",弹出参数文件界面,如图 5.3 所示。

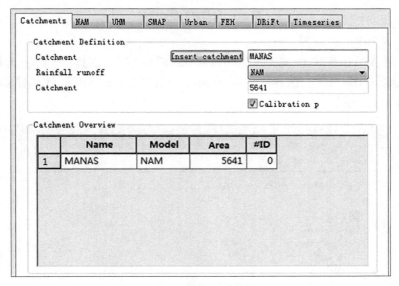

**图 5.3 降雨径流模型参数序列文件**

按提示录入流域名称、模拟数值名称、集水面积等参数。按图示设定 Autocalibration(自动率定)参数,其余参数不必设定,由程序自动率定。对于 Timeseries(时间序列参数):点击界面右侧的"添加"按钮,分别导入准备好的流域逐日平均降雨量、蒸发量和气温数据,"Data Type(数据类型)"必须选择"Distribution in time",如图 5.4 所示。

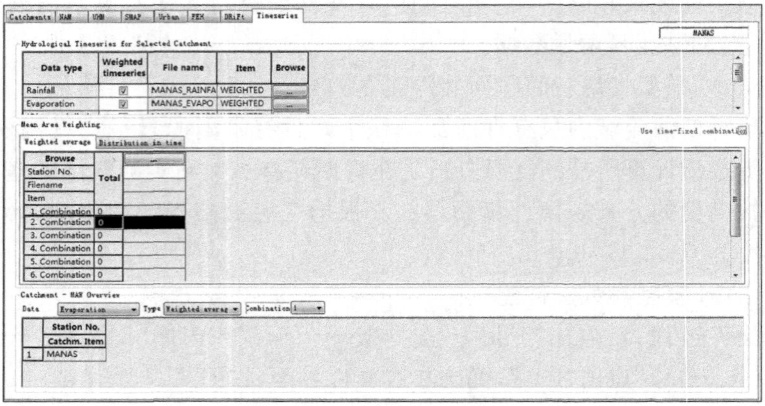

图 5.4　时间序列参数设定

（4）NAM 模型模拟文件建立

NAM 模型模拟文件建立过程为：点击"Mike11"—选择"File"—选择"New File"—选择"Mike11"—选择"Simulation（. sim11）"点击"OK"，弹出模拟文件界面，如图 5.5 所示。

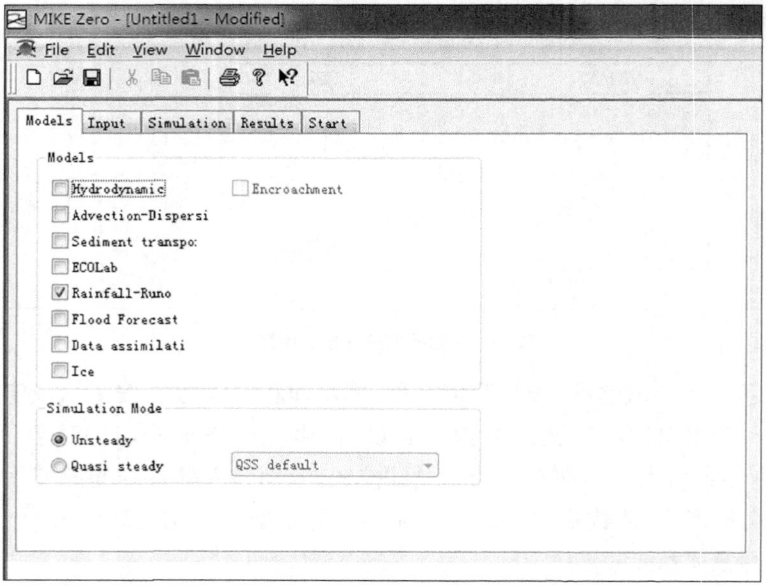

图 5.5　模拟文件

在"Models"中勾选"Rainfall-Runo"（降雨径流）模型，选择"Unsteady"（非稳态）模式。在非稳态模式，参数文件设置的初始参数有效。然后在"Input"中导入设置好的降雨径流参数文件。

设定模拟时间步长、时间段和初始条件,第一次模拟时初始条件(Initial Conditions)空白,程序自动率定各项参数。设定模拟成果文件存放路径、名称及步长等。模型各项参数全部设置好以后,开始运行模型。当"Run Parameters"和"RR Parameters"显示绿灯时,表示各项参数设置正确,模型可以开始运行,如图 5.6 所示。

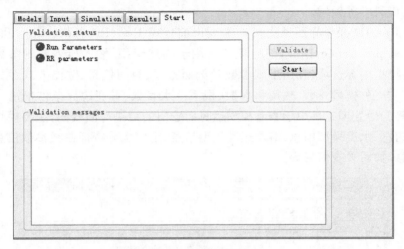

**图 5.6　模型开始运行**

### 5.1.2　融雪径流模型

MIKE11 模型中的融雪径流计算采用的方法是度-日因子法,模型中借用温度参数 $T_0$ 判断降水是以降雨的形式还是以降雪的形式落到地面,如若当时的气温高于 $T_0$ 那么就是降雨的形式,若果当时的气温低于 $T_0$ 就是以降雪的形式。模型中还需要设置融雪因子,判断融雪的发生。

$$Q_{melt} = \begin{cases} C_{snow}(T-T_0) & (T>T_0) \\ 0 & (T \leqslant T_0) \end{cases} \tag{5.7}$$

式中:$C_{snow}$——度-日因子。

## 5.2　平原区包气带水流模拟

### 5.2.1　Hydrus-1D 模型

Hydrus-1D 是由美国农业部、美国盐碱实验室等机构在 SUMATRA、WORM

及 SWMI 等模型的基础上创建发展而来,其软件开发者是 Jirka Šimůnek、Rien van Genuchten、Miroslav Šejna、Diederik Jacques 等。该软件可以在微观及宏观上模拟一维水流、溶质、热、二氧化碳在饱和或非饱和介质中的运移及反应,它的模块主要包括水流运动、溶质运移、热运移、植物根系吸水和植物生长等,并具有多种平衡、非平衡反应模式及上下边界条件供用户选择,目前广泛应用于水文地质学、土壤学、环境科学等领域。

　　Hydrus-1D 操作界面见图 5.7,主要由前处理工具(Pre-processing)和后处理工具(Post-processing)组成,前处理工具用于构建模型,输入所需要的参数,主要模块有:模拟内容选项、几何形状参数及剖面方式、时间信息、输出方式、水流模型参数、溶质运移模型参数、热运移参数、根系吸水参数、可变边界条件信息、土壤剖面参数等。后处理工具用于查看模型运算后输出的结果与曲线图,主要模块有:土壤剖面信息、水流模型信息、溶质运移模型信息、土壤水分特征曲线参数信息、运行时间信息、物质平衡信息等。

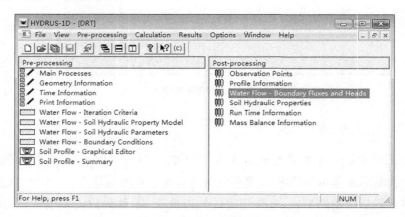

图 5.7　Hydrus-1D 操作界面

## 5.2.2　模型构建

### 1) 研究区参数刻画

(1) 土壤重分类

　　研究区的面积较大,并且土壤种类、地貌特征等情况比较复杂,不能直接代入 Hydrus-1D 模型中进行计算,所以应该把相同土壤种类以及相似地貌的区域归为一类,分区进行计算,然后把各区的最终分区结果分别代入 Hydrus-1D 中进行运算模拟,最终得到研究区包气带底部的垂向入渗通量。

　　首先在 FAO(Food and Agriculture Organization of the United Nations 的简称)网站上(http://www.fao.org/nr/land/soils/harmonized-world-soil-database/

en)下载 HWSD(Harmonized World Soil Database)数据,并自行剪切出中国区的土壤栅格图,其数据值(Value)有效范围是 11 000~11 935,而西部数据中心的数值是 0~27 921,本文研究区的有效范围是 11 173~11 927。下载的数据格式是:Grid 栅格格式,投影为 WGS1984。从全国土壤图中裁剪出研究区的土壤栅格图,并按照土壤种类及入渗系数进行土壤重分类,如图 5.8 所示,对应图 5.8 中土壤类型的具体名称见表 5.1。

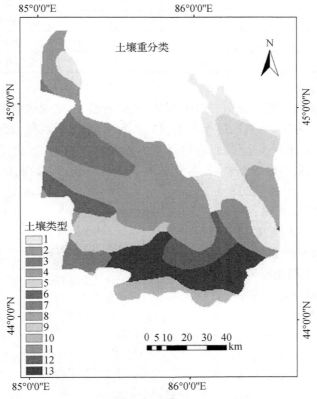

图 5.8　土壤重分类

表 5.1　土壤种类的名称

| 土壤类型代号 | FAO90 土壤名简称 | 土壤名全称 |
| --- | --- | --- |
| 1 | KSk | 普通栗钙土 |
| 2 | CLl | 淋溶钙质土 |
| 3 | ALj | 滞水强酸土 |
| 4 | GLk | 钙质潜育土 |
| 5 | CMg | 潜育始成土 |

| 土壤类型代号 | FAO90 土壤名简称 | 土壤名全称 |
|---|---|---|
| 6 | FLc | 石灰性冲剂土 |
| 7 | ARh | 普通红砂土 |
| 8 | ARb | 过渡性红砂土 |
| 9 | GYk | 钙质石膏土 |
| 10 | FLs | 盐溶性淋溶土 |
| 11 | FLe | 饱和冲击土 |
| 12 | SCy | 石膏盐土 |
| 13 | SCk | 钙质盐土 |

（2）地貌概化

玛纳斯河流域平原区分为石河子灌区、玛纳斯灌区、莫索湾灌区、金安灌区、下野地灌区共五大灌区,各灌区的面积如表 5.2 所示,东起塔西河,西至巴音沟河,南起低山丘陵区,北至沙漠边缘,总有效计算面积为 9 341 km²。为了保证每一分区内的点到相应气象站的距离最近,本文采用了石河子市、大泉沟、142 团 33 连、144

团、147 团、134 团、132 团 13 连、121 团 3 连、148 团、135 团 29 连、150 团 24 连及 136 团共 12 个气象站的数据,并在 Arcgis10.1 中利用泰森多边形法分析流域气象站的降雨量,各气象站的数据来自石河子气象局网站。结合土壤重分种类、2008 年土地利用图、平原灌区的地貌特征以及气象特征进行综合概化研究区参数分区图(见图 5.9)。综合概化后,整个研究区共分为 22 个区,并将最终分区结果分别代入 Hydrus-1D 模型进行计算,得到各分区的运算结果,并分析讨论包气带的水流特征。

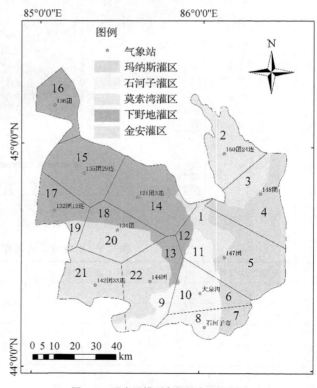

图 5.9　研究区模型参数综合分区图

**表 5.2 各灌区面积**

| 灌区名称 | 石河子灌区 | 玛纳斯灌区 | 莫索湾灌区 | 金安灌区 | 下野地灌区 | 共 计 |
|---|---|---|---|---|---|---|
| 灌区面积(km²) | 1 151 | 1 879 | 1 271 | 3 179 | 1 861 | 9 341 |

2) 水流运动方程

非饱和孔隙介质中的一维均质(平衡)水流运动可以用 Richards 方程来描述,此处忽略水平流作用,土壤水运动主要以垂直方向的入渗和蒸散发为主,假设在液体流动过程中不考虑气体,土壤水运动模型由以下 Richards 方程确定:

$$\frac{\partial \theta}{\partial t} = \frac{\partial}{\partial z}\Big[K\Big(\frac{\partial h}{\partial z} + \cos\alpha\Big)\Big] - S \tag{5.8}$$

式中:$h$——压力水头(cm);

$\quad\theta$——体积含水量($cm^3/cm^3$);

$\quad t$——时间(d);

$\quad z$——土壤剖面的空间坐标(cm),若将坐标原点选在地面,取 $z$ 轴向下为正;

$\quad S$——作物根系吸水率($cm^3/(cm^3 \cdot d)$);

$\quad\alpha$——水流方向与垂直方向的夹角(如 $\alpha=0$ 为垂直流,$\alpha=90°$ 为水平流,$0<\alpha<90°$ 为斜向流);

$\quad K$——非饱和水力传导率(cm/d),在饱和土壤中,其值与渗透系数相同。

3) 土壤水力模型

Hydrus 水流模型包括单孔介质模型、双孔隙/双渗透介质模型以及吸湿/疏干滞后过程模型等若干种土壤水分特征模型。在描述土壤水分特征曲线的诸多模型中,VG 模型(Van Genuchten)的应用最广,且不考虑水流运动的滞后现象,其函数表达式为:

$$\theta = \begin{cases} \dfrac{\theta_s - \theta_r}{(1+|\alpha h|^n)^m} + \theta_r & (h<0) \\ \theta_s & (h\geq0) \end{cases} \tag{5.9}$$

$$k(h) = k_s \frac{\{1-|\alpha h|^{n-1}[1+|\alpha h|^n]^{-m}\}^2}{[1+|\alpha h|^n]^{m/2}} \tag{5.10}$$

式中:$\theta_s$——饱和体积含水率($cm^3/cm^3$);

$\quad\theta_r$——残余体积含水率($cm^3/cm^3$);

$\quad k(h)$——非饱和导水率(cm/d);

$\quad k_s$——饱和导水率(cm/d);

$\quad m=1-1/n(n>1)$,其中 $n$ 为孔隙大小分配指数(孔隙比);

$\quad\alpha$——进气值的倒数(或冒泡压力)($cm^{-1}$),这里 $n$、$m$、$\alpha$ 均取经验值。

推测土壤介质的 VG 公式参数有两种方法：第一种是通过野外采集当地颗粒介质土样，进行室内土壤水分特征曲线实验，并将实验得到的压力水头($h$)和含水率($\theta$)数据输入到 RETC 软件中进行计算，可得到颗粒介质土壤水分特征曲线及 VG 公式参数值；第二种是利用 Hydrus-1D 中神经网络预测系统(Neural Network Prediction)，通过调整其砂土、粉土、粘土含量的百分比，也可以推测土壤水分特征参数。据 2015 年刘丽雅等研究，该值与土壤水分特征曲线实验得到的参数值大小接近，且在一个数量级。因此，当缺乏实测压力($h$)、含水率($\theta$)数据时，可用神经网络预测系统推测土壤介质的 VG 公式参数。本次研究采用神经网络预测系统，调整其砂土、粉土、粘土含量的百分比而推测得到，模型参数具体值见表 5.3。

**表 5.3　土壤水分特征参数**

| 剖面层号 | 残余含水率 $\theta_r$<br>（cm³/cm³） | 饱和含水率 $\theta_s$<br>（cm³/cm³） | 经验参数 $\alpha$<br>（cm⁻¹） | 曲线形状参数 $n$ | 饱和导水率 $k_s$<br>（cm/d） |
|---|---|---|---|---|---|
| 1 | 0.054 3 | 0.394 5 | 0.013 5 | 1.455 3 | 14.58 |
| 2 | 0.058 4 | 0.398 9 | 0.012 | 1.467 3 | 11.15 |

### 4）边界条件

本次研究是针对实际降雨及灌溉制度下的模拟情况，因此水流模型上边界选择为地表层的大气边界条件(Atmospheric BC with Surface Layer)；水流模型的下边界为变水头边界(Variable Pressure Head)，水头值作为模型输入，由模型底部埋深减去实测地下水埋深得到。研究中的气象数据均来自石河子气象局网站。由于该研究区地势平坦，地表蒸发量比较大，且有田埂拦蓄作用，模拟中不考虑地表径流。模型输出结果包括土壤含水率、底部交换量等。

模拟时间为 365 d，同上文研究区分区一样，采用泰森多边形法根据离散分布的气象站的降雨量来计算平均降雨量，泰森多边形法是由美国气候学家 A. H. Thiessen 提出的，即将所有相邻气象站连成三角形，作这些三角形各边的垂直平分线，于是每个气象站周围的若干垂直平分线便围成一个多边形。用这个多边形内所包含的一个唯一气象站的降雨强度来表示这个多边形区域内的降雨强度。玛纳斯河平原区各典型团场的基本气候情况(据石河子气象局 2013 年资料统计)见表 5.4。

**表 5.4　玛纳斯河平原区的基本气候情况**

| 月　份 | 1 月 | 2 月 | 3 月 | 4 月 | 5 月 | 6 月 |
|---|---|---|---|---|---|---|
| 平均气温（℃） | −16.77 | −14.17 | 5.07 | 13.10 | 18.56 | 23.35 |
| 平均降雨量（m） | 0.59 | 0.12 | 0.03 | 0.96 | 0.86 | 1.21 |
| 降雨天数（d） | 4 | 6 | 2 | 9 | 7 | 11 |
| 平均降水速率（m/d） | 0.15 | 0.02 | 0.01 | 0.11 | 0.12 | 0.11 |

| 月 份 | 7月 | 8月 | 9月 | 10月 | 11月 | 12月 |
|---|---|---|---|---|---|---|
| 平均气温(℃) | 24.9 | 21.92 | 17.73 | 5.52 | −4.79 | −18.08 |
| 平均降雨量(m) | 1.06 | 0.1 | 0.15 | 0.58 | 0 | 0 |
| 降雨天数(d) | 13 | 3 | 2 | 5 | 0 | 0 |
| 平均降水速率(m/d) | 0.08 | 0.03 | 0.07 | 0.12 | 0 | 0 |

5) 降雨与融雪

降雨一般为流域的主要水资源来源之一,绿洲平原区主要选用石河子站及按团场分布的 12 个气象站作为代表站点,站点分布较广泛,具有代表性。根据各站点分布位置,运用 ARCGIS 生成泰森多边形以确定各站点的控制面积。模型输入的降雨量采用站点实测资料。

玛纳斯河流域春季的融雪也是流域的水资源来源之一,春季的融雪量主要和冰雪表面的温度升高有关,本文采用一般形式的度-日因子法计算融雪量,公式如下:

$$ME = RA \times (TP - TB) \tag{5.11}$$

式中:$ME$——融雪水当量(mm);

$\quad TP$——日平均温度(℃);

$\quad TB$——融雪的临界温度(℃);

$\quad RA$——雪的度-日因子(mm/(℃·d)),融雪的临界温度一般取为 0 ℃,雪的度-日因子一般为 2.4~3.5 mm/(℃·d),该处取值为 2.8 mm/(℃·d)。

模型中将降雨与融雪量各日的数值对应相加,然后输入模型。

6) 潜在蒸发量的计算

潜在蒸发量(Potential Evapotransporation,即 $ET_0$)是指充分供水下垫面(即充分湿润表面或开阔水体)蒸发/蒸腾到空气中的水量,又称可能蒸发量或蒸发能力。$ET_0$ 可以反映出蒸发水所需要的能量、可将水汽由地表带入空气大气层的有效风等因素,能够全面地反映一个地区的蒸发能力。若某一地区的年降水量小于该地区的 $ET_0$,则该地区很难形成有效降雨,即说明该地区降雨多被蒸发掉,并不能形成地表径流。因此在干旱区的气候及水资源研究中,$ET_0$ 是决定该地区气候和影响该地区水资源的重要指标。

潜在蒸发量无法直接测出,需要通过气候参数、地表类型、地表水、土壤类型、植被覆盖情况等求出。通常 $ET_0$ 值是由某地区的基准气象站的气象资料和以短草为地表覆盖植被求出,即基准蒸发量。基准蒸发量乘以表面系数即可得到潜在

蒸发量。本章采用 Penman-Monteith 公式计算了玛纳斯河平原区各气象站的潜在
蒸发量,公式如下:

$$ET_0 = \frac{0.48\Delta(R_n - G) + \gamma\dfrac{900}{T+273}\mu_2(e_s - e_a)}{\Delta + \gamma(1 + 0.34\mu_2)} \tag{5.12}$$

式中:$ET_0$——潜在蒸发量(mm/d);

　　　$G$——土壤热通量(MJ/(m² · d));

　　　$\gamma$——干湿表常数(kPa/℃);

　　　$T$——空气温度(℃);

　　　$\mu_2$——风速(m/s);

　　　$R_n$——净辐射(MJ/(m² · d));

　　　$e_s$——饱和水汽压(kPa);

　　　$e_a$——实际水汽压(kPa);

　　　$e_s - e_a$——饱和水汽压差(kPa);

　　　$\Delta$——饱和曲线斜率(kPa/℃)。

　　7)土壤剖面设置

以 2012 年为预热期,利用 2013 年整年的水文数据资料进行模拟,模型深度为
1 500 cm,按 1 cm 等间隔剖分为 1 500 个单元,时间离散单位为 d,模拟时间总计为
365 d。模型中在土柱的底部设置观测点。

### 5.2.3　模型验证

由于没有土壤含水率的实测值,不能用模拟值和实测值进行拟合,并验证模型
的可靠性。可利用玛纳斯河平原区的水量均衡方程,来确定降水补给量和灌溉补
给量值分别为 1 953.99×10⁴ m³/a、14 557.73 万 m³/a,又根据土地利用中耕地所
占研究区的比例 40.1%(3 799 km²),计算出包气带的下渗水量约为 43.5 mm/a。
Hydrus-1D 模型算出来的研究区包气带底部入渗的水量为 43 mm/a,和水量均衡
方程算出来的值相差 0.5 mm/a,基本上相符,说明该模型模拟精度很好。

### 5.2.4　包气带水流模拟

#### 1)包气带水分变化规律

Hydrus-1D 的后处理工具(Post-processing)可以绘制出模型结果的各种曲线
分析图,包括观测点曲线图、土壤剖面信息图、水流模型曲线图、土壤水分特征曲线
图、运行时间步长信息图等,根据需要具体分析曲线变化情况。研究区共分为 22
个区,每个分区均有各自的曲线分析图,各分区曲线图的变化趋向不尽相同。本次

研究以土壤重分类后的 147 团_1 分区为例,分析曲线图的变化情况。

图 5.10 中显示一条曲线,由于在观测点具体位置设置中只在底层进行了设置,由图 5.10(a)~(b)可知,水流通量在 4~8 月为正值,表示水流由下往上流,其余月份为负值,表示水流由上往下流。在 7 月和 8 月份的压力水头达到最深,这是由于在这两个月的地下水开采量比较大,地下水位下降比较快。在图(b)中,负值为对潜水含水层的补给,正值为潜水含水层的排泄。

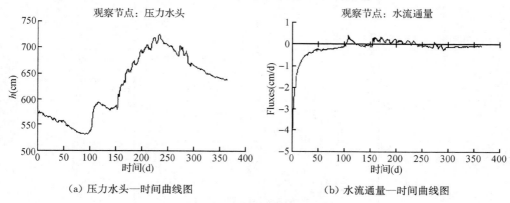

(a) 压力水头—时间曲线图    (b) 水流通量—时间曲线图

图 5.10 观测点曲线图

在图 5.11 中,图例的 12 条线代表各时刻即一年中的每个月月底的输出量。由图(a)可知,在各层岩性中,含水率随着深度的变化而呈逐渐增大趋势,并且在深度为 30 cm,即不同岩性接触处,曲线发生突变,变化很明显。由图(b)可知,水流通量为负值,表示水流是从上往下流,并且水流通量随着深度的累积而逐渐增大。

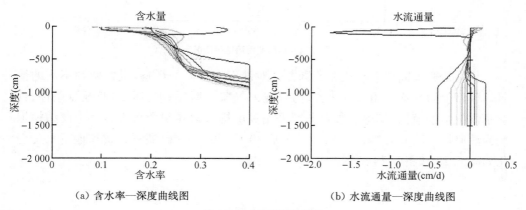

(a) 含水率—深度曲线图    (b) 水流通量—深度曲线图

图 5.11 土壤剖面信息图

2）潜水蒸发极限深度

研究区位于玛纳斯河流域山前冲积平原,属于垂向补给带。模型模拟采用研究区内的 8 个不同的位置,有地下水位监测井实际监测资料;气象资料来自研究区内气象站点监测资料,并用泰森多边形进行插值计算;灌溉方式采用滴灌和漫灌两种,气象站及观测井分布如图 5.12 所示。

**图 5.12　玛纳斯河流域平原区**

为了研究不同地下水位和灌溉方式对地下水补给的影响,设置两种不同的情景。模型上边界均采用大气边界,需要输入气象数据(降水、蒸发)及灌溉条件;针对不同的情景模拟,模型下边界分别采用深层排水边界和变水头边界。模型模拟期为灌溉期,即 2014 年 3 月 21 日—8 月 20 日,共 153 d。灌溉方式和地下水位变化如图 5.13 和图 5.14 所示。

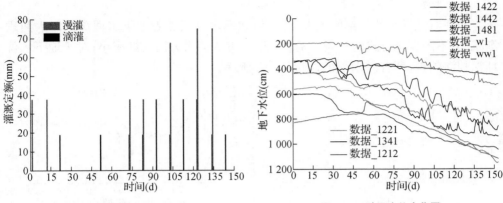

图5.13 滴灌和漫灌灌溉制度 　　　　　图5.14 地下水位变化图

土壤水力参数根据不同的土壤类型求得。根据遥感数据分析得到的不同土壤类型,根据不同土壤类型的土壤质地,即砂土、壤土、粘土所占比例不同,根据 Hydrus-1D 中的神经网络预测得到(见表5.5)。

表5.5 土壤水力参数表

| Soil 土壤 | $\theta_r$ 土壤残余含水率 | $\theta_s$ 土壤饱和含水率 | $A(1/cm)$ 经验参数 | $n$ 经验参数 | $K_s(cm/d)$ 渗透系数 | 1 经验参数 |
|---|---|---|---|---|---|---|
| S1 | 0.071 1 | 0.408 2 | 0.016 8 | 1.387 6 | 8.02 | 0.5 |
| S2 | 0.070 0 | 0.417 9 | 0.009 6 | 1.487 4 | 9.90 | 0.5 |
| S3 | 0.060 7 | 0.403 7 | 0.009 8 | 1.497 2 | 10.33 | 0.5 |
| S4 | 0.061 1 | 0.405 6 | 0.008 7 | 1.517 5 | 12.08 | 0.5 |
| S5 | 0.060 8 | 0.409 7 | 0.006 4 | 1.579 2 | 17.74 | 0.5 |
| S6 | 0.067 1 | 0.415 1 | 0.008 2 | 1.521 5 | 13.02 | 0.5 |
| S7 | 0.066 2 | 0.410 8 | 0.010 2 | 1.483 9 | 8.83 | 0.5 |
| S8 | 0.054 3 | 0.394 5 | 0.013 5 | 1.455 3 | 14.68 | 0.5 |

观测井蒸发深度见表5.6。模型采用相同的下边界,上边界采用大气边界,灌溉方式为滴灌,设置不同的地下水位埋深,并设置有蒸发和无蒸发两种情况,计算地下水位处的水通量。两种情况采用 $t$ 检验进行对比,无显著差异时认为蒸发对地下水位处的水通量无影响,此时的地下水位即为潜水蒸发极限深度。

表5.6 各观测井蒸发深度表　　　　　　　　　　　　　　(单位:cm)

| 观测井 | OW1422 | OW1442 | OW1481 | OWs1 | OWszc1 | OW1221 | OW1341 | OW1212 |
|---|---|---|---|---|---|---|---|---|
| 蒸发深度 | 514 | 761 | 683 | 692 | 897 | 876 | 693 | 605 |

3）灌溉方式对地下水补给的影响

　　漫灌对地下水的补给明显大于滴灌；地下水补给随着地下水埋深的增大而逐渐减小；不同灌溉方式的影响也随着地下水埋深的增大而逐渐减小；对于地下水位埋深较深的点，两者差别很小，如图 5.15 所示。

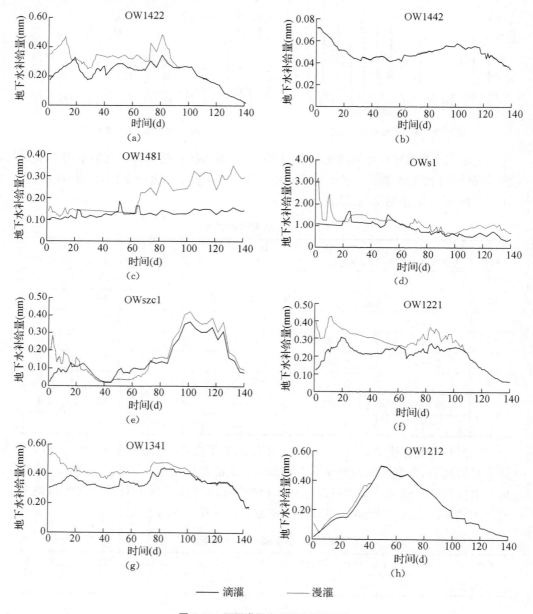

图 5.15　不同灌溉方式的地下水补给

4）地下水位对地下水补给的影响

模型模拟采用 2 m、3 m、4 m、5 m、7 m、10 m、15 m 七种不同的地下水位，结果表明：对于不同的地下水位，地下水补给约为地表水通量的 40％、12％、8％、4％、1.5％、0.5％、0.5％；随着地下水位下降，地下水补给曲线趋于平稳，如图 5.16 所示。

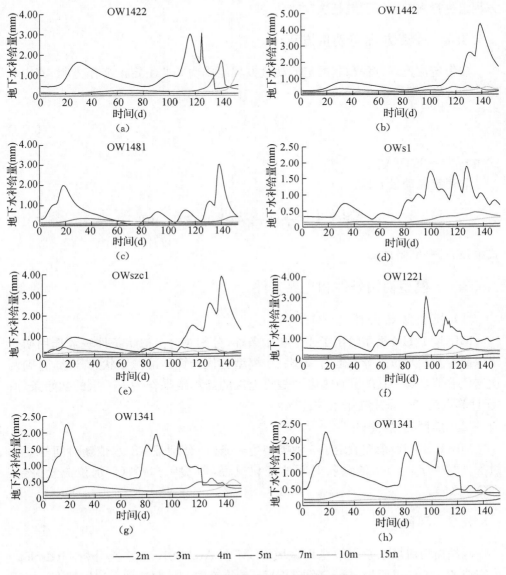

图 5.16 不同地下水位条件下的地下水补给

## 5.3　流域一维水动力模型构建

MIKE11HD 模型是一维水动力学模型,模型运用 Abbott Scheme 法对圣维南方程组进行离散,运用"追赶法"求解模型。

### 5.3.1　连续方程与动量方程

非恒定流连续方程和非恒定流动量方程组成明渠非恒定渐变流方程,其中非恒定流连续方程:

$$\frac{\partial Q}{\partial x}+\frac{\partial A}{\partial t}=q_L \tag{5.13}$$

式中:$q_L$——区间入流。

非恒定流动量方程:

$$\frac{\partial Q}{\partial t}+\frac{\partial}{\partial x}\left(\frac{\alpha Q^2}{A}\right)+gA\frac{\partial h}{\partial x}+gAS_f=0 \tag{5.14}$$

式中:$S_f$——摩阻坡降。

### 5.3.2　模型初始条件和边界条件

1)模型初始条件

MIKE11/HD 模型给出了 4 个初始条件,分别是:① 初始条件一般选用初始水深或者初始水位来开始运行模型;② 模型迭代计算从准稳定状态开始,直到两次迭代差值足够小;③ 模型热启动是将上次的计算结果作为下一次的初始条件;④ 计算洪泛区时采用初始条件进行。

2)模型边界条件

MIKE11/HD 模型设定了 3 种类型边界条件,分别是:① 水位随时间的变化过程,即 $h=f(t)$;② 流量随时间的变化过程,即 $Q=f(t)$;③ 水位流量关系,即 $Q=f(h)$。

### 5.3.3　河网概化

玛纳斯河流域水系提取是用流域 DEM 在 ArcGIS10.1 水文分析 Hydrology 中完成的。操作过程为:导入流域 DEM—计算流向—提取洼地—洼地填充—水系计算。因为提取出来的水系和实际有许多地方存在出入,所以将提取出来的水系在谷歌地球中予以校正,得到流域的河网概化图,如图 5.17 所示。

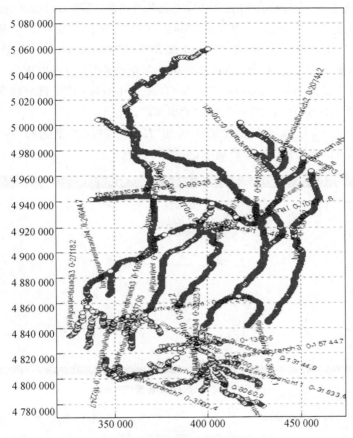

**图 5.17　玛纳斯河流域河网概化**

## 5.3.4　断面文件

断面文件的准备过程如下：

① 将谷歌地球中的线条测量（断面），放入一个断面文件中，右键另存为断面×××. KML（见图 5.18）。

② 将"断面×××. KML"在 ArcGIS10.1 中，利用工具箱中的"Conversion Tools-From KML-KML to Layer"；将生成的 Polylines 右键"Data-Export Data"成"Shapefile"。

③ 因为谷歌地球为 GCS_WGS_1984 坐标系，鉴于模型计算单位为 m，在 Arc-GIS10.1 工具箱中选用"Data Management Tools - Projections and Transformations- Feature- Project"转成"WGS_1984_UTM_Zone_45N"公里网坐标系。

④ 为了计算每一个断面的里程，批量计算河网（公里网）和断面（公里网）的交

点坐标。首先打开要编辑的 Shp. 数据,工具栏中选择"Editor-Start editing",开启编辑状态,在土层上右键选择"Selection-select all",选择图层中的全部要素,然后将界址线文件自动剪断,利用的工具是工具条下的"Planarize Line";最后在线的交点处打断线,点击工具条中的"Planarize lines",默认参数,点击"OK"。

⑤ 利用工具箱中的"Analysis Tools-Overlay-Intersect"工具把线图层输进去,输出为点类型,即"Output Type"设为"POINT"。

⑥ 在"POINT"点文件的属性表中添加"$X$、$Y$",数据类型选择"Double",右键"Calculate Geometry"计算 $X,Y$ 坐标(见图 5.19)。

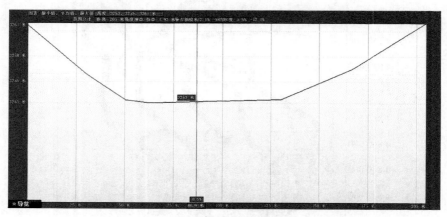

图 5.18　谷歌地球线条测量断面形态

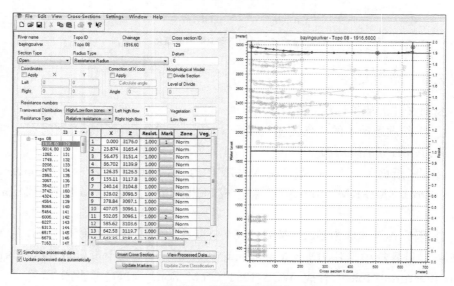

图 5.19　模型断面文件输入

### 5.3.5 初始、边界条件

模型初始条件的设定做如下处理：由于模型模拟研究区大部分时间处于枯水位，为防止模拟水位较低而没有模拟结果，模拟的初始水位值设定为 1 m。模型采用的流量数据为肯斯瓦特站实测数据，对实测数据进行整理后由于模型模拟，模型的初始流量设定为 20 m³/s。MIKE11 模型的边界条件设定上边界为流量边界，下边界为水位边界，收集相关数据设置模型的边界条件，将玛纳斯河上游红山嘴水管站逐日流量数据作为模型的上边界条件；将肯斯瓦特水文站逐日水位数据作为模型的下边界条件。

### 5.3.6 模型参数

此次玛纳斯河流域水动力模型率定的主要参数为河床阻力，即曼宁系数，曼宁系数的率定沿河道走向依次率定。

## 5.4 流域 MIKE11/NAM 和 MIKE11/HD 模型计算结果及分析

本文建立的玛纳斯河流域肯斯瓦特水文站上游段一维水动力模型 MIKE11/HD 和降雨径流模型 NAM 耦合模型，优化获得的地表水供水量与地下水开采量的时空分配数据作为地下水模拟源汇项输入实现数据交互。利用降雨径流模型模拟流域内山区冰川融雪和降雨径流过程。产生的径流作为旁侧入流到 MIKE11/HD 水动力模型的河网中。

玛纳斯河流域肯斯瓦特水文站上游段区域内的水力条件河网较为简单，无大型水利控制工程影响河网水流形态。模型上边界为 2005 年 1 月 1 日—2015 年 12 月 31 日红山嘴水管站逐日流量资料，下边界为 2005 年 1 月 1 日—2015 年 12 月 31 日肯斯瓦特水文站逐日水位资料。

模型的率定采用 NAM 模型的自动率定功能。MIKE11/HD 水动力模型率定的主要率定参数是河床糙率。通过对河床糙率的不断更改，直至肯斯瓦特水文站流量的模拟值和实测值达到较好拟合结果为止。以 2005 年 1 月 1 日至 2009 年 12 月 31 日作为模型率定期，2010 年 1 月 1 日—2015 年 12 月 31 日作为模型验证期。图 5.20 为肯斯瓦特水文站参数率定期和模型验证期的模拟径流结果。研究区各参数的最终率定结果见表 5.7。

**表 5.7　模型参数率定结果**

| 参　数 | 描　述 | 一般取值范围 | 初始值 | 率定参数 |
|---|---|---|---|---|
| $U_{max}$ | 地表储水层最大含水量(mm) | 10～25 | 15 | 15.111 |
| $L_{max}$ | 土壤层/根区最大含水量(mm) | 50～250 | 150 | 180.541 |
| $C_{QOF}$ | 坡面流系数 | 0～1 | 0.6 | 0.601 |
| $CK_{IF}$ | 土壤中流排水常数(h) | 500～1 000 | 1 000 | 710.250 |
| $TOF$ | 坡面流临界值 | 0～1 | 0 | 0.941 |
| $TIF$ | 壤中流临界值 | 0～1 | 0 | 0.825 |
| $TG$ | 地下水补给临界值 | 0～1 | 0 | 0.801 |
| $CK_{12}$ | 坡面流和壤中流时间常量(h) | 3～48 | 10 | 31.464 |
| $CK_{BF}$ | 基流时间常量(h) | 500～5 000 | 2 000 | 2 615.331 |
| $n$-Manning | 河道糙率 | 0.02～0.04 | 0.03 | 0.035 |

　　模型在率定和验证阶段对肯斯瓦特水文站降雨径流的动态模拟均较为理想。经过校准和验证,径流模拟状态符合实际径流过程,径流整体稳定性强。此外,降水雨型和模拟径流显示了一致的对应关系。但就模拟径流和实测径流在径流量上的对比,明显可以看出当径流量较小时模拟效果好于径流量大的时候。最大径流的模拟上实测径流总是大于模拟径流,这个和模型参数设置有直接的关系。由于山区下垫面情况复杂,无法准确给出水力参数值,区域参数概化较易出现模拟误差。

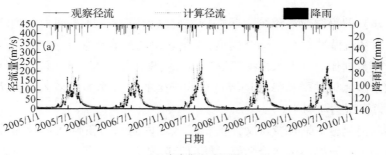

(a) 率定期和验证期

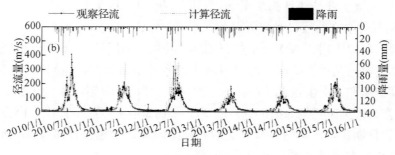

(b) 实测流量和模拟流量过程

**图 5.20　肯斯瓦特水文站率定期**

肯斯瓦特水文站率定期和验证期实测流量和计算流量的线性拟合效果见图 5.21。从图中可以看出,率定期间模拟径流和实测径流相关性良好,绝大部分数据点位于 95％ 的置信区间内。可以看出,当径流量较小时两者相关关系较好,随着径流量的增大误差也越来越大。值得肯定的是验证期两者相关关系高达 0.854 3,显示出了较为理想的模拟精度。如表 5.8,模型对不不同年份的径流变化模拟较好。率定期的模型 Nash-Sutcliffe 系数 $E_{ns}$ 为 0.69;验证期的模型 Nash-Sutcliffe 系数 $E_{ns}$ 为 0.76。

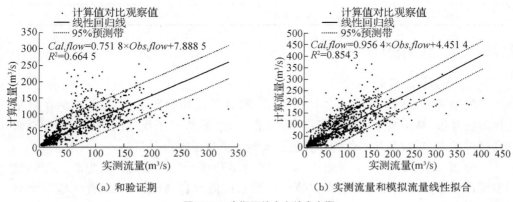

（a）和验证期  （b）实测流量和模拟流量线性拟合

图 5.21　肯斯瓦特水文站率定期

表 5.8　模型模拟效果评价

| 类别 | 排放点 | 系数 | | 回归参数 | |
|---|---|---|---|---|---|
| | | $E_{ns}$ | $R^2$ | 斜率 | 截距 |
| 率定期 | 肯斯瓦特 | 0.69 | 0.66 | 0.75 | 7.89 |
| 验证期 | 肯斯瓦特 | 0.76 | 0.85 | 0.96 | 4.45 |

# 5.5　平原区地下水补排关系模拟

## 5.5.1　模型参数率定

调节模型参数是 Visual MODFLOW 模拟中重要的步骤,选择合适的参数能获得更加符合实际的结果。采用手动调参,单变量变化,将运算得到的水位、流场与实际数据相对比,得到该参数对于模型结果影响的情况。以此为基础,进行反复调节,在参数合理范围内,获得与实际数据接近的流场,使得降速场及梯度场合理,各补给排泄项也接近水均衡计算的结果。当调节到一组参数,使得其流场与实际最接近,其他各项误差均小,此组参数即选定为最终模型的参数,代表了研究区的水文地质情况。

为得出模型中最合理水文地质各参数(渗透系数、释水系数以及给水度),经过反复手动调参,率定后结果如表 5.9 所示。

**表 5.9　模型各水文地质参数率定表**

| 垂向分区 | 渗透系数(m/s) | 释水系数 | 给水度 |
| --- | --- | --- | --- |
| 潜水含水层 | $4.00\times10^{-5}$ | — | 0.15 |
| 过渡区(弱透水层) | $5.00\times10^{-6}$ | 0.01 | — |
| 承压含水层 | $4.50\times10^{-5}$ | 0.01 | — |

### 5.5.2　数值模型的拟合

#### 1) 统计数据的拟合

模型的拟合期选择 2013 年 1—12 月,拟合了流域的地下水流,其中为了确定模型的参数、结构及水均衡要素,对均衡量以及参数进行了反复的调试。模型对研究区中的 23 口观测井水位的计算值及实测值进行了拟合分析。

由图 5.22 可知,本文所建立区域地下水数值模型的标准化方差为 2.025%,这表明该模型各观测井的模拟水位值与实测水位值拟合得比较好,研究区地下水系统的空间变化规律基本上可以被反映出来。

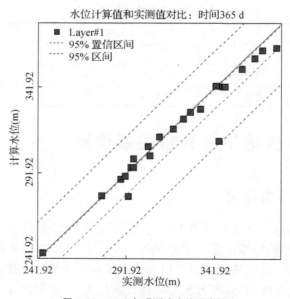

图 5.22　2013 年观测孔水位拟合图

## 2）地下水流动的拟合

本次研究从流域的研究区内选择了 6 个观测井，对模型的模拟值与实测值进行了动态的拟合，目的是为了进一步验证该模型对地下水流模拟的准确性及可靠性，地下水位动态的模拟如图 5.23 所示。由图可知，在 2013 年各月的观测资料和计算值进行对比下，拟合的地下水位值基本上都小于实测值，且各月的地下水位趋势有一定差别。由于研究区的南部有石河子市、玛纳斯县及沙湾等分布着人类居住的城市，生活用水、工业用水、农田灌溉等需要用水较多，地下水开采量比较大，故尤其在 6 月、7 月及 8 月的地下水位存在一定的误差，相差达到 1～3 m。

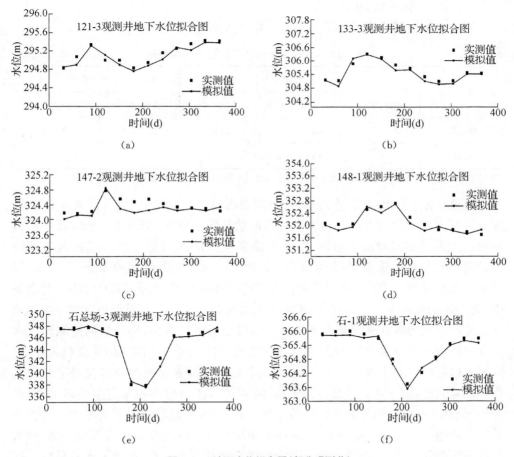

**图 5.23　地下水位拟合图（部分观测井）**

模拟结果与实际情况存在误差，大致有以下原因：第一，排泄量中 80% 以上由机井开采，在模型中开采量采用连队平均，使得各个井在模型中的开采情况与实际情况有一定差别;第二,机井开采地下水的总量上有一定误差,原因是人工调查与实际情况有一定出入;第三,两个地质剖面概化确定的含水层与实际情况有一定出入,需要更详细的水文地质资料来消除该部分误差;第四,玛纳斯河河床资料、来水情况与实际有一定出入,且河道渗漏补给集中,会造成一定误差;第五,渠灌补给,田间补给主要集中在 4—9 月,与地下水开采项相结合,产生一定误差。

将模型计算得到的地下水埋深每月值与 2013 年 12 个月的地下水埋深月均值比较,可以看出,由于靠近的抽水井以及边界条件的不同,地下水各月的变化趋势有一定差别,总体误差在可接受范围内,故该模型的所有计算结果是可信的。

3) 地下水量的均衡分析

玛纳斯河流域平原区地下水均衡计算结果见表 5.10。

表 5.10　2013 年数值法计算地下水均衡量　　　　　　　　　(单位:万 m³)

| 项　目 | 补给量 | | | 排泄量 | |
|---|---|---|---|---|---|
| | 侧向流入 | 河流入渗 | 面状补给 | 蒸发蒸腾 | 侧向流出 |
| 模拟值 | 9 981.06 | 20 247.81 | 6 346.73 | 38 218.98 | 2 034 |
| 合计 | 36 573.60 | | | 40 252.98 | |

注:面状补给量=渠系入渗量+田间入渗量+降雨入渗量+回归量+水库入渗量-开采量

由地下水补排均衡汇总表 5.10 可以看出,评价区的侧向流入量为 9 981.06 万 m³,河流入渗量为 20 247.81 万 m³,面状补给量为 6 346.73 万 m³,其中面状补给量主要是田间灌溉入渗量、渠系入渗量与降雨入渗量之和再减去人工开采量,2013 年人工开采量的平均值为 49 586 万 m³,故面状入渗量是 55 932.73 万 m³,由此可见,面状入渗量是补给量的主要部分,其次是河流入渗量。排泄量中,蒸发蒸腾量为 38 218.98 万 m³,侧向流出量为 2 034 万 m³,流域评价区内主要的地下水排泄方式为蒸发蒸腾及人工开采。经过分析可以看出,玛纳斯河流域地下水主要的补给方式就是面状入渗,其中占主要比重的是渠系入渗及田间灌溉入渗,而降雨入渗量所占的比重非常小,原因是随着田间灌溉制度的改变以及渠道防渗工程的日益完善,地下水补给量在逐渐减小,河流入渗量与年径流有主要相关性,在内陆河干旱区,径流的年际变化比较平缓,故河流入渗量的变化不是很大。人工开采是流域地下水主要的排泄方式,由于在流域研究区的南部分布着石河子市、沙湾以及玛纳斯县,生活生产用水及工业用水主要为地下水开采,故地下水开采量呈逐年递增的趋势,蒸发蒸腾量随着地下水位逐渐下降而减少。

### 5.5.3　数值模型的检验

通过以上对研究区数值模型的拟合分析,已初步验证了数值模型的准确性和合理性,下面将通过对模型的再次检验,进一步分析并确定模型运行的稳定性及模型参数的准确性。利用数值模型对 2014 年各月的水位进行计算,以 2014 年 1 月初的实测地下水位作为初始条件,以 2014 年全年的实测水位值为观测条件,源汇项是根据全年实测数据输入模型,对 23 口长期观测井的计算值和实测值进行比较,对数值模型进一步检验,如图 5.24 所示。

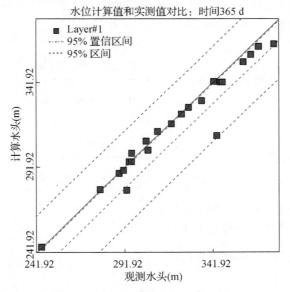

**图 5.24　2014 年观测孔水位拟合图**

在数值模型的检验过程中,抽选了部分长期观测孔井地下水位数据和模型计算的数据进行了拟合,模拟效果很好,如图 5.25 所示。

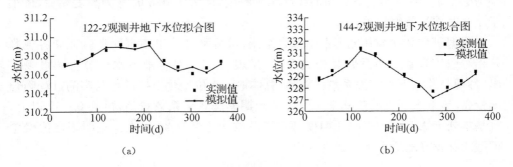

**图 5.25　地下水位拟合图(部分观测井)**

　　以上在数值模型的拟合及检验过程中对拟合程度与统计数据进行了分析,可以得出该模型比较准确地、合理地描述了玛纳斯河流域平原区地下水流系统及水文地质情况,很好地反映了玛纳斯河研究区的实际情况,故该模型的合理性及准确性较高,可以采用模型得出的参数及结构,用来对研究区的各均衡量以及地下水位进行预测。

## 5.5.4　模型效果评价

　　模型的模拟效率体现了模型在研究区的适应性,一般可以由 Nash 与 Sutcliffe 在 1970 年提出的模型效率系数($RE$)和相关系数($R$)来评价 $i$,它们直观地体现了实测与模拟过程的拟合程度的好坏。

$$模型效率系数\ RE = 1 - \frac{\sum_{i=1}^{n}(Z_{obs,i} - Z_{sim,i})^2}{\sum_{i=1}^{n}(Z_{obs,i} - \bar{Z}_{obs})^2} \tag{5.15}$$

$$模型相关系数\ R = \frac{\sum_{i=1}^{n}(Z_{obs,i} - \bar{Z}_{obs})(Z_{sim,i} - \bar{Z}_{sim})}{\left[\sum_{i=1}^{n}(Z_{obs,i} - \bar{Z}_{obs})^2\right]^{1/2}\left[\sum_{i=1}^{n}(Z_{sim,i} - \bar{Z}_{sim})^2\right]^{1/2}} \tag{5.16}$$

式中:$Z_{obs,i}$——$i$ 时刻的观测地下水位;

　　　$Z_{sim,i}$——$i$ 时刻的模拟地下水位;

　　　$\bar{Z}_{obs}$——时段内平均地下水位;

　　　$n$——时间步长数。

　　模拟效果由参考手册中给定的标准化校准指标来确定,其中,模型效率系数($RE$)一般介于 0.5 至 0.95,$RE$ 越接近于 1,模型模拟效果越好,若在率定期和验证期的 $RE$ 均达到 0.65 以上,则表明模型模拟的效果处于较好的水平;相关系数($R$)表示模拟值与实测值之间的线性相关程度,$R$ 大于 0.8 时称为高度相关,$R$ 小于 0.3 时称为低度相关。

　　根据研究区观测井地下水位拟合结果,可分别计算出率定期和验证期各观测井相对应的模型效率系数及相关系数,见表 5.11。结合地下水位拟合图可以看出,各观测井地下水相关系数比较高,总体地下水位变化模拟过程与实测过程吻合度较高,地下水变化趋势基本一致。率定期模型效率系数较高,达到 0.731 以上,且基本处于 0.85 左右,验证期模型效率系数均达到 0.80 以上。表明该数值概念模型能够较好地适用于本研究区内。

表 5.11 模型率定期及验证期结果

| 项 目 | 观测井 | RE | R |
|---|---|---|---|
| 率定期 | 121-3 | 0.965 | 0.874 |
| | 133-3 | 0.922 | 0.908 |
| | 147-2 | 0.889 | 0.944 |
| | 148-1 | 0.917 | 0.947 |
| | 石总场-3 | 0.845 | 0.964 |
| | 石-1 | 0.731 | 0.902 |
| 验证期 | 122-2 | 0.859 | 0.937 |
| | 144-2 | 0.804 | 0.897 |

### 5.5.5 地下水补排响应动态模拟

通过以上数值模型的分析,针对研究区选择一些重要的人类活动作为强度的指标,选择主要人类活动影响因子的原则是数据容易获取,并且考虑对研究区水循环影响最大、干扰最直接的因素。其中土壤次生盐渍化是灌溉农业引发的最为突出的问题,地下水位变化起到了主导作用,本章节选取的强度指标主要是指农田灌溉及地下水开采,灌溉模式直接影响研究区地表水入渗补给量的大小,地下水开采量直接影响地下水的垂直排泄。

#### 1) 不同灌溉模式对地下水水量及水位的影响

新疆是我国典型的内陆干旱区,自 20 世纪以来,膜下滴灌节水技术在新疆生产建设兵团被大面积推广。根据新疆兵团农八师玛纳斯河流域节水规划报告,自 1998 年起,农业田间节水工程改造以推广的高新节水技术与自动化应用技术相结合为主要工程措施,大面积发展滴灌技术。到 2010 年灌区总灌溉面积发展为 230.60 万亩,其中滴灌发展到 128.20 万亩,地面灌 102.40 万亩。随着膜下滴灌节水技术的大面积实施,由过去水浇地变为水浇作物的大变革,必将产生新的水文生态问题,所以,需要对研究区的水资源进行科学的管理,避免地下水位过低或者过高,故寻求合理的灌溉模式、防止发生次生盐渍化、调节研究区的水平衡以及控制地下水位具有重要的实用价值和理论意义。本研究利用上文训练好的数值模型进行模拟不同灌溉模式下对地下水水量及水位的影响,分析研究区在不同配水方案下地下水水量及水位的变化规律。

该研究选择 2013 年为现状年(基准年),2020 年为规划年对以下三种灌溉模式下的研究区地下水动态进行模拟分析。

方案一:采用 2013 年的现状年灌溉模式,灌溉定额为 195 m³/亩,即当前膜下滴灌节水灌溉的灌溉定额,计算条件参照 2013 年模拟期来确定,对 2020 年的地下水水量及水位变化情况进行数值模拟。

方案二:假设研究区全部采用传统的沟灌模式,灌溉定额为 235 m³/亩,其余的参数都与方案一保持一样,对 2020 年的地下水水量及水位变化情况进行数值模拟。

方案三:假设研究区采用高效节水灌溉模式,即研究区的农业节水灌溉技术水平提高了一个台阶,故单位田间农业需水量比现状年降低,灌溉定额为 155 m³/亩,其余的参数都与方案一保持一样,对 2020 年的地下水水量及水位变化情况进行数值模拟。

(1) 地下水水量预测

三种方案下研究区的地下水均衡计算结果见表 5.12。

表 5.12　不同灌水模式下数值法计算地下水均衡量　　　　(单位:万 m³)

| 项　目 | 补给量 | | | 合　计 | 排泄量 | | 合　计 |
|---|---|---|---|---|---|---|---|
| | 侧向流入 | 河流入渗 | 面状补给 | | 蒸发蒸腾 | 侧向流出 | |
| 方案一 | 9 981.06 | 20 201.81 | 6 254.73 | 36 437.60 | 38 102.98 | 1 985 | 40 087.98 |
| 方案二 | 9 981 | 20 532 | 10 570.84 | 41 083.84 | 40 322 | 1 682 | 42 004 |
| 方案三 | 9 981 | 21 281 | 2 762 | 34 024 | 32 410 | 2 452 | 34 862 |

注:面状补给量=渠系入渗量+田间入渗量+降雨入渗量+回归量+水库入渗量-开采量

由表 5.12 可以看出,方案一的面状补给为 6 254.73 万 m³,地下水的开采量为 48 586.6 万 m³,故面状入渗量为 54 841.33 万 m³,蒸发蒸腾量为 38 102.98 万 m³,侧向流出量为 1 985 万 m³,比基准年的面状入渗量减少了 1 091.4 万 m³,变化幅度不大;方案二的面状补给为 10 570.84 万 m³,面状入渗量为 59 157.44万 m³,比基准年的面状入渗量增加了 4 224.11 万 m³,主要是因为在方案二的假定下,传统的沟畦灌模式下田间灌溉入渗量的增加,蒸发蒸腾量为 40 322 万 m³,比基准年的蒸发蒸腾量增加了 2 103.02 万 m³,主要原因是在传统的畦灌模式下,地表水面有所增加,从而促进了蒸发蒸腾;方案三的面状补给为 2 762 万 m³,面状入渗量为 51 348.6 万 m³,比基准年的面状入渗量减少了3 584.73万 m³,主要原因是在高效节水灌溉模式下,既保证作物需水又有效节约了水资源,进而直接减少了面状补给量以及潜水的无效蒸发。

(2) 地下水水位预测

三种方案下对 2020 年的地下水位预测结果如图 5.26 所示。

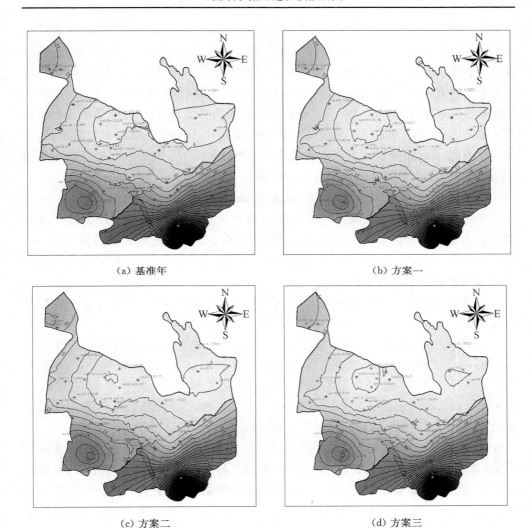

（a）基准年　　　　　　　　　　（b）方案一

（c）方案二　　　　　　　　　　（d）方案三

**图 5.26　2020 年不同灌溉模式下研究区地下水位降深示意图**

由图 5.26 可知,将 2013 年模拟出来的结果作为基准年,方案一与基准年相比,地下水位有不同幅度的下降,但是总体下降幅度很小,在东南方向少部分地域下降幅度达 0.2 m 以上,其余区域地下水水位下降幅度在 0.11~0.23 m,整个研究区的平均下降值为 0.15 m,最大下降值为 0.23 m;方案二和基准年相比,整体研究区的地下水位有不同程度的上升,在莫索湾灌区及下野地灌区部分地区的地下水水位上升达到 1.3 m 以上,其他地区的上升幅度在 0.5~1.3 m 之间,整个研究区的平均上升值为 1.35 m,最高上升值为 2.1 m。方案三与基准年相比,整个研究区的地下水位有不同程度的下降,玛纳斯灌区及莫索湾灌区大部分地区的下降幅度在 0.4 m 以上,其他大部分地区的下降幅度在 0.3 m 以上,整个研究区的地下水水位平均下降值为 0.35 m,下降幅度最大值为 0.8 m。通过以上分析,方案一、方案二、方案三与基准年相比地下水位有一定程度的波动,方案一、方案二、方案三地下水位变化的最大值分别为下降 0.23 m,上升 2.1 m,下降 0.8 m。方案二的传统沟灌模式有不同程度的上升,一方面是由于灌溉量的增大,另一方面是由于在研究区的排碱渠等排水设施已经取消,排水不畅,灌排比不恰当导致地下水位上升;方案三的高效节水灌溉模式下地下水位有一定程度的下降,主要原因是灌溉用水量的减少,直接减少了对地下水的入渗补给量。

### 2)不同开采量对地下水水量及水位的影响

为了能够更好地反映未来地下水动态变化的规律,本章制定了不同地下水开采下的方案进行预测分析。选择现状年为模拟期 2013 年、近期规划年为 2020 年、远期规划年为 2030 年对玛纳斯河流域研究区在三种不同开采方案下进行地下水水均衡计算及水位数值模拟。

方案一:保持 2013 年现状年开采量(49 586 万 m³)不变,不再增加额外的开采量。

方案二:假定未来为了满足防护林比例能够达到规定值,减少作物的耕种面积,进行种植结构的调整,退耕还林,既追求经济的效益又提高环境的效益,在此基础上,提出一种优化方案,到 2020 年在现状年基础上地下水开采量减少 4 000 万 m³,即开采量变为 45 586 万 m³,到 2030 年在近期规划年的基础上地下水开采量稍微有所减少,即开采量变为 44 586 万 m³。

方案三:假定在未来人们为提高生活水平,对经济效益进行再扩大,从而开垦荒地,对耕种面积进行扩大,在此基础上,要满足垦荒地的农田灌溉用水量,就得加大地下水的开采量,到 2020 年在现状规划年的基础上地下水开采量增加 5 852.7 万 m³,即总开采量变为 55 438.7 万 m³,到 2030 年在现状规划年的基础上地下水开采量增加 8 364 万 m³,即总开采量为 57 950 万 m³。

### (1)地下水水量预测

利用已训练好的数值模型,分别设置各汇源项,使模型运行到 2020 年(近期规划年)及 2030 年(远期规划年),其各地下水的水均衡量见表 5.13～表 5.15。

表 5.13　方案一各年水均衡表

| 项　目 | | 2013 年 | 2020 年 | 2030 年 |
|---|---|---|---|---|
| 补给量<br>(万 m³) | 侧向流入 | 9 981.06 | 9 983.75 | 9 984.31 |
| | 河流入渗 | 20 247.81 | 20 249.20 | 20 250.38 |
| | 面状入渗 | 55 932.73 | 55 934.65 | 55 936.33 |

| 项　目 | | 2013 年 | 2020 年 | 2030 年 |
|---|---|---|---|---|
| 合　计 | | 86 161.6 | 86 167.6 | 86 171.02 |
| 排泄量(万 m³) | 蒸发蒸腾 | 38 218.98 | 38 219.53 | 38 219.07 |
| | 开采量 | 49 586 | 49 586 | 49 586 |
| | 侧向流出 | 2 034 | 2 031.68 | 2 029.42 |
| 合　计 | | 89 838.98 | 89 837.21 | 89 834.49 |
| 补排均衡差 | | −3 677.38 | −3 669.61 | −3 663.47 |

注:面状补给量＝渠系入渗量＋田间入渗量＋降雨入渗量＋回归量＋水库入渗量－开采量

由方案一各年水均衡表 5.13 可以看出,在保持现状年开采量的基础上预测近期规划年、远期规划年的水均衡量时,各补给量及排泄量没有较大的变化,并且地下水仍然为负均衡状态。

**表 5.14　方案二各年水均衡表**

| 项　目 | | 2013 年 | 2020 年 | 2030 年 |
|---|---|---|---|---|
| 补给量<br>(万 m³) | 侧向流入 | 9 981.06 | 9 578.35 | 9 503.22 |
| | 河流入渗 | 20 247.81 | 20 232.20 | 20 221.08 |
| | 面状入渗 | 55 932.73 | 54 864.77 | 54 369.35 |
| 合　计 | | 86 161.6 | 84 675.32 | 84 093.65 |
| 排泄量<br>(万 m³) | 蒸发蒸腾 | 38 218.98 | 36 006.54 | 35 461.28 |
| | 开采量 | 49 586 | 45 586 | 44 586 |
| | 侧向流出 | 2 034 | 2 165.83 | 2 104.50 |
| 合　计 | | 89 838.98 | 83 758.37 | 82 151.78 |
| 补排均衡差 | | −3 677.38 | 916.95 | 1 941.87 |

注:面状补给量＝渠系入渗量＋田间入渗量＋降雨入渗量＋回归量＋水库入渗量－开采量

由方案二各年水均衡表 5.14 可以看出,地下水开采量明显减少,面状入渗量及侧向补给量也随着有一定幅度的减少,河流入渗量没有太大的变化,进而导致蒸发蒸腾量的减少,侧向排泄量稍有增加的趋势,现状年的地下水仍处于负均衡状态,近期规划年及远期规划年的地下水处于基本平衡状态。

**表 5.15　方案三各年水均衡表**

| 项　目 | | 2013 年 | 2020 年 | 2030 年 |
|---|---|---|---|---|
| 补给量<br>(万 m³) | 侧向流入 | 9 981.06 | 10 061.16 | 10 083.72 |
| | 河流入渗 | 20 247.81 | 20 249.25 | 20 250.47 |
| | 面状入渗 | 55 932.73 | 56 834.65 | 56 974.36 |

| 项　目 | | 2013 年 | 2020 年 | 2030 年 |
|---|---|---|---|---|
| 合　计 | | 86 161.6 | 87 145.06 | 87 308.55 |
| 排泄量<br>（万 m³） | 蒸发蒸腾 | 38 218.98 | 39 445.53 | 39 001.57 |
| | 开采量 | 49 586 | 55 438.7 | 57 950 |
| | 侧向流出 | 2 034 | 1 931.68 | 1 853.46 |
| 合　计 | | 89 838.98 | 96 815.91 | 98 805.03 |
| 补排均衡差 | | −3 677.38 | −9 670.85 | −11 496.48 |

注:面状补给量＝渠系入渗量＋田间入渗量＋降雨入渗量＋回归量＋水库入渗量−开采量

由方案三各年水均衡表 5.15 可以看出,地下水开采量有明显程度的增加,随之,面状补给量、侧向补给量都有一定幅度的增加,河流入渗量没有太大的变化,蒸发蒸腾量有不同程度的增加,而侧向排泄量有所减少,地下水都处于负均衡状态。

（2）地下水水位预测

依据上文所拟定的三种地下水开采方案,利用已训练好的数值模型,预测 2020 年（近期规划年）及 2030 年（远期规划年）的地下水等水位线图和地下水位降深等值线图,预测结果见图 5.21～图 5.32,并对其变化规律进行分析。

① 方案一水位预测

由图 5.27、图 5.28 分析可知,方案一运行到 2020 年（近期规划年）时,地下水位在现状年的基础上下降 1～3 m,尤其在 8 月份地下水位降幅最为明显一些,在石河子灌区、金安灌区和玛纳斯灌区下降深度达到 4～5 m。由图 5.29、图 5.30 分析可知,方案一运行到 2030 年（远期规划年）时,地下水水位变化趋势和 2020 年（近期规划年）一致,水位在现状年基础上下降深度达到 3～4 m,8 月份的最大降深为 6～7 m。

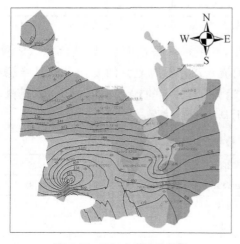

图 5.27　2020 年等水位线图

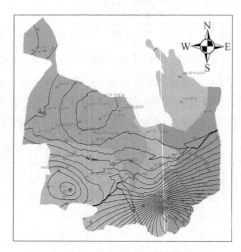

图 5.28　2020 年地下水位降深等值线图

 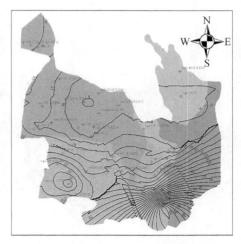

图 5.29  2030 年等水位线图              图 5.30  2030 年地下水位降深等值线图

② 方案二水位预测

由图 5.31、图 5.32 分析,方案二运行到 2020 年(近期规划年)时在现状年的基础上与方案一相比,下降幅度相对较少,由于在 7 月份、8 月份地下水开采量较大,这样就直接影响到了地下水位趋势的变化,故 8 月份的下降深度较为明显。由图 5.33、图 5.34 分析,方案二运行到 2030 年(远期规划年)时地下水位变化趋势和 2020 年(近期规划年)一致,并且水位降深与方案一相比,变化较小,幅度也不大,总体水位趋于另一种平衡状态。

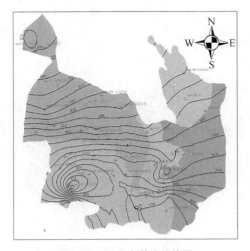 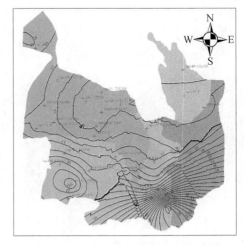

图 5.31  2020 年等水位线图              图 5.32  2020 年地下水位降深等值线图

图 5.33　2030 年等水位线图

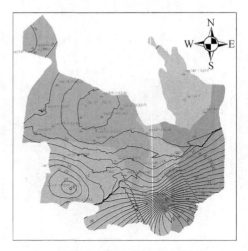

图 5.34　2030 年地下水位降深等值线图

③ 方案三水位预测

由图 5.35、图 5.36 分析,方案三运行到 2020 年(近期规划年)时,在现状年的基础上与方案一相比,总体下降幅度相对增加,由于地下水开采量的增加,8 月份的地下水位下降幅度更为明显。由图 5.37、图 5.38 分析,方案三运行到 2030 年(远期规划年)时,总体下降深度有增加趋势,地下水位等值线变化趋势一致,但是下降幅度和 2020 年(近期规划年)相比较变化不大,故相对近期规划年地下水位降幅变化不明显。

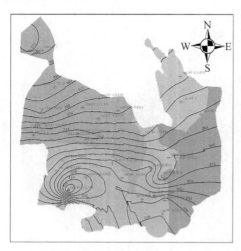

图 5.35　2020 年等水位线图

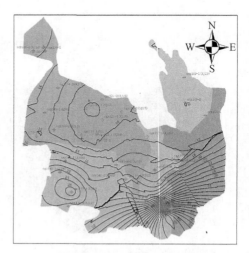

图 5.36　2020 年地下水位降深等值线图

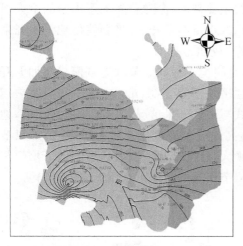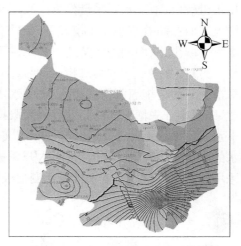

图 5.37  2030 年等水位线图              图 5.38  2030 年地下水位降深等值线图

3）地下水水位对不同灌溉条件响应的对比分析

为模拟节水灌溉对地下水位的影响，现对以下三种灌溉模式下的地下水动态进行模拟分析，即总灌溉量和地下水开采量保持一致。

方案一：采用现状年灌溉模式，灌溉定额为 195 m³/亩，开采量保持为 49 586 万 m³，对 2013—2014 年的地下水位变化情况进行模拟及分析。

方案二：假定采用传统的沟灌模式，灌溉定额为 235 m³/亩，相应的开采量为 59 760.5 万 m³，对 2013—2014 年的地下水位变化情况进行模拟及分析。

方案三：假定采用高效节水灌溉模式，灌溉定额为 155 m³/亩，相应的开采量为 39 416.5 万 m³，对 2013—2014 年的地下水位变化情况进行模拟及分析。

三种灌溉条件下地下水水位变化情况分析如下：

由图 5.39 可知，与图 5.26 中的基准年相比较，在方案一的现状年灌溉模式下，整个研究区地下水位有不同幅度的下降，下降平均值为 1.35 m，最大值为 3.35 m。其中在东南方向较少部分地域下降幅度在 0.4 m 以上，其余区域地下水水位下降幅度在 0.31～3.35 m。在方案二的传统灌溉模式下，地下水开采量增加到 59 760.5 万 m³，与基准年相比，地下水位有不同幅度的下降，西南部地区下降幅度最大，达到 3 m 以上，中部及中西部地区下降为 1 m 左右，东部及东北部地区下降为 0.4～1.4 m，整个研究区地下水位平均下降值为 1.21 m。在方案三的高效节水灌溉模式下，地下水开采量减小到 39416.5 万 m³，随着节水灌溉的实行而减少了 10 169.5 万 m³，南部及东部地区地下水位下降较大，中西部地区下降值较小，整个研究区的地下水水位下降平均值为 1.29 m。由上可知，方案一、方案二及方案三地下水位下降平均值分别为 1.35 m、1.21 m、1.29 m。在传统灌溉模式下，灌溉用水量较大,地下水开采量作为灌溉用水的主要来源,会随着灌溉用水量的增大而增大。而在高效节水灌溉模式下,如果节约的水量不予开采,将会使得地下水开采量大大减少,从而起到缓解地下水水位下降的效果。

　　另外,方案三与方案二相比,即减小开采情况下的高效节水灌溉模式与加大开采情况下的传统灌溉模式相比,地下水水位平均下降 0.03 m。方案三与方案一相比,即减小开采情况下的高效节水灌溉模式与现状开采情况下的灌溉模式相比,地下水水位平均上升 0.08 m。可知,当实施高效节水灌溉模式进行节水时,如果节水的水量不予开采,会使得地下水开采量大大减少,节水灌溉实行后的地下水位与采用传统灌溉时的地下水位相比变化极小,节水灌溉对地下水位无明显影响。

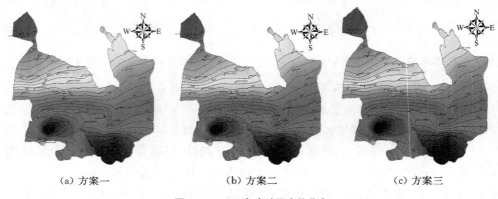

| (a) 方案一 | (b) 方案二 | (c) 方案三 |

**图 5.39　2014 年末地下水位分布**

# 5.6　本章小结

　　(1) 建立玛纳斯河流域降雨径流模型和一维水动力模型,模拟的初始水位值设定 1 m。模型采用的流量数据为肯斯瓦特站实测数据,对实测数据进行整理后由于模型模拟,模型的初始流量设定为 20 m³/s。MIKE11 模型的边界条件设定上边界为流量边界,下边界为水位边界,收集相关数据设置模型的边界条件,将玛纳斯河上游红山嘴水管站逐日流量数据作为模型的上边界条件;将肯斯瓦特水文站逐日水位数据作为模型的下边界条件。以 2005 年 1 月 1 日—2009 年 12 月 31 日作为模型率定期,2010 年 1 月 1 日—2015 年 12 月 31 日作为模型验证期。

　　(2) 基于 Hydrus-1D 研究玛纳斯河平原区包气带水分的迁移转化规律,以及包气带底部滤出的水量,模拟结果表明:Hydrus-1D 软件可用于模拟包气带中水流运动,并研究大尺度范围、整个包气带中的水分迁移规律。从研究区水流垂向入渗模拟结果表明:研究区包气带底部滤出水的水量为 43 mm/a。水流通量在 4—8 月为正值代表水流由下往上流,其余月份为负值代表水流由上往下流,在 7 月和 8 月的压力水头达到最深。在各层岩性中,含水率随着深度的变化而呈逐渐增大趋势,并且在深度为 30 cm 即不同岩性接触处,曲线发生突变,变化很明显。

(3)玛纳斯河流域地表径流模拟在率定和验证阶段均较为理想。经过校准和验证,径流模拟状态符合实际径流过程,径流整体稳定性强。此外,降水雨型和模拟径流显示了一致的对应关系。但就模拟径流和实测径流在径流量上的对比,明显可以看出当径流量较小时模拟效果好于径流量大的时候。最大径流的模拟上实测径流总是大于模拟径流,这个和模型参数设置有直接的关系。MIKE11 率定期间模拟径流和实测径流相关性良好,绝大部分数据点位于 95% 的置信区间内。可以看出当径流量较小时两者相关关系较好,随着径流量的增大误差也越来越大。值得肯定的是验证期两者相关关系高达 0.854 3,显示出了较为理想的模拟精度。同时,模型对不同年份的径流变化模拟较好。率定期的模型 Nash-Sutcliffe 系数 $E_{ns}$ 为 0.69;验证期的模型 Nash-Sutcliffe 系数 $E_{ns}$ 为 0.76。

(4)基于 Visual-MODFLOW 模型动态模拟流域平原区地下水水量及水位的变化规律,验证期模型效率系数均达到 0.80 以上,符合数值模型模拟精度的要求,模型计算结果具有合理性及准确性。研究区含水层的水均衡计算结果表明,包气带底部的垂向入渗是研究区潜水含水层的主要补给来源,模拟期内面状入渗量 55 932.73 万 $m^3$,占总补给量的 44.92%,其次就是河道的补给,补给量为 20 247.81 万 $m^3$,占总补给量的 23.5%,另外上游的侧向补给量为 9 981.06 万 $m^3$,占 11.58%。排泄方式主要以人工开采及蒸发蒸腾为主,并且研究区的地下水量交换是由南部补给北部。根据第二章分析选取研究区的典型人类活动,模拟和预测在不同灌溉模式及不同开采量下对研究区的地下水水量及水位的影响。预测结果表明,在不同灌溉模式下,现状年灌溉模式(195 $m^3$/亩)、传统沟灌模式(235 $m^3$/亩)及高效节水灌溉模式(155 $m^3$/亩)到 2020 年和基准年相比较地下水水位和水量都有一定程度的变化,研究区的面状入渗量变化值分别为减少 1 091.4 万 $m^3$、增加 4 224.11 万 $m^3$、减少 3 584.73 万 $m^3$,研究区内地下水位的最大变化值分别为下降 0.15 m、上升 2.1 m、下降 0.8 m,说明推广的膜下滴灌节水技术既能保证作物需水的要求,又能有效节约内陆干旱区的水资源,进而可以有效降低小幅度变化的地下水位,减少无效的潜水蒸发。在不同开采量下,三种方案处于负均衡状态,总体分析可知开采方式采用方案二比较合理,即进行种植结构的调整,主要原因是地下水开采量为研究区的主要排泄量,会直接影响到地下水动态的变化。

# 6 玛纳斯河流域地下水数值模拟及其变化规律分析

## 6.1 地下水系统数值模型

### 6.1.1 Visual-MODFLOW 模型

本章运用 Visual-MODFLOW4.2 进行玛纳斯河流域地下水数值模拟研究。Visual-MODFLOW4.2 采用有限差分法,输入和输出均能直观表示,能够模拟不同含水层中的地下水非稳定流,适合本模拟区域。这个软件是加拿大滑铁卢水文地质公司在 MODFLOW 软件的基础上开发的一套用于空隙介质的地下水三维可视化数值模拟软件。软件内部含有 4 个功能模块,用户可以根据自己的研究目标选择不同的模块进行研究:

① 模块 MODFLOW 是用来模拟地下水水流运动状态;

② 模块 MT3DMS 是用来模拟三维地下水溶质运移中的对流、弥散和化学反应过程,在这之前用户需要建立好 MODFLOW 模块,才能联合使用此模块;

③ 模块 MODPATH 是用来模拟三维地下水模型给定质点的运移轨迹;

④ 模块 ZONE BUDGET 用来划分水均衡计算分区,求解研究区地下水水量均衡。

模型界面很好地做到了人机交互,主要分为 3 个独立的模块:Input 模块、Run 模块和 Export 模块。

利用 Visual MODFLOW4.2 软件模拟地下水主要有以下步骤:(1) 确定模型性质,包括概化地下水含水层分层情况和确定地下水流态;(2) 输入初始条件,包括划分网格,确定观测井位置,描绘初始流场以及确定边界条件;(3) 参数分区并赋初值;(4) 模型识别验证,主要采用观察井及流场拟合,水均衡项对比的方法进行,若模拟结果不符合要求,则重新进行(1)~(4)步,直到符合要求为止;(5) 模拟误差分析。

### 6.1.2 数值模型的求解

#### 1) 计算矩阵的推求

在模型求解过程中,计算式产生一个矩阵。

$$CR_{i,j-1/2,k}h_{i,j-1,k}^m + CR_{i,j+1/2,k}h_{i,j+1,k}^m + CC_{i-1/2,j,k}h_{i-1,j,k}^m + CC_{i+1/2,j,k}h_{i+1,j,k}^m +$$
$$CV_{i,j,k-1/2}h_{i,j,k-1}^m + CV_{i,j,k+1/2}h_{i,j,k+1}^m + (-CV_{i,j,k-1/2} - CC_{i-1/2,j,k} - CR_{i,j-1/2,k} -$$
$$CR_{i,j+1/2,k} - CC_{i+1/2,j,k} - CV_{i,j,k+1/2} + HCOF_{i,j,k})h_{i,j,k}^m = RHS_{i,j,k} \quad (6.1)$$

其中

$$\begin{cases} RHS_{i,j,k} = -Q_{i,j,k} - SCI_{i,j,k}h_{i,j,k}^m/(t_m - t_{m-1}) \\ SCI_{i,j,k} = SS_{i,j,k}\Delta r_j \Delta c_i \Delta v_k \\ HCOF_{i,j,k} = P_{i,j,k} - SCI_{i,j,k}/(t_m - t_{m-1}) \end{cases} \quad (6.2)$$

式中：$h$——某一时刻某点的水头；

　　$q$——已知常数矩阵。

2）模型求解迭代过程

Visual MODFLOW 运用迭代方法求解有限差分方程的解。模型在迭代求解之前，要给定一个研究区的初始地下水水位作为初始条件，模型在这个初始水位的基础上进行迭代计算，计算得到下一时刻末的地下水水位，然后再以此水位循环迭代，直到两次迭代结果的差值足够小时停止迭代计算。图 6.1 为模型迭代过程流程图。

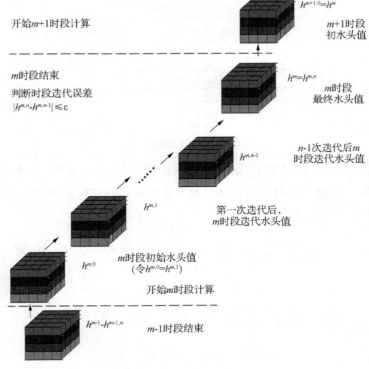

图 6.1　迭代过程图

地下水数值模拟应用最为广泛的方法是有限差分法和有限单元法。其中有限差分法相较于有限单元法有计算方法简明、求解过程易操作、模型计算速度快、较易获得数值模拟结果等优点。

Visual MODFLOW 所采用的模型求解方法为有限差分法。模型可以划分潜水含水层、弱透水层和承压水含水层。还可以模拟各种外应力,比如抽水井、线状和面状补给、蒸发、渠系、水库和湖泊等对地下水流动态变化的影响。运用 Visual MODFLOW4.2 软件模拟地下水,建模过程如图 6.2 所示。

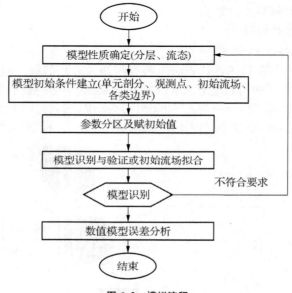

图 6.2  模拟流程

在基础资料分析的基础上,根据地下水系统补给、排泄边界、水文地质条件的变化情况,可将该研究区概化为非稳定地下水系统、非均质各向同性、三维结构,用以下偏微分方程的定解问题来描述:

$$\frac{\partial}{\partial x}\left(k_x(h-Z_b)\frac{\partial h}{\partial x}\right)+\frac{\partial}{\partial y}\left(k_y(h-Z_b)\frac{\partial h}{\partial y}\right)+\frac{\partial}{\partial z}\left(k_z(h-Z_b)\frac{\partial h}{\partial z}\right)+W=\mu\frac{\partial h}{\partial t}$$
(6.3)

$$\frac{\partial}{\partial x}\left(k_x M\frac{\partial h}{\partial x}\right)+\frac{\partial}{\partial y}\left(k_y M\frac{\partial h}{\partial y}\right)+\frac{\partial}{\partial z}\left(k_z M\frac{\partial h}{\partial z}\right)+P=S_s\frac{\partial h}{\partial t}$$
(6.4)

$$h(x,y,z,0)=h_0(x,y,z)$$
(6.5)

$$k_n\frac{\partial h}{\partial n}\big|_{\Gamma_1}=q$$
(6.6)

$$\frac{\partial h}{\partial n} + \alpha h \mid_{\Gamma_2} = \beta \tag{6.7}$$

$$\frac{\partial h}{\partial n} \mid_{\Gamma_3} = 0 \tag{6.8}$$

式中：$k_x$、$k_y$——含水层介质水平方向 $x$、$y$ 轴上的渗透系数（m/s）；

  $k_z$——含水层介质垂向渗透系数（m/s）；

  $k_n$——边界法线方向上的渗透系数（m/s）；

  $h$——含水层水位（m）；

  $Z_b$——潜水含水层底板高程（m）；

  $W$——潜水含水层的源汇项（m/s）；

  $\mu$——潜水含水层给水度；

  $M$——承压含水层厚度（m）；

  $P$——承压含水层源汇项（m/s）；

  $S_s$——承压含水层贮水率（1/m）；

  $\Gamma_1$——定流量边界；

  $\Gamma_2$——变流量边界；

  $\Gamma_3$——隔水边界；

  $n$——边界上的法线方向；

  $\alpha$、$\beta$——分别为变流量边界的已知函数。

## 6.2　流域地下水数值模型建立

### 6.2.1　研究区水文地质勘探结果分析

收集玛纳斯河流域内部水文地质勘探资料，沿红山嘴-莫索湾自南向北水文地质打钻探孔 17 个，对水文地质剖面图在 ArcGIS10.1 中进行矢量化处理，并根据前人研究结果对玛纳斯河流域水文地质进行分析，为地下水数值模拟模型提供地质参考（见图 6.3）。

流域水文地质剖面图显示平原区南部为山前洪积扇潜水饱和含水区，厚度在 400 m 以上，这里位于山前凹陷带，第四系沉积厚度巨大，形成一个水量稳定、水质优良的单一结构的潜水埋藏区，对应的地貌单元是玛纳斯河第二期冲积扇。乌伊公路以北为多层结构含水层，层间隔水层并不完整，呈现犬牙交错状，上部浅层潜水含水层向北逐渐变薄形成滞水含水层，下部为多层承压水-自流水含水层，在 100～200 m 深度内存在 2～3 个含水层，200 m 以下存在 5 个含水层。潜水和承压水均丰富区在石河子、奎屯以北,对应的地貌单元是第三期冲积扇。承压水埋藏较浅区位于石河子-奎屯以南,承压水含水层顶板深度为 30~100 m,对应地貌单元为冲积扇扇缘地带。承压水埋藏较深区在莫索湾-下野地以南,承压水含水层顶板深度为 100~200 m,对应地貌单元为曲流带。承压水埋藏很深区位于莫索湾-下野地以北的冲积平原与沙漠交替地带,承压水含水层顶板深度大于 200 m。

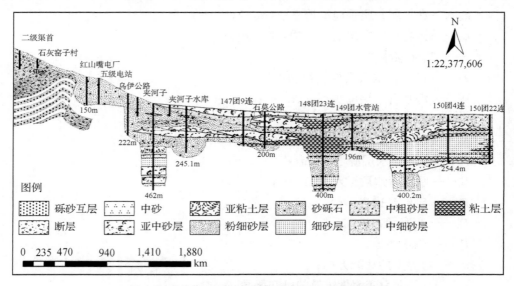

**图 6.3　玛纳斯河流域(红山嘴-莫索湾)水文地质剖面图**

## 6.2.2　研究区含水层系统概化

研究区层间隔水层并不完整,呈现犬牙交错状,加之上千眼开采井贯穿了这几个含水层,形成了人工天窗。各含水层在纵向上的水交换使层间相互联通,故观测水位是多层含水层水位的综合体现,传统的潜水含水层、弱透水层和承压水含水层分层使模拟精度无法得到保证。本文采用有限差分方法对研究区进行数值离散,在水平方向上将研究区剖分为 400 行、410 列 360 m×560 m 的规则网格,单个网格面积约 0.2 km²。依据研究区土地利用条件,分为农灌区和非农灌区。农灌区包括下野地灌区、莫索湾灌区、石河子灌区、安集海灌区以及金沟河灌区;非农灌区包括古尔班通古特沙漠和剩余计算单元。垂向上通过对流域水文地质剖面的仔细研究,最终概化为 10 个含水层组,见图 6.4 和表 6.1,在每层平面上划分为不同的参数区域可以解决同一层中土壤类型不同的情况,这样分层的好处是可以精确地给定不同含水层的水文地质参数,以 2013 年全年作为模拟期,模拟深度为 300 m。

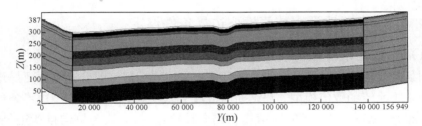

**图 6.4　研究区含水层系统概化**

　　根据本次研究的目的和已获得的资料,确定本次模型的模拟期为 2013 年 1 月—2013 年 12 月,共 365 d,模型以研究区 2013 年 1 月的地下水流场作为模拟期的初始流场,以 2013 年 12 月的地下水流场作为模拟期的末时刻流场,利用末时刻流场与实际流场的拟合,验证模型的正确性。

**表 6.1　研究区不同含水层土壤类型划分表**

| 层　级 | 深　度 (m) | 土壤类型 | | | | | | |
| --- | --- | --- | --- | --- | --- | --- | --- | --- |
| | | I | II | III | IV | V | VI | VII |
| 第一层 | 5 | 砂砾石 | 亚中砂 | | | | 粘土 | |
| 第二层 | 15 | 砂砾石 | 亚中砂 | | | | 中粗砂 | |
| 第三层 | 10 | 砾岩 | 砂砾石 | 中粗砂 | | | | |
| 第四层 | 50 | 砾岩 | 砂砾石 | 中粗砂 | 亚中砂 | 粘土 | 中粗砂 | |
| 第五层 | 30 | 砾岩 | 砂砾石 | 亚粘土 | 砂砾石 | 中粗砂 | 亚粘土 | 粘土 |
| 第六层 | 30 | 砾岩 | 砂砾石 | 亚粘土 | 中粗砂 | 粘土 | 亚粘土 | 中细砂 |
| 第七层 | 20 | 砾岩 | 砂砾石 | 亚中砂 | | 粘土 | 细砂 | |
| 第八层 | 40 | 砾岩 | 砂砾石 | 粘土 | 细砂 | | | |
| 第九层 | 30 | 砾砂互层、断层 | 砂砾石 | 粘土 | 粘土 | | | |
| 第十层 | 70 | 砾砂互层、断层 | 砂砾石 | 粉细砂 | 亚中砂 | | | |

　　使用具有不变标高的层位的数值模型通常并不能反映真实的水文地质条件。Visual MODFLOW 允许输入数据来内插求得每层的顶底板标高。从地理空间数据云网站下载流域 DEM 数据,经 ArcGIS10.1 裁剪整理输入模型使之成为有可变标高的层位的数值模型(见图 6.5)。

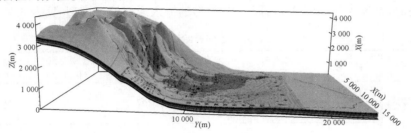

**图 6.5　研究区水文地质模型三维视图**

### 6.2.3 研究区地下水数值模型边界条件设定

#### 1）平面边界条件设定

对研究区边界进行细分是为了调节侧向径流强度的空间分布以便更好地建立和校正地下水流的数值模型。玛纳斯河流域平原区地下水数值模型边界条件可进行以下概化（见图 6.6）：研究区南边为侧向补给边界，北边为侧向排泄边界，可概化为二类流量边界，在模型计算时将其视为常水头边界，采用 GHB 模块进行赋值；东边为塔西河冲洪积扇，西边界处于扇区外沿与相邻扇区分水岭位置，与等水位线垂直，在无大规模开采影响地下水流向时可概化为二类隔水边界或零流量边界，在模型中具体选用 wall 模块进行赋值。此外，还存在潜水蒸发排泄等现象。研究区下边界为承压含水层的底部，概化为隔水边界。

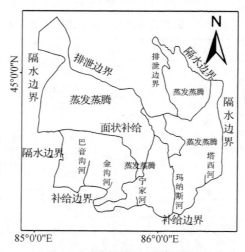

**图 6.6 研究区边界条件概化图**

#### 2）垂直边界条件设定

玛纳斯河流域平原区垂直边界主要为垂向补给和垂向排泄。研究区垂向补给主要有降雨入渗补给、田间灌溉入渗补给和渠系渗漏补给。将垂直方向的补给量同期叠加，整理为 Visual MODFLOW 模型的输入形式输入模型（见表 6.2）。

**表 6.2 研究区垂向补给边界补给量统计**

| 灌 区 | 团 场 | 地下水（万 m³） | 地表水（万 m³） | 垂向补给（mm） | 控制面积（亿 m²） | 补给深度（mm/a） |
|---|---|---|---|---|---|---|
| 石河子灌区 | 石总场 | 10 230 | 10 569 | 197.9 | 3.6 | 905.34 |
| | 石河子乡 | 293 | 4 165 | | | |

续表 6.2

| 灌 区 | 团 场 | 地下水（万 m³） | 地表水（万 m³） | 垂向补给（mm） | 控制面积（亿 m²） | 补给深度（mm/a） |
|---|---|---|---|---|---|---|
| 下野地灌区 | 121 团 | 3 331.8 | 6 418 | 127.8 | 7.3 | 680.63 |
| | 122 团 | 305.94 | 4 993 | | | |
| | 132 团 | 1 193.4 | 5 425 | | | |
| | 133 团 | 233.46 | 4 396 | | | |
| | 134 团 | 238.68 | 4 219 | | | |
| | 135 团 | 1 847.88 | 3 049 | | | |
| | 136 团 | 2 148.12 | 2 618 | | | |
| 莫索湾灌区 | 147 团 | 3 925 | 5 004 | 132.7 | 5.8 | 852.90 |
| | 148 团 | 2 862 | 7 912 | | | |
| | 149 团 | 3 443 | 6 073 | | | |
| | 150 团 | 5 587 | 6 894 | | | |
| 金安灌区 | 144 团 | 1 977 | 6 364 | 211 | 1.9 | 1 701.87 |
| | 143 团 | 5 050 | 15 096 | | | |
| | 141 团 | 624 | 4 283 | 122.8 | 4.1 | 634.48 |
| | 142 团 | 9 530 | 6 751 | | | |

根据前人在玛纳斯河流域相关研究,本文选用研究区的截止深度为 5~6 m。将气象站的蒸发数据以.txt格式输入 Visual MODFLOW 模型。模拟时期内的潜水蒸发强度如图 6.7 所示。源汇项赋值方式如表 6.3 所示。

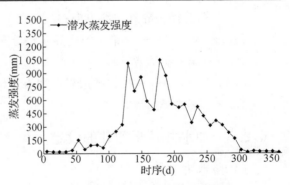

图 6.7　研究区模拟时期内蒸发强度变化

表 6.3　源汇项赋值方式表

| 源汇项 | 补给项 | 面源 | 田间灌溉入渗、降水入渗、渠系渗漏 |
|---|---|---|---|
| | | 线源 | 河道渗漏、侧向补给 |
| | 排泄项 | 线源 | 侧向排泄 |
| | | 面源 | 蒸散发 |
| | | 点源 | 开采井 |

### 6.2.4　研究区地下水数学模型

玛纳斯河流域平原区地下水含水层各子系统岩性、富水性和透水特性无明显方向性,故将研究区概化为非均质各项同性三维非稳定流含水系统,表示如下:

$$\frac{\partial}{\partial x}\left(k\,\frac{\partial H}{\partial x}\right)+\frac{\partial}{\partial y}\left(k\,\frac{\partial H}{\partial y}\right)+\frac{\partial}{\partial z}\left(k\,\frac{\partial H}{\partial z}\right)+W=\mu\,\frac{\partial H}{\partial t} \qquad (x,y,z)\in D$$

$$H(x,y,z,)\mid_{t=0}=H_0(x,y,z) \qquad\qquad (x,y,z)\in D$$

$$H\mid_{B1}=H_1(x,y,z,t) \qquad\qquad (x,y,z)\in B1,t>0$$

$$k\,\frac{\partial H}{\partial n}\bigg|_{B2}=q(x,y,z,t) \qquad\qquad (x,y,z)\in B2,t>0$$

$$\text{(6.9)}$$

式中:$D$——渗流区域;

$K$——含水层渗透系数(m/d);

$H$——地下水水头值(m);

$W$——源汇项(m/d);

$\mu$——潜水为含水层给水度,承压水为含水层储水系数;

$H_0(x,\ y,\ z)$——初始流场水头分布值(m);

$n$——第二类边界外法线方向;

$H_1(x,\ y,\ z,\ t)$——第一类边界水头分布值(m);

$B1$——第一类边界;

$q(x,\ y,\ z,\ t)$——第二类边界单宽流量(m³/d);

$B2$——第二类边界。

### 6.2.5　抽水井及观测井的设定

#### 1)抽水井概化

平原区抽水井由于抽水量和抽水时间量难以精确统计,依据年抽水总量对抽水井进行了概化,具体是将位置相近的若干小开采量的抽水井概化成一个大开采量的抽水井。各灌区全年抽水量和抽水井数量分配在各灌区内部,抽水时长和各时段抽水量均按灌区灌溉制度表确定。表6.4为抽水井概化表,表中概化的单井抽水量为3 000 m³/d(实际单井抽水量由现有机井数可知小于这个值),各团场概化机井眼数通过下列公式求得:

$$N=\frac{Q\times10\ 000}{d\times q} \qquad\qquad (6.10)$$

式中:$Q$——团场当年实际开采地下水量(万 m³);

　　$d$——模拟期机井抽水时长(d);

　　$q$——单井抽水量(m³/d)。

表 6.4　研究区抽水井控制概化表

| 灌　区 | 团　场 | 控制面积(km²) | 实际井数 | 概化井数 | 抽水速率(m³/d) |
|---|---|---|---|---|---|
| 下野地 | 121 团 | 456 | 241 | 73 | 5 840 |
| | 122 团 | 299.04 | 24 | 7 | 5 840 |
| | 132 团 | 463.2 | 69 | 26 | 5 840 |
| | 133 团 | 281.53 | 64 | 5 | 5 840 |
| | 134 团 | 222.81 | 32 | 5 | 5 840 |
| | 135 团 | 355.73 | 145 | 40 | 5 840 |
| | 136 团 | 355.73 | 191 | 47 | 5 840 |
| 金安 | 141 团 | 207.95 | 95 | 14 | 5 840 |
| | 142 团 | 701.65 | 459 | 208 | 5 840 |
| | 143 团 | 378.72 | 217 | 110 | 5 840 |
| | 144 团 | 322.26 | 309 | 43 | 5 840 |
| 莫索湾 | 147 团 | 225 | 256 | 86 | 5 840 |
| | 148 团 | 309 | 278 | 62 | 5 840 |
| | 149 团 | 342 | 264 | 75 | 5 840 |
| | 150 团 | 451 | 392 | 122 | 5 840 |
| 石河子 | 石河子市 | 76 | 167 | 149 | 5 840 |
| | 石总场 | 373 | 433 | 223 | 5 840 |
| | 152 团 | 42 | 29 | 3 | 5 840 |
| | 石河子乡 | 176.85 | 58 | 6 | 5 840 |

2) 观测井的设定

平原区地下水观测数据由当地水利主管部门提供。普遍采用 ZKGD-3000 型水位、水温观测仪自动监测地下水水位,探头埋深分布在 8~215 m 之间,为潜水观测井。在剔除地下水观测数据异常值后,选用有代表性的 43 眼观测井作为此次地下水数值模拟的观测井数据。选择观测井时考虑了各种因素,包括观测井所在研究区位置的代表性、仪器状态和数据收集的完整性等方面。这些观测井的位置基本能含盖整个平原区,具体位置见图 6.8。

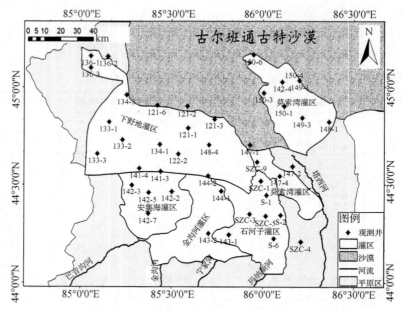

图 6.8　研究区观测井位置分布图

### 6.2.6　模型率定与验证

　　Visual MODFLOW 水流模型需要输入的参数有不同含水层的渗透系数（Conductivity）、单位贮水率（$S_s$）、单位给水度（$S_y$）、有效孔隙度（Tot. por）、总孔隙度及初始水头（Initial Heads）。

　　依据研究区水文地质剖面和含水层系统概化情况，将各含水层表面划分为不同的土壤类型区域，依据中国不同土壤类型渗透系数经验值和不同土壤类型给水度经验值划分给定了模型初始参数。Visual MODFLOW 有个嵌入的属性数据输出向导，进而用从离散数据点输入和内插模型特性数值（传导系数、初始水位），利用软件插值方法 Natural Neighbors 插值初始水头。其他参数选用软件的默认数值，在后期调参时运用模型自带参数识别模块和手动调参结合确定其数值。图 6.9 为研究区初始水头插值结果，方便后期监测井数据的输入，初始水头插值利用高程水位插值，具体方法是首先用水位埋深插值，然后导出插值数据，用相应点高程减去插值出来的水位埋深即为此点高程水位。

　　通过模型自动参数识别和手动调参相结合的方法进行模拟结果比较，分析比较不同参数条件下地下水流场与初始流场的拟合效果，使两者的相关系数达到最优（即在参数调整范围内拟合效果最好）、降速场及梯度场效果合理以及地下水均衡量与实际计算值在误差范围内。以 2013 年年初的地下水潜水流场作为模拟初始流场,2013 年全年 12 个月 43 眼长期观测井的潜水水位作为参数率定的依据,并且以水均衡量计算结果的各个补给、排泄、径流项各量作为模型参数校正的检验标准。根据山前冲洪积扇平原的特性和岩性,结合前人试验的结果,确定渗透系数、潜水给水度及承压水贮水率。表 6.5 为率定后不同土壤类型研究区水文地质参数表。

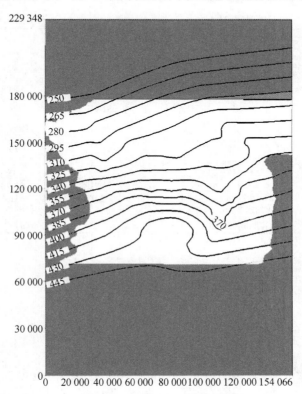

**图 6.9　研究区初始水头插值结果**

**表 6.5　研究区不同土壤类型水文地质参数表**

| 土壤类型 | 渗透系数（$\times 10^{-4}$ m/s） | 给水度 $S_y$ | 贮水率（$\times 10^{-5}$/m） |
|---|---|---|---|
| 砂砾石 | 8.68 | 0.1 | 1.00 |
| 亚中砂 | 4.05 | 0.06 | 1.00 |
| 粘土 | 5.79 | 0.3 | 1.00 |
| 中粗砂 | 5.21 | 0.15 | 1.00 |
| 亚粘土 | 2.31 | 0.3 | 1.00 |
| 中细砂 | 3.47 | 0.12 | 1.00 |
| 细砂 | 2.31 | 0.11 | 1.00 |
| 砾砂互层 | 8.68 | 0.1 | 1.00 |
| 粉细砂 | 5.79 | 0.07 | 1.00 |

　　图 6.10 为研究区各时段计算水头和观测水头分散图。研究区 1、4、8、10 月份各月模型计算水头和地下水位监测井监测水头分散图,四个月份中两者相关系数分别为 0.99、0.97、0.87 和 0.82。由图中可以看出两者相关系数均高于 0.82,研究区各月模拟结果经和实测数据比较模拟效果较好。

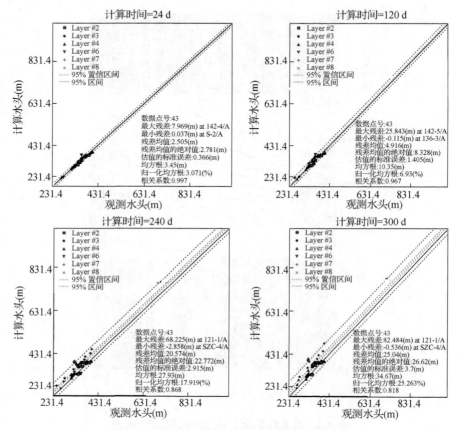

**图 6.10　研究区各时段计算水头和观测水头分散图**

　　图 6.11 为各灌区典型观测井实际观测水位和模型计算水位拟合效果图,可以看出,地下实测水位和模拟计算水位总体趋势接近,在模拟期内地下水埋深从起点逐渐恢复至终点。

　　玛纳斯河灌区地下水水位动态变化主要是由含水层水量变化引起的水位变化,受抽水井的影响显著。由于抽水井全部都为潜水井,故地下水水位变化主要发生在浅层含水层,由模拟结果也可以看出地下水水位动态变化趋势跟灌区农业生产用水较为接近。根据玛纳斯河灌区不同灌水条件下的农业生产活动,选取下野地灌区 133－1♯和 121－1♯,莫索湾灌区 150－1♯,安集海灌区 142－7♯,金沟河灌区 143-2# 和石河子灌区 S-6# 观测井实测水位和模拟水位拟合效果展示(见图 6.12)。

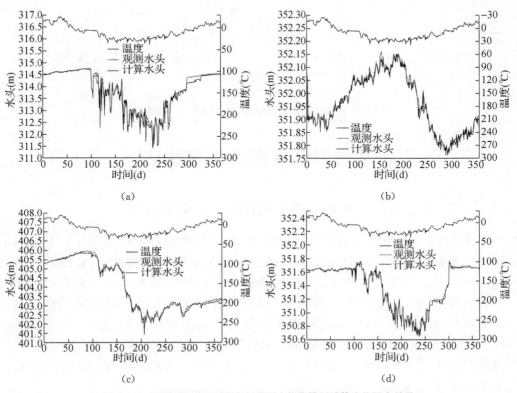

图 6.11 各灌区典型观测井实际观测水位和模型计算水位拟合效果

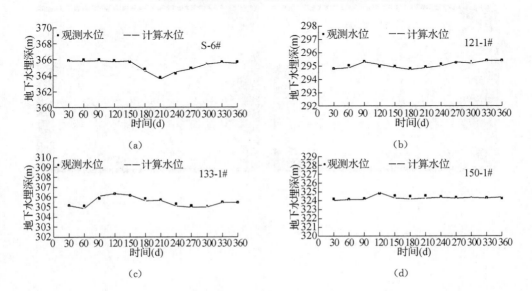

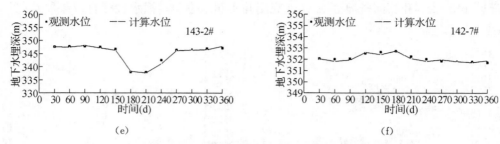

（e）                                   （f）

**图 6.12    研究区地下水观测井实测水位和模拟水位拟合图**

## 6.3    地下水系统数值模型模拟与验证

### 6.3.1    研究区地下水水位动态变化模拟结果及分析

图 6.13 是研究区 1 月、4 月、8 月、10 月地下水位埋深模拟结果。研究区地下水水位动态变化主要是由含水层水量变化引起的水位变化，包括天然降水、蒸发、人工开采以及渠系入渗、灌溉回渗等。这些影响因素主要对参与水循环积极的浅层含水层发生作用，并且水位的宏观动态变化就能体现浅层含水层对外界条件的响应，其决定性条件包括空间上地形地貌、岩性、地下水埋深、含水层的水文地质条件等差异。根据灌区农业灌溉对地下水的补给时间，分别挑选模拟时间在第 24 d、120 d、240 d 和 300 d 的地下水模拟流场分析地下水动态变化规律。

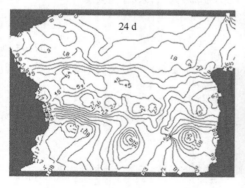
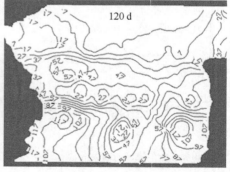

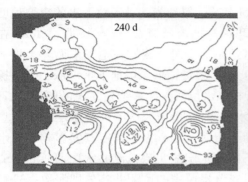 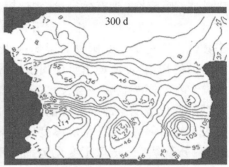

图 6.13 模型模拟各时段研究区地下水流场

## 6.3.2 研究区地下水水位降深模拟结果及分析

依据模拟结果统计分析了研究区年内地下水水位降深,如表 6.6 所示。从表中可以看出研究区水位埋深较深的是石河子灌区和金安灌区。最大地下水水位埋深均超过 40 m,石河子灌区最大水位埋深已超过 65 m。但就最大水位降深数值而言下野地灌区明显大于其他灌区,降深速率也远远大于其他三个灌区。这与下野地灌区的水文地质条件以及地理位置有很大关系。

表 6.6 研究区各灌区水位降深

| 灌区 | 地下水埋深(m) | 最大降深(m) | 降深速率（m/d） | 时间间隔(d) | 抽水量(万 m³) |
|---|---|---|---|---|---|
| 莫索湾 | 3.34~26.55 | 16.25 | 0.07 | 232 | 15 817 |
| 下野地 | 3.02~18.65 | 26.59 | 0.15 | 177 | 9 299.28 |
| 金安 | 3.17~44.1 | 18.23 | 0.08 | 228 | 17 181 |
| 石河子 | 2.31~65.55 | 14.19 | 0.08 | 177 | 17 478 |

下野地灌区面积是四个灌区中最大的,灌区边界与北部古尔班通古特沙漠边界线一样长,地下水以地势毫无阻碍地排泄进入沙漠,位置处于研究区西北角地表水到这里已经所剩无几,加之地下水得不到及时有效的补给,降深速率极快;根据流域水文地质剖面图(见图 6.3),在下野地灌区垂向含水层上横向贯穿着不同深度的粘土层,阻断了地下水的垂向补给,这综合导致了下野地灌区地下水埋深逐年增大,降深速率加快。

## 6.3.3 气温对研究区地下水埋深影响分析

由图 6.11 不同灌区监测井观测水头和计算水头拟合效果可以看出研究区部分地区地下水水位年内变化趋势跟气温年内变化趋势基本吻合。一般地,当气温升高蒸发强度增大,浅层地下水开始蒸发,造成地下水水位下降;当气温降低蒸发强度减弱,地下水得到有效补给,水位缓慢上升。但是蒸发对于地下水的影响程度应该有一个"极限深度"。相关学者认为玛纳斯河流域蒸发"极限深度"为 6 m,在这个数值以下地下水受蒸发的影响很小,但是这个时候蒸发在地下水循环承担一个驱动力的作用,促使地下水层间水量的交换,间接影响深层地下水埋深。为了探究蒸发究竟会影响到哪一层含水层,笔者根据水位降深计算结果发现,研究区地下水埋深的变化范围全部集中在前四个含水层当中,由研究区不同含水层土壤类型划分表可知第一、二层含水层厚度分别为 5 m 和 15 m,为了确定蒸发影响地下水埋深的"极限深度",选取了变化范围在不同含水层的实测监测井水位,利用 SPSS 软件对年内气温数据和分别分布在第一、二含水层中的监测井年内埋深数据进行变量相关性分析,采用双侧检验,若 sig 值小于 0.01 则两者显著相关,说明蒸发对这一深度的含水层地下水有直接影响;反之为不显著相关,说明蒸发对这一深度含水层地下水间接影响。为消除偶然误差,笔者做了分组分析,取每一组平均结果说明两者之间的显著相关性。分析结果如表 6.7 所示。可以看出模拟期内气温与变化范围在第一层含水层内地下水埋深数据的 sig<0.01,两者为显著相关,而第二层含水层地下水埋深 sig>0.01,两者为不显著相关,也间接证明了蒸发对地下水埋深的直接影响处在第一层含水层,蒸发"极限深度"约为 5 m,这为后续研究区水均衡计算提供了可靠的参考。

表 6.7 显著相关性分析表

| 含水层 | 变量 | 相关系数 | 气温 | 水头 |
| --- | --- | --- | --- | --- |
| 第一含水层 | 气温 | Pearson 相关系数 | 1 | .328 ** |
| | | 双侧显著性 | — | .000 |
| | | 样本容量 | 365 | 365 |
| | 水头 | Pearson 相关系数 | .328 ** | 1 |
| | | 双侧显著性 | .000 | — |
| | | 样本容量 | 365 | 365 |
| 第二含水层 | 气温 | Pearson 相关系数 | 1 | .096 |
| | | 双侧显著性 | — | .068 |
| | | 样本容量 | 365 | 365 |
| | 水头 | Pearson 相关系数 | .096 | 1 |
| | | 双侧显著性 | .068 | — |
| | | 样本容量 | 365 | 365 |

注:** 表示在 0.01 水平上(双侧)显著相关。

### 6.3.4 研究区地下水水均衡计算及分析

以往学者计算区域水均衡由于受到水文地质参数和含水层系统模糊的限制很难直接准确地计算区域水均衡。Visual MODFLOW 依据有限差分原理,凭借概化后的含水层系统以及调参后的区域水文地质参数自动在应力期内逐日计算水均衡,结果可靠。根据研究区补给和排泄条件,建立地下水均衡方程:

$$P_{降水}+Q_{灌溉}+Q_{侧入}-Q_{侧出}-E_{蒸发}-Q_{开采}\pm D=0 \tag{6.11}$$

式中:$P_{降水}$——流域降水量($m^3$);

　　　$Q_{灌溉}$——流域灌溉水量($m^3$);

　　　$Q_{侧入}$——侧向补给量($m^3$);

　　　$Q_{侧出}$——侧向排泄水量($m^3$);

　　　$E_{蒸发}$——地下水蒸发量($m^3$);

　　　$Q_{开采}$——抽水量($m^3$);

　　　$D$——储水量变化量($m^3$)。

依据调参后的水文地质参数逐日计算水均衡,其中研究区降雨、渠系渗漏、灌溉渗漏量合并算入补给水量。表 6.8 为研究区水均衡汇总表。

**表 6.8　研究区水均衡汇总表**

| 均衡项 | | 贡献量(亿 $m^3$) | 总量(亿 $m^3$) | 百分比(%) |
|---|---|---|---|---|
| 补给项 | 降水 | 19.81 | | 43.72 |
| | 北边界地表径流流入 | 12.8 | 45.31 | 28.25 |
| | 北边界不饱和含水层流入 | 10.24 | | 22.60 |
| | 北边界饱和含水层流入 | 2.46 | | 5.43 |
| 排泄项 | 蒸散发 | −24.49 | | 51.06 |
| | 南边界地表径流流出 | −2.81 | | 5.86 |
| | 南边界不饱和含水层流出 | −12.41 | 47.96 | 25.88 |
| | 南边界饱和含水层流出 | −2.97 | | 6.19 |
| | 抽水量 | −5.28 | | 11.07 |
| 水均衡 | 补排差 | −2.65 | | |

由表中数据可知,玛纳斯河流域总补给水量约 45.31 亿 $m^3$,全年降雨量约 19.81 亿$m^3$,其中地表径流 12.8 亿 $m^3$,不饱和含水层补给水量约 10.24 亿 $m^3$,饱和含水层补给水量约 2.46 亿 $m^3$;总排泄水量蒸散发量 47.96 亿 $m^3$,蒸散发量 24.49 亿 $m^3$,地表水排泄量约 2.81 亿 $m^3$,不饱和含水层排泄水量约 12.41 亿 $m^3$,饱和含水层排泄水量约 2.97 亿 $m^3$,地下水抽水量约 5.28 亿 $m^3$;流域整体水均衡

状态处于负均衡状态,补排差约－2.65 亿 $m^3$。

## 6.4　本章小结

采用 Visual-MODFLOW4.2 软件对玛纳斯河流域进行地下水数值模拟,得到其地下水分布规律:

(1) 地下水流场分布依灌区不同呈现较大区别,总体上由东南向西北地下水埋深依次降低,其中金安灌区和石河子灌区初始水头最大值均超过 40 m,其次是莫索湾灌区初始水头最大值超过 26 m,最后下野地灌区初始水头最大值超过 18 m。这跟流域地面高程东南高、西北低有很大关系,地下水的输移和转运在重力的作用下由水位高处向水位地处流动(不包括层间越流),高程很大程度上决定着流域地下水埋深的分布。

(2) 玛纳斯河流域总补给水量约 45.31 亿 $m^3$,全年降雨量约 19.81 亿 $m^3$,其中地表径流 12.8 亿 $m^3$,不饱和含水层补给水量约 10.24 亿 $m^3$,饱和含水层补给水量约 2.46 亿 $m^3$;总排泄水量蒸散发量 47.96 亿 $m^3$,蒸散发量 24.49 亿 $m^3$,地表水排泄量约 2.81 亿 $m^3$,不饱和含水层排泄水量约 12.41 亿 $m^3$,饱和含水层排泄水量约 2.97 亿 $m^3$,地下水抽水量约 5.28 亿 $m^3$;流域整体水均衡状态处于负均衡状态,补排差约－2.65 亿 $m^3$。

(3) 通过模拟结果可以看出研究区实测地下水水位和计算地下水水文相关系数在模拟期内均高于 0.81,模型模拟效果良好。干旱区地表-地下水转化关系在数据获取通道上可以更多地考虑例如同位素水文学、遥感和 GIS 等手段来获取传统方式获取不到的数据,为更精细的建模过程提供数据支持。

# 7 人类活动对水循环过程的影响研究

## 7.1 上游山区水库的修建对流域地表-地下水转化影响研究

### 7.1.1 基于稳定同位素流域地表-地下水转化过程分析

#### 1) 水稳定样品采集与测试

玛纳斯河流域位于新疆天山北麓准噶尔盆地南缘。地理位置介于北纬43°24′～45°12′,东经85°41′～86°32′(见图7.1)。东起塔西河,西至巴音沟河,南起天山山脉依连哈比尔尕山,北至古尔班通古特沙漠,水域面积1.98万 km²,冰川面积692.5 km²,红山嘴出山口以上集水面积5 156 km²。流域由南至北分别为南部山地丘陵区、中部绿洲平原区及北部沙漠区,三者比例为2.08∶1∶1.7。自东向西分别为塔西河、玛纳斯河、宁家河、金沟河、巴音沟河5条河流。行政地界包括玛纳斯县、沙湾县、石河子市等。

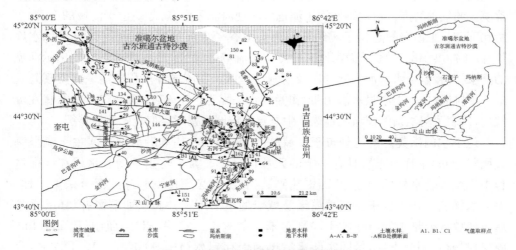

**图 7.1  玛纳斯河流域地理位置及样点示意**

2015 年 3 月—2015 年 9 月,在玛纳斯河流域连续采集水样,其中地表水样:河水 8 组,渠系水 15 组,水库水 4 组(蘑菇湖水库、大泉沟水库、夹河子水库、跃进水库),共计 27 组。地下水样 64 组,土壤水 12 组,泉水 2 组,共计:78 组。本次共采水样 105 组,合理选取采样地点,遵守水样采集、运输和保存的标准,具体操作参考《全国地下水资源及其环境问题调查评价》。

根据研究区水文地质情况,开展对流域上游肯斯瓦特—下游小拐地区河水、渠系水、水库水等各类水体样品的全面采集工作,选择流域典型区域进行加密采集水样,即从山区—绿洲—荒漠三个不同海拔梯度进行河水样品的采集,并在上游河水采样点附近采集泉水样和地下水样。流域内分布有 5 条主要河流,玛纳斯河是境内最大的一条降水冰雪混合补给性河流,本次采样点分布主要垂直主河道呈网状布置,即水体采样主要沿玛纳斯河两岸进行,由于其径流量年内分配不均匀,春夏季节为丰水期,秋冬季节为枯水期。因此,本次水样采集考虑季节变化对实验结果的影响,水样采集分不同季节进行,使样品种类满足时空分析的要求。

研究玛纳斯河流域地表水中 $\delta^{18}O$ 和 $\delta^2H$ 组成的时空变化特征,在玛纳斯河上游肯斯瓦特水文站由南向北选取 2 个采样点,在十户窑、红山嘴分别选取 1 个采样点,东岸大渠选取 5 个采样点,在石河子境内蘑菇湖水库、大泉沟水库分别选取 1 个采样点,在夹河子水库、跃进水库及进水口处分别选取 2 个采样点,在 147 团莫索湾水库选取 1 个采样点,在西岸大渠从东向西选取 6 个采样点,沿玛纳斯河中下游(147 团至136 团)选取 3 个采样点(见图 7.1)。每个样点在相应位置都有一定代表性,肯斯瓦特水文站代表了流域上游山区地理和气象特点,石河子市周边采样点代表了流域中游绿洲平原的地理和气象特点,西岸大渠及玛纳斯河下游采样点代表流域西北以及荒漠区的气象特点。沿玛纳斯河干流选取 8 处河流采样点,分别位于流域的上游、中游和下游。上游采样点位于玛纳斯河源头山谷径流汇集处,中游采样点(平原水库群)位于冲洪积扇平原,下游河水采样点位于流域排泄区。3 处采样点分别表示河流的降水补给区,降水和河水混合区及河水排泄区。在流域冲洪积扇前缘共发现几处地下水排泄区,即上游泉水溢出带,作为泉水采样点。这 27 个采样点分散布置在流域内,代表了玛纳斯河流域的地表水中氢氧稳定同位素时空变化的总体特征。

地下水的采集点均匀分布于流域的上、中、下游,基本沿玛纳斯河主干流呈垂直网状分布,采样点布置具有一定的区域代表性。为了防止不同含水层在取样过程中克服混合水样的问题,从而影响测试精度,就必须按不同深度混合采集水样。地下水样品采集主要来自流域灌区及城镇的生活用水井和农业灌溉井,样品采集后迅速放入容量为 50 ml 的干净聚对苯二甲酸乙二醇酯(PET)瓶中,用 Parafilm膜密封,避免阳光直射,带回实验室后迅速保存到冰箱中,冷冻到 -10 ℃左右,直到开始同位素测试。

样品的氢氧的同位素值由美国 LGR 公司生产的 DLT‐100 液态水同位素仪

测定。$\delta^2H$ 和 $\delta^{18}O$ 对照 VSMOW 标准。仪器对 $\delta^2H$ 和 $\delta^{18}O$ 的测量精度分别为 $\pm0.32‰$ 和 $\pm0.17‰$。

2）地表水与地下水组成及来源

以同位素质量守恒原理为基础，通过建立三元或多元混合模型可以计算得出不同水源对某一处水体组成的贡献率大小。利用 IsoSource 同位素组成来源分析软件计算水体中来自不同水源的氢氧稳定同位素（$\delta^2H$ 或 $\delta^{18}O$）的组成比率，以确定它们对某一处水体的贡献率多少。本次研究为了保证计算结果的精确程度，因此，选择受蒸发作用影响较小，且具有时空均质性的代表性的水样点作为计算对象，代入其稳定同位素值（$\delta^{18}O$）进行计算。表 7.1、表 7.2 分别表明了这些水体的同位素组成信息及来源组成贡献率。

### 表 7.1  混合计算样点信息

| 水样类型 | 采样点位置（见图7.1） | $\delta^{18}O$（‰） | 编号 | 备注 |
|---|---|---|---|---|
| 大气降水 | 当地降水 | −12.42 | A1 | 全年平均降水(1986—2003年) |
| | | −9.23 | A2 | 3~10月份平均降水(1986—2003年) |
| 泉水 | 27 | −9.01 | B1 | 上游十户窑泉水 |
| | 36 | −10.01 | B2 | 上游红山嘴泉水 |
| 地表水 | 3 | −10.54 | C1 | 上游河水 |
| | 4 | −11.32 | C2 | 上游河水 |
| | 5 | −10.01 | D1 | 中游河水 |
| | 21 | −9.06 | D2 | 中游水库水 |
| | 23 | −9.44 | D3 | 中游水库水 |
| | 6 | −9.00 | E1 | 下游河水 |
| | 8 | −10.24 | E2 | 下游河水 |
| | 15 | −8.58 | E3 | 下游渠系水 |
| | 19 | −8.38 | E4 | 下游渠系水 |
| | 25 | −6.76 | E5 | 下游水库水 |
| 地下水 | 41 | −10.27 | F1 | 上游浅层地下水 |
| | 55 | −10.67 | F2 | 上游浅层地下水 |
| | 26 | −10.07 | F3 | 上游深层地下水 |
| | 40 | −11.09 | F4 | 上游深层地下水 |
| | 46 | −10.42 | G1 | 中游浅层地下水 |
| | 48 | −10.39 | G2 | 中游浅层地下水 |
| | 53 | −9.54 | G3 | 中游浅层地下水 |

| 水样类型 | 采样点位置(见图 7.1) | $\delta^{18}O$ (‰) | 编　号 | 备　注 |
|---|---|---|---|---|
| 地下水 | 56 | −9.03 | G4 | 中游浅层地下水 |
| | 58 | −11.62 | G5 | 中游浅层地下水 |
| | 67 | −10.90 | G6 | 中游深层地下水 |
| | 28 | −10.49 | G7 | 中游深层地下水 |
| | 47 | −11.09 | G8 | 中游深层地下水 |
| | 49 | −10.63 | G9 | 中游深层地下水 |
| | 73 | −9.77 | H1 | 下游浅层地下水 |
| | 78 | −10.34 | H2 | 下游浅层地下水 |
| | 80 | −11.19 | H3 | 下游浅层地下水 |
| | 83 | −11.16 | H4 | 下游浅层地下水 |
| | 89 | −10.54 | H5 | 下游浅层地下水 |
| | 35 | −11.98 | H6 | 下游深层地下水 |
| | 61 | −11.66 | H7 | 下游深层地下水 |
| | 70 | −11.39 | H8 | 下游深层地下水 |
| | 81 | −10.35 | H9 | 下游深层地下水 |
| 土壤水 | 91 | −7.09 | T1 | 上游 30～100 cm 土壤水 |
| | 92 | −9.29 | T2 | 实验站 0～30 cm 土壤水 |
| | 92 | −10.28 | T3 | 实验站 30～100 cm 土壤水 |
| | 93 | −6.32 | T4 | 中游 30～100 cm 土壤水 |
| | 94 | −6.18 | T5 | 下游 30～100 cm 土壤水 |

**表 7.2　混合模型计算结果**

| 水样类型 | 采样点位置(见图 7.1) | $\delta^{18}O$ (‰) | 混合比例(%) | 备　注 |
|---|---|---|---|---|
| 地表水 | 4 | −11.32 | 55.0%～68.0%(A1),32.0%～45.0% (B1,B2) | 上游河水 |
| | 5 | −10.01 | 16.0%～18.0%(A1),12.0%～22.0% (C1, C2), 56.0%～58.0% (B1),4.0%～14.0% (F1) | 中游河水 |
| | 6 | −9.00 | 4.0%～6.0%(A1),22.0%～40.0% (D2,D3), 0.0%～4.0%(G2),52.0%～72.0% (E3) | 下游河水 |

续表 7.2

| 水样类型 | 采样点位置<br>(见图 7.1) | $\delta^{18}$O (‰) | 混合比例<br>(%) | 备 注 |
|---|---|---|---|---|
| 地下水 | 27 | −9.01 | 18.0%(A1),36.0%(C1),10.0%(B2),36.0%(T1) | 上游浅层地下水 |
| | 41 | −10.27 | 4.0%(A1),54.0%(C1),42.0%(F3) | 上游浅层地下水 |
| | 26 | −10.07 | 4.0%～14.0%(A1),48.0%～56.0%(B1),<br>38.0%～40.0%(C1,C2) | 上游深层地下水 |
| | 53 | −9.54 | 2.0%(A1),76.0%(D2),8.0%(F2),14.0%(G8) | 中游浅层地下水 |
| | 46 | −10.42 | 8.0%～10.0%(A1),16.0%～38.0%(D1,D2),<br>50.0%～76.0%(G7),0.0%～2.0%(T4) | 中游浅层地下水 |
| | 49 | −10.63 | 2.0%～4.0%(D1,D3),90.0%(F2),<br>6.0%～8.0%(G2) | 中游深层地下水 |
| | 67 | −10.90 | 14.0%(E4),36.0%(G5),50.0%(F4) | 中游深层地下水 |
| | 73 | −9.77 | 2.0%(A1),48.0%(E4),44.0%(G6),6.0%(H7) | 下游浅层地下水 |
| | 83 | −11.16 | 2.0%(E5),76.0%(H8),20.0%(H3),2.0%(T5) | 下游浅层地下水 |
| | 81 | −10.35 | 18.0%(E5),42.0%(H4),40.0%(H3) | 下游深层地下水 |
| | 35 | −11.02 | 18.0%(E2),52%(H5),30.0%(H2) | 下游深层地下水 |
| 土壤水 | 92 | −9.29 | 10.0%(A2),78.0%(G4),12.0%(G8) | 实验站 0～30 cm<br>土壤水 |
| | 92 | −10.28 | 4.0%(A2),36.0%(G4),60.0%(G8) | 实验站 30～100 cm<br>土壤水 |

基于稳定同位素 $\delta^{18}$O 的混合模型的计算结果表明,大气降水对上游地表水的贡献率为 55.0%～68.0%,明显大于上游山谷泉水出露对地表水的补给贡献率 32.0%～45.0%,同时大气降水对流域地表水的补给贡献率从上游的 68.0% 减少到下游的 4.0%,总体呈逐渐减少趋势。上游浅层地下水主要受河道水渗漏补给,有 54.0% 的贡献率,略高于山前深层地下水垂向及侧向补给贡献率的 42.0%,且明显大于大气降水入渗补给的 4.0%～18.0%,而上游深层地下水主要受地表水和浅层地下水入渗补给。中游浅层地下水主要受地表水入渗和地下水侧向共同补给,而深层地下水主要受地下水垂向和侧向补给,其贡献率分别为 6.0%～36.0% 和 50.0%～90.0%,明显大于渠系水渗漏补给的 14.0%。下游浅层地下水补给源主要来自渠系水渗漏补给(48.0%)和地下水侧向补给(44.0%～76.0%),而深层地下水主要来自上层地下水垂向补给和邻近地下水侧向补给。总体而言,中下游地下水主要来源于邻近地表水和地下水的共同补给,尤其是深层地下水受地表水和降雨的入渗补给十分微弱,其组成主要来自地下水垂向和侧向补给,比如样点 35,73,81 和 83 的计算结果。

本次研究中测试的水样(地表水、地下水及土壤水)主要沿玛纳斯河干流采集,其稳定同位素组成分布参照当地降水线方程 LMWL,主要分为三种类型特征,分别如下：

第一种类型，数据样点中稳定同位素组成偏贫化，分布于 LMWL 的左下角，主要为流域中下游的深层地下水，并且地下水线性方程 GWL 基本与当地降水线方程 LMWL 平行，同时依据研究区中下游深层地下水中平均氚值变化范围 6.98TU～21.43TU，因此，推断这些深层地下水起源于早期的降水和融雪，大部分为前现代水补给。同时结合 MODFLOW 模拟地下水流场方向（由南部山区向北部平原），证明流域中下游地下水主要起源于南部高海拔山区。由于山区环境温度和绝对湿度较低，加上山区积雪在融化时的分馏效应，造成融雪耗尽时，其同位素值贫化。综上所述，同位素分馏效应在积雪融化过程中发挥着重要作用。

第二种类型，样点的稳定同位素组成介于第一类样点和第三类样点之间，这些样点主要来自山谷和冲积扇平原的河水和井水。地表水线性方程 SWL1 相交于 LMWL 和 GWL，其交点靠近第二类样点的稳定同位素组成范围，揭示第二类水样可能来自降水补给，并且地表水和地下水有一定的相互补给关系。

第三种类型，样点中 $\delta^{18}O$ 和 $\delta^2H$ 组成分布明显偏离当地降水线方程 LMWL，这些水样主要包括水库水、渠系水、下游河水以及土壤水，其中土壤水样点偏离很明显，一些下游上层土壤水中 $\delta^{18}O$ 和 $\delta^2H$ 组成相比于深层土壤水样点要更加偏离当地降水线方程 LMWL。结果证明这类水样经历了强烈蒸发过程，正如地表水 SWL1 和土壤水 SWL2 中斜率和截距均符合在干旱地区条件下水样蒸发线性的特征，其中 SWL2 的斜率和截距均明显小于地表水 SWL1。另外，一部分第三类样点接近 LMWL，具有较贫化的同位素组成，这可能是受到了人类活动的影响，比如农业灌溉，因为流域灌区一部分的灌溉用水来自玛纳斯河流域的地下水，其同位素组成较为贫化。

3）地表-地下水的转化关系分析

本次研究根据流域各水体同位素（$^2H$、$^{18}O$ 和 $^3H$）时空变化特征、水资源组成计算对流域地表-地下水转化过程如下：

玛纳斯河流域是典型的内陆河流域，其独特的水文地质结构决定了流域地表水与地下水从南部山区到北部沙漠区主要经历了三次不同的转化过程，不同的转化主要由地形地貌所决定。

第一次转换过程发生在山区，地表水与地下水的转化频繁，并且范围较大，首先，由大气降水形成地表水，再以其他三种方式转化为地下水，第一种方式是降水直接补给地下水；第二种方式是降水先在地表形成冰雪，待冰雪消融后形成地表径流，在流动过程中入渗补给地下水；第三种方式是降雨和冰雪融水一起混合成溪流后，在流经途中逐渐渗漏补给地下水。这样就完成了大气降水与地下水的第一次转化。之后，地下水受重力作用向下游运动，在山前倾斜平原—冲洪积扇以前，部分地下水由于受古近—新近系阻水构造的作用,以泉水溢出的形式排泄于河谷,汇集成河水,基本完成第一次地下水向地表水转化。

第二次转换发生在流域冲洪积扇,河水在出山口红山嘴处以河道渗漏的形式向地下水转变,当河水到达冲洪积扇的扇缘泉水溢出带后,由于地下水位抬升,含水层透水性较好,一部分地下水以泉水溢出的形式转变为地表水,另外,流域冲洪积扇是玛纳斯河灌区农业社会经济发展的中心区域,其水资源贮存丰富,工农业及生活用水除直接利用地表水外,还依靠开采地下水,因此,一部分地下水以人工开采方式转变为地表水。其余地下水以侧向径流继续向下游流动。近年来,随着区域地下水资源过度开采,造成地下水位逐年下降,从而导致地下水溢出带向北推移。

第三次转化发生在流域冲洪积扇以北冲积平原区,河水被人工引入进行农田灌溉,从而间接补给地下水,以水库入渗、渠道入渗补给的方式为主,冲积平原区含水层岩性主要为卵砾石、砾石或砂层,越往北接近沙漠区域岩性颗粒越细,富水性和渗透性逐渐变差,地表水和地下水的相互转化作用逐渐消失。

### 7.1.2　山区水库的兴建对流域地表-地下水转化过程的影响分析

为分析山区水库(肯斯瓦特水库)修建对地表-地下水转化过程的影响,溢出带以南的潜水,补给来源主要为河流入渗、渠系引水入渗、灌溉水入渗、暴雨洪流入渗等。由南向北径流,水力坡度为3‰~7‰。排泄方式由人工开采、地下径流、泉水溢出与蒸发蒸腾等。山前一带,潜水由北向南径流向艾比湖方向排泄;溢出带以北的潜水主要接受深层承压水的越流补给以及灌溉水入渗、渠系水入渗、库水入渗的补给。由于山区水库位于径流出山口以上,而水库往下不足10 km处,河道径流绝大部分由经过全程防渗处理的东岸大渠输水至中下游,所以山区水库调蓄对地表-地下水转化的影响重点在于对整个流域地表水的时空分布,由于灌区已全面实施节水灌溉,地下水的主要补给来源为库渠渗漏。目前山区水库未完成竣工验收,还处于试运行阶段,所以为了全面反映山区水库对流域地表-地下水转化的影响,根据山区-平原水库群的调蓄方案,进行调度。

考虑到径流是上游渠首直接引入东岸大渠向下游输水,而东岸大渠前后灌区水库群渗漏量的变化,需构建玛纳斯河灌区水资源优化配置模型(已将水库群联合调度模型嵌套在内)以求解各相关参数。故研究以灌区种植业产值最高为目标,以灌区防洪、工业、生活、市政、生态等等为约束,依据灌区内子灌区分划与水系分布建立灌区水资源优化配置物理模型,进而构建玛纳斯河流域水库群调度模型如下。

模型首先以灌区作物种植面积、总种植面积、渠道输水能力为约束条件,利用线性优化方法(linprog,MATLAB 函数名,下同)确定在不考虑供水能力的条件下

灌区种植业产值上限($I_{max}$)与下限($I_{min}$)。然后依次赋值总灌区种植业产值为
$I_{min}+n\times0.1(I_{max}-I_{min})(n=1,2,3,\cdots,10)$,利用多目标达到算法(fgoalattain)确
定灌区产值等于既定产值且各子灌区各月份作物需水量最小时各子灌区作物种植
结构,以此计算各子灌区各月份种植业需水量。最后以生态供水、子灌区地下水开
采量、地下水年开采总量、夹河子水库下游玛纳斯河河道生态需水、灌区供水量、分
汇水点水量平衡、水库水量平衡、水库蓄水上下限、渠道输水能力等为约束条件,以
灌区水补给量最小为目标函数采用非线性优化算法(fmincon)从1—12月逐月进
行水库群优化调度,如果到12月仍然能够满足所有限制条件,则优化调度成功,此
时可增加产值再次进行优化,否则将调整步长修改为原来的0.1倍后再进行优化。
如此进行直至产值步长低于$0.0001\times(I_{max}-I_{min})$(此时产值误差已在容许范围内)
时退出优化过程,完成水资源优化配置模型的求解。模型求解流程如图7.2所示。

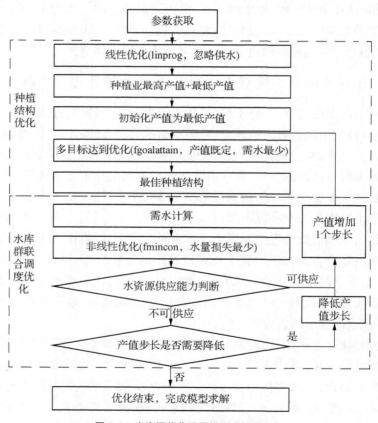

**图7.2 水资源优化配置模型求解流程图**

研究利用肯斯瓦特水文站1957—2012年逐月流量数据通过水文学中常用
$P$-Ⅲ曲线确定来水频率$P=25\%$、$P=50\%$、$P=75\%$时肯斯瓦特水文站月径流过

程如表 7.3 所示。由于肯斯瓦特水库距离肯斯瓦特水文站仅有 2.3 km,且其间没有支流汇入或水量分出,故可直接将水文站月径流过程作为相应水平年肯斯瓦特水库入库流量过程输入模型,得到 $P=25\%$、$P=50\%$、$P=75\%$ 时肯斯瓦特水库参与调度前后灌区水库群渗漏量如图 7.3~图 7.6 所示。

表 7.3　$P=25\%$、$P=50\%$、$P=75\%$ 时肯斯瓦特水文站月径流量过程（单位:万 m³）

| 水平年 | 1 月 | 2 月 | 3 月 | 4 月 | 5 月 | 6 月 | 7 月 | 8 月 | 9 月 | 10 月 | 11 月 | 12 月 |
|---|---|---|---|---|---|---|---|---|---|---|---|---|
| $P=25\%$ | 1 175 | 1 167 | 1 557 | 2 647 | 8 477 | 27 258 | 40 354 | 34 395 | 10 195 | 4 767 | 2 831 | 2 259 |
| $P=50\%$ | 2 304 | 1 338 | 1 869 | 2 871 | 4 909 | 12 399 | 39 922 | 27 514 | 14 723 | 5 692 | 3 942 | 3 372 |
| $P=75\%$ | 1 440 | 1 083 | 1 266 | 2 844 | 7 961 | 20 243 | 28 584 | 23 669 | 11 272 | 4 889 | 3 128 | 2 912 |

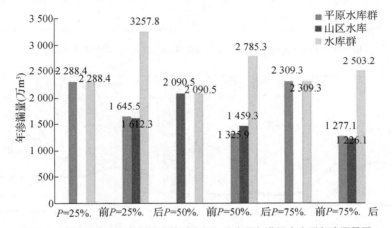

图 7.3　肯斯瓦特水库参与调度前后丰、平、枯水平年灌区水库群年渗漏量图

由图 7.3 可知,相比于参与调度前,肯斯瓦特水库参与调度后灌区水库群年渗漏损失将增大,丰、平、枯水平年水库群年渗漏损失分别增加 969.4 万 m³、694.7 万 m³、193.9 万 m³,主要原因是肯斯瓦特水库参与调度导致灌区水库群年平均蓄水总量有所增加。此外,相比于参与调度前,肯斯瓦特水库参与调度后平原水库群年渗漏量均出现下降,山区水库渗漏损失与平原水库群渗漏损失基本相当,将导致灌区地下水主要补给源向南移动,北部荒漠区域地下水补给量更少,水位很有可能会进一步下降。

由图 7.4~图 7.6 可知,肯斯瓦特水库参与调度可以显著增加水库群在 10—12 月渗漏损失,主要原因是 10—12 月肯斯瓦特水库的蓄水量出现了显著增加。这将在较大程度上提高中上游地区枯水期地下水补给量,缓解地下水位持续下降的困难。丰水年平原水库群渗漏量也有所增加,有利于提高下游地区地下水位,维持下游荒漠区生态植被。平水年与枯水年平原水库群渗漏量基本不变,而由于红山嘴地质断层的存在,山区肯斯瓦特水库渗漏量的增加并不能显著提高下游地区地下水补给量,故下游地区地下水水位很难提高,生态植被依旧难以维持。

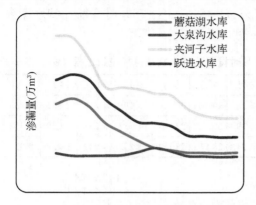
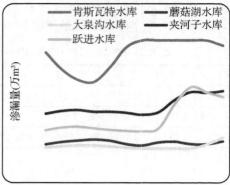

**图 7.4　丰水年肯斯瓦特水库参与调度前(左)、后(右)各水库月渗漏损失**

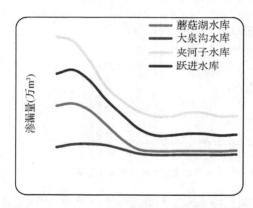
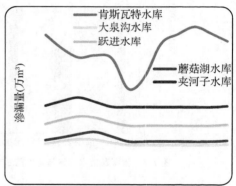

**图 7.5　平水年肯斯瓦特水库参与调度前(左)、后(后)各水库月渗漏损失**

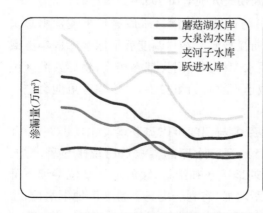
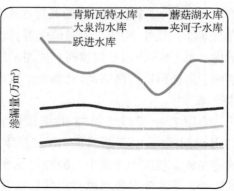

**图 7.6　枯水年肯斯瓦特水库参与调度前(左)、后(右)各水库月渗漏补给量**

## 7.2 输配水渠道防渗对水循环影响机理研究

### 7.2.1 研究区输配水渠道概况

玛纳斯河灌区位于新疆天山北麓玛纳斯河流域中下游冲洪积平原,下设石河子灌区、下野地灌区、莫索湾灌区三个子灌区,灌区总耕地面积357万亩,灌溉面积316.3万亩,年灌溉用水量16亿 m³,是全国特大型灌区之一,灌区水系图见图7.7。灌区属大陆性干旱气候,年降水量110~200 mm,年蒸发量1 500~2 000 mm。随着节水改造工程的实施,灌区渠系水利用率由64%提高至76%,净灌溉定额由570 000 m³/km²,下降到540 000 m³/km²。表7.4列出了灌区各级渠系防渗及渠系水利用系数。

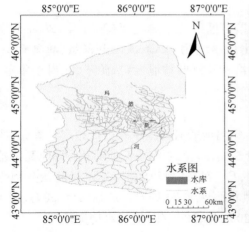

**图 7.7 玛纳斯河灌区水系图**

**表 7.4 灌区渠系防渗及渠系水利用系数表**

| 项 目 | | 农渠 | 斗渠 | 支渠 | 干渠 | 总干渠 | 水库~渠首 | 渠系水利用系数 |
|---|---|---|---|---|---|---|---|---|
| 石河子灌区 | 2005年 防渗率(%) | | 67.94 | 79.64 | 76.8 | | | |
| | 渠道水利用系数 | 0.95 | 0.95 | 0.95 | 0.95 | 0.92 | | 0.75 |
| | 2010年 防渗率(%) | | 80 | 100 | 100 | | | |
| | 渠道水利用系数 | 0.95 | 0.95 | 0.96 | 0.96 | 0.95 | | 0.79 |

| 项　目 | | 农渠 | 斗渠 | 支渠 | 干渠 | 总干渠 | 水库～渠首 | 渠系水利用系数 |
|---|---|---|---|---|---|---|---|---|
| 莫索湾灌区 | 2005 年 防渗率(%) | | 40.12 | 98.44 | 90.3 | | | |
| | 2005 年 渠道水利用系数 | 0.95 | 0.93 | 0.93 | 0.94 | 0.92 | 0.92 | 0.65 |
| | 2010 年 防渗率(%) | | 60 | 100 | 100 | | | |
| | 2010 年 渠道水利用系数 | 0.95 | 0.94 | 0.95 | 0.96 | 0.94 | 0.92 | 0.7 |
| 下野地灌区 | 2005 年 防渗率(%) | | 30 | 75.82 | 75.8 | | | |
| | 2005 年 渠道水利用系数 | 0.95 | 0.93 | 0.93 | 0.94 | 0.9 | 0.92 | 0.64 |
| | 2010 年 防渗率(%) | | 60 | 100 | 100 | | | |
| | 2010 年 渠道水利用系数 | 0.95 | 0.94 | 0.95 | 0.96 | 0.93 | 0.92 | 0.7 |

## 7.2.2　数据与方法

### 1）数据来源

本研究中所用的数据主要包括玛纳斯河灌区三个典型年（2001 年、2004 年和 2009 年）的降雨量、河道径流量、泉水溢出量、渠系引水量、人工开采量、灌溉面积、作物种植结构、灌溉定额、地下水侧向补给量及侧向排泄量，来源于《石河子年鉴》及灌区相关统计资料。

### 2）典型年

通过对肯斯瓦特水文站 1954—2012 年玛纳斯河径流序列进行频率计算，选取 $P$-Ⅲ型频率曲线拟合出最佳径流频率分布曲线，得到不同来水频率下肯斯瓦特站年径流量。来水频率 $P=25\%$、$P=50\%$、$P=75\%$ 时肯斯瓦特站年径流量分别为 13.8 亿 $m^3$、12.1 亿 $m^3$、10.9 亿 $m^3$。故根据来水频率 $P=25\%$、$P=50\%$、$P=75\%$ 确定相应的典型年分别为 2001 年、2004 年、2009 年，地下水均衡计算。

### 3）水均衡法

水均衡是均衡计算区地下水总补给量、储存量和总排泄量之间的关系，目的是通过平衡计算，评价地下水的允许开采量。水均衡法相对数值模拟及数学物理等方法，概念明确，对区域水文地质条件认知度低，资料要求不苛刻，方法灵活，计算方便，适用范围广。因此，采用水均衡法计算玛纳斯河灌区三个典型年（2001 年、2004 年、2009 年）的地下水均衡。

根据玛纳斯河灌区地理位置及地形地貌特征，基于水量平衡原理，建立地下水均衡模型：

$$Q_B - Q_P = \Delta Q \qquad (7.1)$$

$$\Delta Q_{CM} = \mu F \frac{\Delta H}{\Delta t} \tag{7.2}$$

$$Q_B = Q_{CB} + Q_R + Q_Y + Q_Q + Q_T + Q_S + Q_H \tag{7.3}$$

$$Q_P = Q_{CP} + Q_E + Q_{SW} + Q_G \tag{7.4}$$

$$\delta = \frac{|\Delta Q_{CM} - \Delta Q|}{\Delta Q_B} \times 100\% \tag{7.5}$$

式中：$Q_B$、$Q_P$——均衡时段内地下水总补给量、总排泄量（亿 m³/a）；

$\Delta Q$——计算的地下水储存量的变化量（亿 m³/a）；

$\Delta Q_{CM}$——储存量变化量（亿 m³/a）；

$\mu$——给水度；

$F$——均衡区面积（km²）；

$\Delta t$——均衡时段（a）；

$\Delta H$——均衡时段内实测的地下水位变幅（m）；

$Q_{CB}$——侧向补给量（亿 m³/a）；

$Q_R$——河道渗漏补给量（万 m³/a）；

$Q_Y$——降水入渗补给量（亿 m³/a）；

$Q_Q$——渠系入渗补给量（亿 m³/a）；

$Q_T$——田间入渗补给量（亿 m³/a）；

$Q_S$——水库入渗补给量（亿 m³/a）；

$Q_H$——井灌回归量（亿 m³/a）；

$Q_{CP}$——侧向排泄（亿 m³/a）；

$Q_E$——潜水蒸发量（亿 m³/a）；

$Q_{SW}$——泉水溢出量（亿 m³/a）；

$Q_G$——人工开采量（亿 m³/a）；

$\delta$——相对均衡差，$\delta \leqslant 10\%$ 时补排量计算结果合理，模型计算精度符合要求。

### 7.2.3　灌区地下水均衡计算结果与分析

1) 均衡区划分及均衡时段确定

依据玛纳斯河灌区地形地貌特征及水文地质条件，并考虑到保证行政区界限的完整性，将灌区划分为石河子灌区、莫索湾灌区、下野地灌区三个计算区（见图 7.8）。本文选取 2001 年、2004 年、2009 年三个典型年的 1 月 1 日—12 月 31 日作为均衡时段。

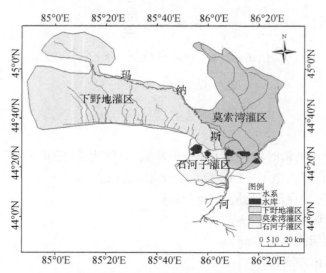

**图 7.8　玛纳斯河灌区地下水均衡计算分区示意图**

## 2）结果与分析

### （1）地下水补给量

玛纳斯河灌区地下水补给来源包括：侧向补给、河道入渗补给、降雨入渗补给、渠系入渗补给、田间入渗补给、水库入渗补给和井灌回归补给量。基于水量平衡原理，构建灌区地下水均衡模型，计算得出各子灌区不同典型年地下水补给量，然后汇总得出玛纳斯河灌区（表中简称"总灌区"）不同典型年地下水补给量。计算结果如表 7.5～表 7.7 所示。

**表 7.5　玛纳斯河灌区（$P=25\%$）地下水补给量**　　　　（单位：亿 m³/a）

| 灌 区 | $Q_{CB}$ | $Q_R$ | $Q_Y$ | $Q_Q$ | $Q_T$ | $Q_S$ | $Q_H$ | 合计 |
|---|---|---|---|---|---|---|---|---|
| 石河子 | 0.54 | 0.85 | 0.06 | 0.29 | 0.19 | 0.09 | 0.18 | 2.19 |
| 莫索湾 | 0.22 | 0.11 | 0.03 | 0.49 | 0.24 | 0.15 | 0.09 | 1.33 |
| 下野地 | 0.08 | 0.25 | 0.07 | 0.98 | 0.41 | 0.00 | 0.14 | 1.92 |
| 总灌区 | 0.85 | 1.21 | 0.15 | 1.76 | 0.83 | 0.24 | 0.40 | 5.44 |

**表 7.6　玛纳斯河灌区（$P=50\%$）地下水补给量**　　　　（单位：亿 m³/a）

| 灌 区 | $Q_{CB}$ | $Q_R$ | $Q_Y$ | $Q_Q$ | $Q_T$ | $Q_S$ | $Q_H$ | 合计 |
|---|---|---|---|---|---|---|---|---|
| 石河子 | 0.54 | 0.52 | 0.05 | 0.25 | 0.12 | 0.09 | 0.18 | 1.75 |
| 莫索湾 | 0.22 | 0.06 | 0.02 | 0.43 | 0.28 | 0.15 | 0.09 | 1.25 |
| 下野地 | 0.08 | 0.15 | 0.06 | 0.90 | 0.43 | 0.00 | 0.12 | 1.75 |
| 总灌区 | 0.85 | 0.73 | 0.13 | 1.58 | 0.84 | 0.24 | 0.39 | 4.75 |

表 7.7　玛纳斯河灌区($P=75\%$)地下水补给量　　　（单位：亿 $m^3/a$）

| 灌　区 | $Q_{CB}$ | $Q_R$ | $Q_Y$ | $Q_Q$ | $Q_T$ | $Q_S$ | $Q_H$ | 合计 |
|---|---|---|---|---|---|---|---|---|
| 石河子 | 0.54 | 0.33 | 0.05 | 0.20 | 0.10 | 0.08 | 0.27 | 1.57 |
| 莫索湾 | 0.22 | 0.03 | 0.02 | 0.36 | 0.18 | 0.14 | 0.11 | 1.07 |
| 下野地 | 0.08 | 0.07 | 0.09 | 0.83 | 0.39 | 0.00 | 0.15 | 1.62 |
| 总灌区 | 0.85 | 0.44 | 0.16 | 1.39 | 0.67 | 0.22 | 0.53 | 4.25 |

在各典型年，石河子灌区地下水主要补给来源均为侧向补给与河道入渗补给，占其地下水总补给量比例分别为 31.01%～34.48%、21.02%～38.78%。莫索湾灌区及下野地灌区地下水主要补给来源均为灌溉入渗补给（渠系入渗和田间入渗补给），占总补给量比例分别为 50.71%～57.07%、72.35%～76.30%。因下野地灌区渠系密度大，西岸大渠附近地下水位较高且玛纳斯河下游的灌区引水途径较长，地表水有效利用系数相对较低，因此，灌溉入渗补给所占比例较石河子灌区和莫索湾灌区大。

对比分析 $P=25\%$、$P=50\%$、$P=75\%$ 可知，地下水总补给量呈下降趋势，其中河道渗漏补给量变化较大，这是因为河道渗漏量与河道总过水量有关，受河道丰、平、枯影响较大，丰水年增加，枯水年减少。降水入渗所占比例非常小，是因为灌区降水量少且蒸发量大。渠系入渗补给与田间入渗补给量均减少，但变化较小且所占总补给量比例增加，是由于节水灌溉灌区续建配套与节水改造工程的实施，节水灌溉面积不断增加，渠系及田间水利用系数增加，灌溉定额及引水量减小，大部分农用灌溉机井位于农田或渠道旁，膜下滴灌区域地下水开采后直接进入田间，渠系入渗及田间入渗补给减少。平原水库渗漏量变化较小，这是因为玛纳斯河灌区平原水库已运行多年，库床淤积等原因，渗漏损失较小且为稳定渗流过程，当水库枯水期时，会抽取地下水入库。据资料可知，总种植面积增加，河道径流量减少，为满足农作物需水要求，需增加地下水开采量，因而供水增加的同时井灌回归量增加，但增加趋势不明显。

玛纳斯河灌区地下水均衡变化主要受灌溉入渗及人工开采地下水影响。随着河道径流量减少，灌区续建及节水改造工程的实施，渠系及田间水利用系数逐渐提高，灌溉定额逐渐变小，但渠系及田间入渗对地下水的补给量随之减少。

（2）渠系渗漏补给量变化分析

为进一步分析渠系防渗前后渠系渗漏补给量的变化，在不考虑其他变化的前提下，通过增大渠系水利用系数，计算并分析 1998—2012 年渠系渗漏量变化，如图 7.9 所示。灌区地下水补给量呈下降趋势，对地下水补给量减少约 10%。

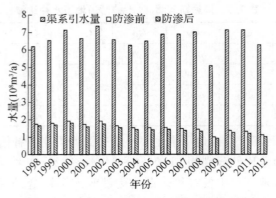

图7.9　玛纳斯河灌区渠系防渗前后渠系渗漏补给量变化

# 7.3 大面积滴灌措施对绿洲农田水循环的影响机理研究

## 7.3.1 膜下滴灌对农田蒸散发的影响

### 1）材料与方法

（1）试验地点概况

试验于 2016 年在现代节水灌溉兵团重点实验室试验基地及暨石河子大学节水灌溉试验站（85°59′47″E，44°19′28″N，海拔 412 m，平均地面坡度为 6‰）进行。试验站地处准噶尔盆地西南缘天山北麓中段，属中温带大陆性干旱气候，年均日照时间为 2 865 h，多年平均降雨量为 207 mm，平均蒸发量为 1 660 mm，其中大于 10 ℃积温为 3 463.5 ℃，大于 15 ℃积温为 2 960.0 ℃，昼夜温差大，且气温季节性变化较大，而无霜期为 170 d。该站内地形平整，土层深厚，土壤类型为中壤土。站内建有大型称重式蒸渗仪可自动测定蒸散量。

（2）试验处理及仪器布置

试验设置地膜覆盖和露地 2 种方式，进行对比实验，其他条件均一致，地膜覆盖设置一个重复，蒸渗仪分布如图 7.10 所示：1 号为裸露处理，2 号和 3 号为覆膜处理。蒸渗仪及气象站可以监测蒸散量、渗漏量、降雨量、大气湿度、大气温度、风速、日照等气象数据。同时在蒸渗仪的垂直方向距离地表 30 cm、50 cm、70 cm、100 cm、150 cm 处埋有监测土壤温度、土壤水分、土壤

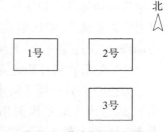

图 7.10　蒸渗仪平面布置图

水势、土壤电导率的传感器。蒸渗仪的规格为 2 m×2 m×2.3 m,在 2 m×2 m (4 m²)的范围内种植棉花,种植模式为一膜两管四行,窄行间距为 30 cm,宽行为 60 cm,株距为 10 cm。2016 年 4 月 25 日播种,10 月采摘。实时监测的项目有蒸散量、渗漏量、土壤温度、土壤含水量、土水势、作物发育情况,实验站气象场同时观测降水、水面蒸发、气温、气压、风向、风速、湿度、日照等要素,以及涡度相关仪的监测数据来进行对比,确保数据的准确性。

（3）覆膜条件下土壤水分循环

覆膜对土壤的覆盖造成了一个相对独立的水分循环系统,土壤表面的覆盖造成了土壤内部的水分循环,改变了土壤含水量分布和变化特征。在地膜覆盖下,土壤水分蒸发后在膜下凝结成水滴又返回土壤,使地表 20 cm 深的土层在长期无降水补给时仍维持较高的含水量;这个系统与大气间同样存在着水分交换和热量交换,只是对水分交换和热量交换进行了有效的控制。土壤系统对大气的水分输送主要为植物散发,除气体膨胀时有很少一部分水分从孔口进入大气外,大部分水汽在膜下凝结而重新滴入土壤,形成膜下的水分循环。地膜覆盖控制了 90% 面积上的棵间土壤蒸发,使得这部分面积上的水分得到保存以满足作物生长发育的需要。无覆盖种植时,在表层含水量较小的条件下,白天会造成作物短期缺水而萎蔫。

2）数据来源

棉花生育期间的实际蒸散量由大型称重式蒸渗仪测定,其有效蒸散面积为 4.0 m²,原状土柱深 2.3 m,每 1 h 自动采集一次数据,测量精度为 0.1 mm。试验站内设有自动气象站,每天进行气温、湿度、降水、2 m 高的风速、太阳辐射、气压和地温等常规气象观测,数据采集间隔是每 60 min 一次。

土壤水分资料的观测方法:利用蒸渗仪自带的采集器来获得土壤水分数据,测定时间间隔为每 60 min 一次,测定的土壤深度有 30 cm、50 cm、70 cm、100 cm 和 150 cm。

3）计算方法

（1）蒸渗仪法实际蒸散量的计算

蒸渗仪是根据水量平衡原理设计的一种用来测量农田水文循环各主要成分的专门仪器。其水量平衡方程为:

$$ET_l = E_1 - E_2 + P + I \tag{7.6}$$

式中:$ET_l$——作物的实际蒸散量;

　　$E_1$、$E_2$——分别为蒸渗仪测定时段始、末土壤含水量;

　　$P$——测定时段内的降水量;

　　$I$——测定时段内的灌溉水量,单位均为 mm。

（2）结果分析

地膜覆盖条件下，土壤含水量的垂向分布特征要受到降水补给、作物散发、地膜对土壤蒸发的控制及膜下土壤水分循环等条件的影响。表 7.8 为不同种植方式下土壤含水量的垂直变化情况。

表 7.8　不同种植方式下土壤含水量的垂直变化

| 深度<br>（cm） | 2 号地膜覆盖 | | | 1 号无覆盖 | | |
|---|---|---|---|---|---|---|
| | 7 月 15 日 | 8 月 15 日 | 9 月 15 日 | 7 月 15 日 | 8 月 15 日 | 9 月 15 日 |
| | m³/m³ | m³/m³ | m³/m³ | m³/m³ | m³/m³ | m³/m³ |
| 30 | 0.238 | 0.224 | 0.219 | 0.148 | 0.140 | 0.162 |
| 50 | 0.202 | 0.184 | 0.176 | 0.162 | 0.167 | 0.175 |
| 70 | 0.176 | 0.165 | 0.158 | 0.151 | 0.148 | 0.143 |
| 100 | 0.196 | 0.182 | 0.176 | 0.172 | 0.148 | 0.148 |

在不同种植模式下，膜下表土层的含水量远远大于无覆盖表土层的含水量（见表 7.8），70 cm 以下土层的含水量没有明显的差别，膜下土壤含水量呈上下大、中间小的特征，而无覆盖的 1 号，其表层土壤含水量消退很快，2 号棉花的生长指标明显比 1 号高。覆膜的节水意义在于控制了作物苗期棵间土壤蒸发，保持了土壤水分满足作物旺长期的需求。

（3）地膜覆盖对水分蒸发的影响

对不同的地表处理方式下，地表覆盖与不覆盖的蒸发分析得到如下蒸发过程曲线对比图，如图 7.11 所示，该图为 8 月份蒸发过程，从图中可以看出覆膜处理与裸地相比，其蒸发过程曲线相似，但是裸地的蒸发量大于地膜覆盖的处理，地膜覆盖可以有效减少地表蒸发，从而减少了 31.8% 的土壤水损失。

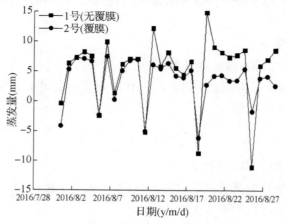

图 7.11　覆膜与裸地蒸发曲线图

4) 小结

覆膜盖种植试验表明,覆膜在低温期具有保温和增温作用,在棉花生长期具有保持土壤水分、控制土壤蒸发的作用,给作物生长造成了良好的土壤温度环境和水分环境,增产作用非常明显。实验表明覆盖控制了90％面积上的棵间土壤蒸发,使得这部分面积上的水分得到保存以满足作物生长发育的需要。从水资源开发利用的意义来说,覆膜控制了无效的土壤蒸发,具有非常好的保墒和节约用水的功能,对新疆干旱地区的农业来说具有非常重要的意义。

我国大部分地区水资源短缺,而农业用水在水资源利用中又占有很大的比例,从蒸发控制的意义来说,降低农作物的耗水量将会产生巨大的经济效益,以控制蒸发来解决农业需水问题对于灌溉引水来说,具有节省投资和保护环境的意义;对于无水可引的干旱地区来说,控制蒸发、开发当地的土壤水资源具有更重要的意义,也可以说是人们对抗干旱的一个行之有效的方法。

## 7.3.2 膜下滴灌对农田水分下渗的影响

土壤中水盐的运动取决于土体上下边界条件,一般土壤上下边界条件越复杂则土壤内水盐的运移规律就越复杂。比如当不考虑下边界条件时,即没有潜水补给作用,土壤中水盐的变化主要是根据土壤上边界情况不同所造成的土壤入渗及蒸发过程影响土壤内水盐分布。当考虑土壤下边界条件就需要考虑地下水作用。潜水蒸发是指在毛管力与热力的作用下,水分从潜水面上升至土壤表面然后进入大气的过程,表现为在地下水位较浅时,土壤则通过毛管力吸收潜水面上的水分补充至含水量降低的输水区来满足土面蒸发,以此循环不断地完成土壤蒸发过程;而当地下水位很深时,随土面蒸发的进行水分传输区得不到潜水的补给而使土壤含水量越来越低,土壤水势增加,相应土壤水力传导度变小,则土面蒸发就减小。同时当灌区有强烈的潜水蒸发过程时,如果地下水矿化度较高,那么潜水蒸发将导致"水去盐留"的现象,这也是土壤次生盐碱化形成的一个方面,所以在干旱地区就要求地下水保持一个临界深度。当地下水位小于这个临界深度,潜水蒸发严重,土壤中积盐明显,反之则对土壤及作物不产生盐渍危害。目前人们对于潜水蒸发条件下土壤中水盐运移规律的研究已进行了不少,多在裸地上及生长作物的田块进行,并建立了土壤含盐量与地下水埋深间的关系。但是在地下水较浅的干旱区,不同的土壤上边界条件会引起土壤入渗及蒸发强度的不同,从而造成土体内水盐分布不同,进而会影响作物的生长状况。以兵团节水灌溉试验站田间土壤及地下水条件为例,研究全覆膜种植和正常膜下滴灌种植条件下不同土壤上边界条件下土壤水分运移状况及不同上边界对给定土体剖面上水分的贡献效果。从两种边界条件综合考虑膜下滴灌形式下土壤水分入渗情况,对更深入研究滴灌作用机理及对地下水浅埋区进行土壤水盐调控方法的选择提供一定的参考。

1) 试验设计

试验小区布设在膜下滴灌种植 5 年以上的田块,该地边有一个地下水位观测井(7′#水位井),共设置膜下滴灌试验区(7′#)和覆膜灌溉种植区(6′#)两个区。试验土质为砂质壤土,容重在 1.47~1.66 g/cm³,0~100 cm 土壤分层不严重,平均田间持水量为 16.34%(g/g),饱和含水量为 26%(g/g)。每个试验区选择两膜,即宽度×长度为 4.85 m×2 m,各个试验区四周均铺垂直 60 cm 深度的双层厚塑料布,防止各试验区内的侧渗(由于采用的灌溉方式为正常滴灌,每次灌水的主要入渗深度在 60 cm 以内土层范围内,故防侧渗的塑料布直接铺至 60 cm 深度处)。种植方式采用一膜两管四行的耕作方式,见图 7.12,宽行+窄行+膜间距离均为 40 cm+20 cm+60 cm。试验进行中采用的是迷宫式滴头滴灌带,滴头间距均为 30 cm。生育期总灌水量为 295 m³/亩,共分 11 次灌水。播前基施尿素 20 kg/亩、磷酸二铵 25 kg/亩,45%硫酸钾 20 kg/亩,农家肥 1 m³/亩,灌水过程中追肥尿素,蕾期和花铃后期均按 3 kg/亩、花铃盛期按 5 kg/亩随水滴施。

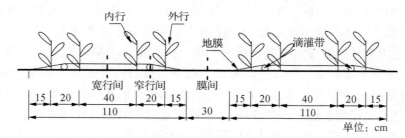

图 7.12　试验种植耕作方式布置图

2) 测定方法

田间小区试验由于涉及潜水蒸发,所以不仅要进行土壤中水盐观测,还要有气象及地下水资料的观测。具体观测如下:

试验过程中的气象资料由大田小型气象站测定,地下水位由自计式地下水位计测定(7#地下水位井)。

灌溉水及地下水位井井水的矿化度均定期取样,灌溉水直接取自蓄水池,井水则用提水器提取,所取得的水样烘干测定矿化度。土样采集分别选择在 4 月 26 号(播前)、6 月 13 号、7 月 30 号、8 月 27 号及 9 月 3 号五个时期。在膜下滴灌试验区(7′#)选择宽行、窄行、膜间三个位置取样,覆膜灌溉种植区(6′#)则在宽行与窄行两个位置处取样;垂直方向每隔 20 cm 取一次土样,且每个试验区重复两次,同一深度处的土样数据均为重复点的平均。所取的土样带回实验室进行土壤水分及盐分测定。

3）考虑地下水不同上边界条件下土壤水分运移特征

（1）试验区研究时段气象与地下水变化情况

小区试验从 2010 年 4 月 26 日始，至 9 月 3 日结束，期间水面蒸发量及地下水埋深随日期的变化过程显示在图 7.13 上。由图 7.13 知，6 月 8 日前地下水位稳定在 1.27 m 左右，此后地下水位上升，在 6 月 30 日到达最大值 1.539 m，接着地下水位降低，在 7 月 30 日—8 月 4 日地下水位降至最低 1.008 m，此后又出现波动上升，至试验结束时基本稳定在 1.14 m 左右。水面蒸发强度随气候变化出现比较明显的波动，最大值为 9.0 mm/d，最小值为 1.6 mm/d。

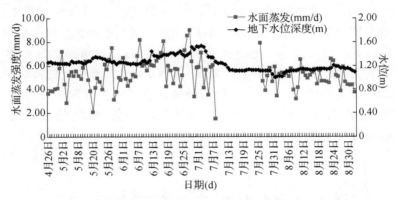

**图 7.13　水面蒸发及地下水位随时间的变化过程**

表 7.9 给出的是灌溉水与地下水的水质情况，灌溉水在试验过程中变化不大，矿化度取其平均值为 0.95 g/L；地下水矿化度变化较大，表 7.9 中给出了主要测定时期地下水矿化度值，6 月 1 日矿化度最大，为 6.44 g/L。

**表 7.9　灌溉水与地下水水质情况**

| 灌溉水矿化度 (g/L) | 地下水矿化度（g/L） | | | | |
|---|---|---|---|---|---|
| | 4 月 26 日 | 6 月 13 日 | 7 月 30 日 | 8 月 27 日 | 9 月 3 日 |
| 0.95 | 4.55 | 6.44 | 2.78 | 3.16 | 2.45 |

（2）潜水蒸发特点分析

由于潜水蒸发量的大小受大气蒸发及输水区土壤质地及地下水埋深的制约，在给定的土壤质地下，则潜水蒸发主要受大气蒸发力和潜水埋深的影响。故所使用的潜水蒸发模型要能反映潜水蒸发、潜水埋深和大气蒸发力之间的函数表达式。

① 计算潜水蒸发公式

根据付秋萍等对具有南疆代表特征的渭干河站的气象因子进行潜水蒸发的研究，发现在地下水埋深浅时，用阿维里扬诺夫公式（阿式经验公式）计算潜水蒸发的精度较高，具体公式如下：

$$E = E_0 \left( 1 - \frac{h}{h_0} \right)^n \qquad (7.7)$$

式中：$E$——潜水蒸发强度（mm/d）；

　　　$E_0$——水面蒸发强度（mm/d）；

　　　$h$——计算日内的地下水埋深（m）；

　　　$h_0$——潜水蒸发为 0 时的地下水埋深（m）；

　　　$n$——潜水蒸发指数。

② 试验区潜水蒸发计算

　　文献中给出了南疆地区不同土质下的 $h_0$、$n$ 值，选用与试验区土质相似的砂壤土的 $h_0$、$n$ 值，即分别为 3.15 m、1.55 m；$E_0$ 采用上述气象站测定的水面蒸发强度，$h$ 由自计式地下水位计测定。把上述参数带入式（7.7）计算试验区的潜水蒸发。计算结果见图 7.14。图 7.14 中 7 月 7 日—7 月 24 日水面蒸发资料缺失，采用往年此时期的一个平均值 6.05 mm/d 作为缺失这段的水面蒸发量。由图 7.14 知，潜水蒸发强度随蒸发日期呈较明显的上下波动趋势，最大值为 7 月 24 日的 3.979 mm/d，最小值为 7 月 6 日的 0.675 mm/d。

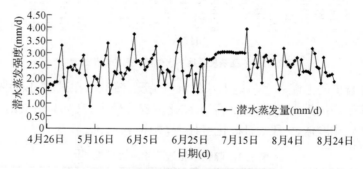

**图 7.14　潜水蒸发量随时间的变化过程**

### 4）不同边界条件下垂直土层含水量变化特点

　　土壤剖面内蓄水程度的状况取决于入渗和蒸发过程，这两个过程在土体内不断进行，当前者占主要作用时则表现土体内水分增加，反之则表现土体水分减少。图 7.15 给出了不同上边界条件下不同时期垂直土层含水量分布。由图 7.15 知，0～20 cm 土层随试验日期的延长呈减小趋势，20～60 cm 土层灌溉试验区则随试验进程的增加呈升高-降低的趋势，即随不同时期灌水量的大小而变化。60～100 cm土层种植区土含水量随试验时间延长呈上升趋势，原因随试验进程增加，一方面地下水位上升至 1.1 m 左右，接近取样区；另一方面植株由于生长使根系吸水量加大，从土壤下层吸水至输水区的动力加大，此层蓄存的水分增加，则含水量呈增大趋势。

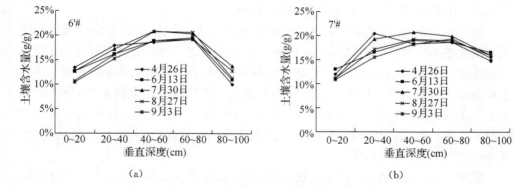

图 7.15　不同上边界条件下垂直土层含水量分布

5）不同边界条件下 1 m 土层平均含水量的变化特点

在没有灌水入渗的条件下，长期的蒸发过程则使土体内的含水量下降；在有灌溉入渗的情况下，入渗水分会补给先前蒸发土壤水分的缺失，增加土壤含水量，但当土壤蒸发过程又占主要地位时，相同的外界环境下土壤蒸发速率加大，土层含水量降低较快。图 7.16 给出 1 m 土层内平均含水量随试验进程的变化过程。由图 7.16 知，土层含水量除与灌溉水量有关，还有植株根系吸水作用下的地下水补给有关，在各测定时期的土层含水量呈上下波动趋势。总结可知，由于土壤初始条件不完全一致，用变化幅度表示（变化幅度表示为初始值与试验结束值之差与初始值之比），正常种植土壤条件下平均含水量变化幅度高于全覆膜种植（如膜下滴灌正常种植条件下含水量的变化幅度为 5.65%，全覆膜条件下为 3.29%）。

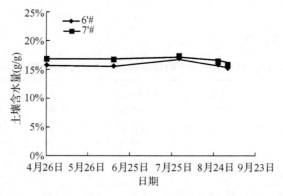

图 7.16　不同上边界条件下 1 m 土层平均含水量随时间的变化过程

### 6）不同边界条件下水分作用系数分析

因为田间条件下，土壤初始含水量不可能完全是一个值，比如想定量地知道膜下滴灌种植与全覆膜种植这两种不同的上边界条件对土壤剖面水分的影响，如果初始条件完全一致的状态下，在一定研究深度内某一时刻全覆膜情况下的土体蓄水量与膜下滴灌条件下的蓄水量之间的差就是由膜间裸地因素影响的，即覆膜减少土面蒸发，保证较多的土壤水分滞留在土层内，但是由于实际中两块试验区的初始值不完全一致，直接相减则不能完全体现覆膜的作用，故用一个比值来表示，定义为膜间蒸发作用系数，即：

膜间蒸发作用系数＝（膜下滴灌正常种植-全覆膜灌溉种植）土体内水分变化量/全覆膜灌溉种植土体内水分变化量

表示膜间裸地蒸发作用。同时已知某一边界条件下的土体内水分变化值就可估算另一状况下的土体内水分变化值。

### ① 水量平衡描述

计算土体内水分的变化值一般采用水量平衡来计算。水量平衡是指进入土体的水量与流出土体内的水量之和为土体内储存水量。由于试验在南疆进行，每年的降水量极少，故在该地区降水量忽略；又由于研究的试验区平坦，且小区周围都有塑料布隔开，所以土壤水的侧渗量忽略；又由于采用的是膜下滴灌形式，即很少在表层形成地表径流，所以不考虑地表径流量，在试验区内的土壤水分平衡方程可表示为：

$$Q_{灌溉水量}＋Q_{地下水补给量}－Q_{灌水入渗补给地下水量}－Ea_{土壤实际蒸散量}＝Q_{结束}－Q_{初始}＝\Delta Q \tag{7.8}$$

### ② 水分作用系数分析（见表 7.10）

**表 7.10　棉花不同生育时期不同上边界水分作用系数的计算**

| 日　期 | 灌水量（mm） | 潜水补给量（mm） | $\Delta Q$（mm） | $\Delta\partial$（mm） | 作用系数<br>膜间蒸发 |
|---|---|---|---|---|---|
| 4 月 26 日—6 月 13 日 | 74.96 | 113.829 | −8.20 | −196.99 | 0.004 |
| 6 月 13 日—7 月 30 日 | 247.38 | 120.941 | 8.25 | −360.07 | 0.003 |
| 7 月 30 日—8 月 27 日 | 164.92 | 74.405 | −11.29 | −250.62 | 0.003 |
| 8 月 27 日—9 月 3 日 | 29.99 | 17.840 | −9.48 | −57.30 | 0.005 |

注：$\Delta Q＝Q_{结束}－Q_{初始}$；$\Delta\partial＝（－Q_{灌水入渗补给地下水量}－Ea_{土壤实际蒸散量}）$

由膜下滴灌的特点，棉花主根系主要分布在 0～40 cm 土层，故仅研究 60 cm 土层内的水分变化。试验进程相对棉花生育时间区分：4 月 26 日—6 月 13 日为棉花苗期；6 月 13 日—7 月 30 日为棉花的蕾铃期；7 月 30 日—8 月 27 日主要为棉花花铃期;8 月 27 日—9 月 3 日为棉花的吐絮期前期。计算所得的作用系数见表 7.10。由表 7.10 知,膜间蒸发作用系数试验过程中变化幅度不大,基本在 0.004 左右,在其他条件一致的情况下试验前期膜间蒸发主要受大气因素影响,随着棉花的生长膜间形成郁避则蒸发更加不明显。

　　7) 小结

　　(1) 对土壤水分入渗的影响:0~20 cm 土层含水量随试验日期的延长呈减小趋势;灌溉试验区 20~60 cm 土层含水量随不同时期灌水量的大小而变化,呈升高-降低的趋势;60~100 cm 土层含水量在试验过程中呈上升趋势,正常种植条件土壤下平均含水量变化幅度高于全覆膜种植 2.36%。

　　(2) 覆盖对水分运移效果影响:从对土壤水分作用系数看,膜间蒸发作用系数试验过程中变化幅度不大,在 0.004 左右,说明膜间裸地蒸发作用在试验进行中变化较稳定,与作物生育阶段相连,至花铃期时,膜间蒸发水分作用系数为 0.003。

## 7.4　节水措施对水循环过程的影响研究

### 7.4.1　MIKE SHE 模型

　　干旱区节水灌溉技术的大面积应用使得流域水循环方式发生转变,其中主要是由节水灌溉引起的地下水补给量减少而造成的地下水位变化,这破坏了流域内的生态平衡,并且给生态环境带来了负面影响。本研究以新疆干旱区玛纳斯河流域莫索湾灌区 150 团为例,以 2005 年为基准年进行模型相关参数率定,以现状年 2010 年实测地下水数据进行模型验证,以 2020 年为规划年进行地下水预测,利用具有物理基础的分布式水文模型 MIKE SHE 模型建立自然-人工复合水循环模型。

　　MIKE SHE 是一个能够模拟完整水文循环过程的分布式物理模型,模型将研究流域划分为许多矩形网格来模拟水流运动。其可模拟的主要水文过程为:蒸散发、地表径流(包括坡面漫流和河道流)、非饱和带、饱和带、融雪及各过程之间的相互作用等。各个水文过程由模型对应的模块独立地进行模拟,根据不同的要求这些模块可以综合起来应用,描述流域内的整个水文循环过程。模型中,流域在平面被划分成许多大小相同的矩形网格,并将不同参数赋予各网格单元,这样便于处理模型参数、降雨输入以及水文响应的空间分布性;在垂直面上,则划分成几个水平层,以便处理不同层的土壤水运动问题。MIKE SHE 模型应用数值分析来建立相邻网格单元之间的时空关系,即具有物理基础的分布式水文模型。

### 7.4.2 模型建立

本研究的研究区为玛纳斯河灌区莫索湾灌区典型团场 150 团。

1) 模型边界与网格

模型边界的定义是根据研究区实际情况,划分出模型的计算范围。本研究采用研究区数字化行政图提供的行政边界作为模型边界,将边界信息转化为. shp 格式输入模型,根据研究区实际地理位置将地图投影类型选择为"WGS_1984_UTM_Zone_45N",原点 $X_0 = 415\,410$ m,$Y_0 = 4\,972\,532$ m。

分布式模型中,流域在平面被划分成许多大小相同的矩形网格,模型网格大小的确定,直接影响模型计算精度与效率。模型网格划分得越细,计算精度越好,但计算效率越低。本研究网格划分为 40 000 个,其中水平方向 $NX = 200$,垂直方向 $NY = 200$,网格大小 Cell size $= 169$ m。

2) 模型地形

MIKE SHE 模型结构中,地形(Topography)定义了整个模型的上边界,包括非饱和带(UZ)和饱和带(SZ)的上边界。模型中众多高程参数和深度参数的设定都与地形的定义有关,包括土壤层的上边界、下边界、蒸发深度等。地形数据由 DEM 数据提供,形式多样,包括栅格格式、矢量格式或者 ASCII 格式。本研究通过数据预处理,导入. shp 格式的 DEM 数据,模型系统会自动将地形数据根据网格的大小插值成. dfs2 格式的数据,便于模型其他模块调用。

3) 降雨和蒸散发

降雨(Precipitation)和蒸散发(Evapotranspiration)为 MIKE SHE 模型主要的气象因子,数据可通过模型指定的. dfs0 格式直接导入模型。降雨数据采用 150 团长观综合年报表中提供的实际观测降雨数据,由于研究区较小以及观测站点限制,对整个研究区降雨采用统一值。实际蒸散发的计算运用的是 Kristensen and Jensen 经验公式,根据参考蒸散发、植被最大根系深度、叶面积指数及土壤含水量来计算植被散发和土壤蒸发。

4) 地下水模型建立

非饱和带是地表水和地下水之间转化的媒介,只考虑水流的纵向运动,主要计算的是蒸散发量和下渗量。根据全国数字化土壤类型分布图,经分析可知研究区土壤类型主要分为风砂土(94.7%)和龟裂土(5.3%)。由土壤类型分布情况可将土壤参数导入模型,土壤参数包括饱和含水量、饱和水力传导度,以及土壤水分特性曲线等。

研究区主要开采浅层地下水(包括潜水和浅部承压水)和中部承压水。由于近年来开采井数逐渐增多,且为混合开采,使研究区北部与沙漠接壤的部分地区浅层承压水也出现自由水面,潜水含水层和浅层承压含水层互相沟通,水力联系密切,可以视作一个含水层进行计算。根据模型范围内含水层系统介质特征和结构特征,将模拟对象概化为非均质各向同性含水层。

根据抽水井的实际影响深度确定模拟深度为 220 m,模型概化含水层为 3 层,其中浅层地下水深度为 80 m,中部承压水深度为 110 m,两含水层间弱透水层为 30 m。含水层参数包括水平水力传导度、纵向水力传导度、给水度、储水系数等。

模型计算的初始潜水位采用的是 150 团 5 口长观井(1♯25 连粮场、2♯3 营部油库、3♯团部玉米场、4♯4 连粮场、5♯5 连粮场)2005 年年初值,运用 ARCGIS 软件进行插值得到研究区分布式地下水位初始情况。

根据实际情况,对研究区地下水侧向补给及排泄情况进行概化。研究区 150 团东南面为 149 团,主要接受 149 团的侧向补给;西北面与通古特沙漠相连,为 150 团地下水主要侧向排泄途径。根据实际地下水位埋深以及含水层土壤的物理条件,边界条件采用 Fixed Head 项定义,模拟计算地下水侧向补给及排泄量。

5) 灌溉量及地下水开采量

根据流域土地利用资料可识别研究区耕地的分布情况及面积,由资料得出耕地面积占研究区总面积的 42.8%。运用 ARCGIS 将耕地资料转化为.shp 格式导入模型灌溉需求模块(Irrigation demand)。由于灌溉取水井分布较细,难以完全确定每个取水井资料,所以模型灌溉模式选择为 Shallow well 即将取水井均匀概化到每一个网格进行计算,灌溉方式选择为 Drip 即将灌溉水概化为地表积水。实际灌溉量根据灌区灌溉制度确定。

对于地下水开采的概化,运用了 MIKE SHE 中的抽水井模块(Pumping Wells)。根据实际情况,可将研究区所有抽水井概化到模型区域内,通过.wel 文件进行输入。根据研究区机井普查情况,可知研究区内共分布有约 200 口抽水井,由于抽水井分布较细,所以将其概化为 40 口井均匀分布在研究区内,按实际抽水量来控制,抽水时间为每年 3—11 月灌溉期。

## 7.4.3 模型参数率定及验证

MIKE SHE 模型参数主要分为两类:一类是由实测数据参考或计算得到,此类参数是对实际情况的真实描述,但存在一定的不确定性,如降水、蒸散发、温度、土地利用、植被参数(叶面积指数 $LAI$、根系分布参数 $RD$)等;另一类是模型中非实测得到的参数,通常需要根据理论参考范围和经验对其进行率定,包括土壤与含水层参数(土壤层厚度、土壤空隙度、土壤入渗湿润峰吸力、饱和土壤水系数、土壤水分特征曲线参数、土壤水力传导系数等)。模型率定的各项参数值见表 7.11。

**表 7.11　研究区模型参数率定表**

| 模块 | 基本参数 | | 率定值 | 单位 |
|---|---|---|---|---|
| 蒸散发 | 经验参数 C1 | | 0.3 | — |
| | 经验参数 C2 | | 0.2 | — |
| | 经验参数 C3 | | 20 | $mm \cdot d^{-1}$ |
| | 根系质量分布参数 AROOT | | 0.25 | $m^{-1}$ |
| | 截流系数 Cint | | 0.05 | mm |
| 非饱和带 | 饱和水力传导度 | 风砂土 | $5 \times 10^{-5}$ | $m \cdot s^{-1}$ |
| | | 龟裂土 | $2 \times 10^{-4}$ | $m \cdot s^{-1}$ |
| | 饱和土壤含水量 | 风砂土 | 0.385 | — |
| | | 龟裂土 | 0.385 | — |
| 饱和带 | 水力传导度 | 含水层1 | $1 \times 10^{-5}$ | $m \cdot s^{-1}$ |
| | | 含水层2 | $1 \times 10^{-6}$ | $m \cdot s^{-1}$ |
| | | 含水层3 | $1 \times 10^{-5}$ | $m \cdot s^{-1}$ |
| | 给水度 | | 0.1 | — |
| | 储水系数 | | $5 \times 10^{-3}$ | $m^{-1}$ |

　　将率定期 2005 年 25 连粮场观测井(1♯井)和 3 营部油库观测井(2♯井)地下水埋深实测值和模拟值进行对比。模拟结果表明,通过调整模型参数,模型能较好地模拟研究区地下水位的变化情况。1♯井地下水位模拟结果如图 7.17,模型效率系数 $R^2$ 为 0.923,相关系数 $R$ 为 0.962;2♯井地下水位模拟结果如图 7.18,模型效率系数 $R^2$ 为 0.843,相关系数 $R$ 为 0.949。2005 年研究区实际灌溉量为 5 218.88 万 $m^3$,其中地面灌 3 064.88 万 $m^3$,滴灌 2 154 万 $m^3$,实际抽水量为 1 802.97 万 $m^3$。根据 MIKE SHE 模型模拟结果和模型 WaterBalance 模块的水量平衡计算结果,2005 年研究区灌溉入渗量为 459.73 万 $m^3$,侧向补给量为 132.77 万 $m^3$,侧向排泄量为 78.64 万 $m^3$,年地下水位平均下降 0.102 m。

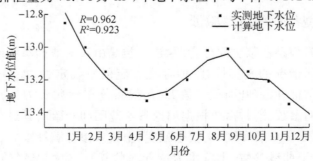

**图 7.17　2005 年 1 号井地下水埋深拟合图**

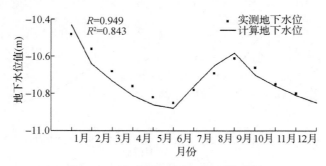

图 7.18 2005 年 2♯井地下水埋深拟合图

将建立并率定好的模型作为基础,输入 2010 年降雨、蒸散发、灌溉量以及抽水量等数据,并将 2010 年初 150 团 5 口长观井的地下水位观测值进行空间插值作为初始条件,进行模型的验证。

经过模型计算,将模型检验期 2010 年 1♯井和 2♯井地下水埋深实测值和模拟值进行对比。1♯井地下水位模拟结果如图 7.19 所示,模型效率系数 $R^2$ 为 0.726,相关系数 $R$ 为 0.907;2♯井地下水位模拟结果如图 7.20,模型效率系数 $R^2$ 为 0.740,相关系数 $R$ 为 0.922。由模型检验结果表明,模型较好地模拟了研究区地下水位的动态变化情况。2010 年研究区实际灌溉量为 5 422.50 万 $m^3$,其中地面灌 2 777.25 万 $m^3$,滴灌 2 645.25 万 $m^3$,实际抽水量为 2 214.16 万 $m^3$。根据 MIKE SHE 模型模拟结果和模型 WaterBalance 模块的水量平衡计算结果,2010 年研究区灌溉入渗量为 416.59 万 $m^3$,侧向补给量为 132.77 万 $m^3$,侧向排泄量为 78.64 万 $m^3$,年地下水位平均下降 0.138 m。

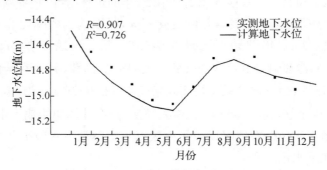

图 7.19 2010 年 1♯井地下水埋深拟合图

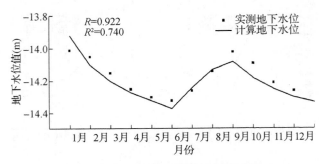

**图 7.20　2010 年 2#井地下水埋深拟合图**

### 7.4.4　节水灌溉情况模拟分析

　　节水灌溉的实施会减少农业用水量,在保证作物正常生长的同时能节约用水,在干旱地区非常适用。同时大面积节水灌溉会减少灌溉对地下水的补给,引起地下水位下降,也可以起到改良盐碱地,防止土壤次生盐渍化的作用。但节水措施的发展会破坏绿洲与沙漠之间的生态交错带,打破原有的生态平衡,造成天然植被减少、下游荒漠化扩大等一系列生态环境问题。同时,除了节水灌溉的大面积实施,地下水的大量开采也是造成地下水位下降的重要因素之一。本研究考虑选择2020 年为规划年,研究其节水灌溉的全面实施引起的地下水变化情况。

　　研究区主要种植作物为冬麦、玉米、棉花、瓜菜、苜蓿、牧草、林地以及其他经济作物等。其中,棉花、瓜菜、林地及其他经济作物的灌溉以滴灌为主。基于已建立的研究区 MIKE SHE 模型,根据规划年 2020 年的预计情况,将各项数据输入模型进行计算。由于研究区气象要素年际变化不大,模型输入的降雨和蒸散发数据采用 2010 年数据;2020 年预计灌溉量 5 046.53 万 $m^3$(地面灌 975 万 $m^3$,滴灌4 071.53万 $m^3$),灌溉制度和灌溉总面积不变,棉花、瓜菜、林地及其他经济作物灌溉方式全部为滴灌;地下水开采量按实际增长率 82.24 万 $m^3$/a 增长,2020 年地下水总开采量按预计量 3 036.56 万 $m^3$ 输入模型;模型计算初始地下水位条件,是根据 2010 年初地下水位分布情况以及研究区每年实际地下水位下降情况计算得到的 2020 年初地下水位分布。

　　根据 MIKE SHE 模型模拟结果和模型 WaterBalance 模块的地下水水量平衡计算结果,可知 2020 年研究区灌溉入渗量为 146.25 万 $m^3$,侧向补给量为 132.77万 $m^3$,侧向排泄量为 78.64 万 $m^3$,年地下水位平均下降 0.224 m。

　　以研究区 2010 年为现状年,与规划年 2020 年进行对比(见表 7.12)。

**表 7.12  2010 年和 2020 年情况对比表**

| 年　份 | 地面灌（万 m³） | 滴灌（万 m³） | 总灌溉量（万 m³） | 滴灌比例 | 灌溉入渗量（万 m³） | 抽水量（万 m³） | 年地下水位变化值（m） |
|---|---|---|---|---|---|---|---|
| 现状年 2010 年 | 2 777.25 | 2 645.25 | 5 422.50 | 48.78% | 416.59 | 2 214.16 | −0.138 |
| 规划年 2020 年 | 975.00 | 4 071.53 | 5 046.53 | 80.68% | 146.25 | 3 036.56 | −0.224 |

与 2010 年相比,2020 年滴灌比例由 48.78% 增长为 80.68%,增长 31.90%; 地下水开采量由 2 214.16 万 m³ 增长为 3 036.56 万 m³,增长 822.4 万 m³;年地下水位平均下降值由 0.138 m 增长为 0.224 m。

可见由节水灌溉和地下水开采增加带来的年地下水位下降值增长了 0.224−0.138＝0.086 m。本研究主要针对节水灌溉滴灌,经过分析,由滴灌比例的增加引起的年地下水位下降的变化值为 0.021 m,对年地下水位下降值变化的贡献比例为 24.7%。由于研究区在玛纳斯河灌区为地下水严重超采区,且年抽水量增量也比较大,所以是引起地下水位下降剧烈的原因之一。经过分析,由地下水开采量增加引起的年地下水位下降的变化值为 0.065 m,对年地下水位下降值变化的贡献比例为 75.3%(见表 7.13)。

**表 7.13  年地下水位下降值的变化(2020 年与 2010 年相比)**

| 地下水位下降因素 | 年地下水位下降值的增加量(m) | 贡献比例 |
|---|---|---|
| 由滴灌比例增加引起 | 0.021 | 24.70% |
| 由地下水开采量增加引起 | 0.065 | 75.30% |
| 总变化量 | 0.086 | |

## 7.5  本章小结

(1) 基于稳定同位素 $\delta^2H$ 和 $\delta^{18}O$ 研究上游山区水库的修建对流域地表-地下水转化影响,以山区肯斯瓦特水文站的水循环关键过程为研究对象,建立玛纳斯河陆地—大气系统水文循环模型。结果表明,中下游地下水主要来源于邻近地表水和地下水的共同补给,尤其是深层地下水受地表水和降雨的入渗补给十分微弱,其组成主要来自地下水垂向和侧向补给。相比于参与调度前,肯斯瓦特水库参与调度后灌区水库群年渗漏损失将增大,丰、平、枯水平年水库群年渗漏损失分别增加969.4 万 m³、694.7 万 m³、193.9 万 m³。

(2) 以来水频率 $P=25\%$、$P=50\%$、$P=75\%$ 确定相应的典型年,对玛纳斯河流域灌区进行水均衡计算,进行输配水渠道防渗对水循环影响机理研究,结果表明,随着河道径流量减少,灌区续建及节水改造工程的实施,渠系及田间水利用系数逐渐提高,灌溉定额逐渐变小,但渠系及田间入渗对地下水的补给量随之减少。灌区地下水补给量呈下降趋势,对地下水补给量减少约10%。

(3) 大面积滴灌措施对绿洲农田水循环的影响机理研究中,采用蒸渗仪法计算大面积膜下滴灌措施下的实际蒸发量,并设置试验计算潜水蒸发量。结果表明地膜覆盖可以有效减少地表蒸发,降低31.8%的土壤水损失。膜下滴灌下的土壤水分分布的垂直规律表现为试验区0~20 cm土层含水量随试验日期的延长呈减小趋势;20~60 cm土层含水量随不同时期灌水量的大小而变化,呈升高-降低的趋势;60~100 cm土层含水量在试验过程中呈上升趋势。

(4) 根据基于MIKE SHE模型建立的自然-人工复合水循环模型,模拟2020年研究区灌溉入渗量为146.25万$m^3$,侧向补给量为132.77万$m^3$,侧向排泄量为78.64万$m^3$,年地下水位平均下降0.224 m。

# 8 节水条件下玛纳斯河流域生态水文响应研究

## 8.1 节水条件下绿洲化、盐漠化植被演化对水-盐动态响应

玛纳斯河河水是玛纳斯河流域的主要水源,同时开采部分地下水,地表水与地下水在盆地不同灌区转化复杂。灌溉引水主要在绿洲区进行转化和消耗,在地表水转化为土壤水后,大部分通过植被蒸发作用进入大气,一部分通过裸地蒸发进入大气,其余部分则通过深层渗漏补给地下水,土壤水处于水分转化的核心环节;由于灌溉水补给地下水,引起地下水位抬升,且绿洲区处于相对较高的地势,从而造成绿洲区地下水向荒漠区的迁移,迁移的强度主要取决于灌溉制度。

### 8.1.1 蒸腾发与土壤盐分空间分布的动态响应关系

土壤含盐量在垂直方向随水分不断迁移,在水平方向受空间变异性的影响差异显著,因而各土层土壤含盐量空间分布呈现不同的格局。气候条件、土壤成土母质、地形地貌、地下水埋深矿化度、人类灌溉施肥等对土壤盐分空间分布影响较大,玛纳斯河灌区棉田土壤盐分空间分布受其综合作用呈现出一定的规律。

作物蒸发蒸腾量是土壤-植物-大气连续体中水分运移的重要环节,是水循环、水平衡的基本要素。在土壤中,盐分和水分遵循"盐水同移"的规律,作物根系在吸收水分、养分的同时,会把深层土壤中的盐分带到根系层,也会把地下水中的盐分带入耕作层,部分藏盐、泌盐植物残体分解和分泌物散落时,体内的有害盐分直接累积在表土,这些都会改变盐分含量在土壤中的分布情况。

作物蒸发蒸腾量虽对土壤盐分空间分布间接起作用,但不可忽视。从图 8.1 可以看出,玛纳斯河流域平原灌区棉花生育期蒸发蒸腾量变化范围不大,介于 413.41~444.32 mm 之间,大致呈现从东南向西北逐渐递增的趋势。范文波等研究结果表明玛纳斯河流域温度是影响参考作物蒸发蒸腾量的最主要因素。玛纳斯河灌区位于天山北坡、毗邻古尔班通古特沙漠南缘,地势、地形存在差异,不同纬度、海拔、地形类型的温度也存在差异,导致棉花生育期蒸发蒸腾量较低的地区分

布在南部山前地区,较高的地区分布在北部沙漠边缘;同时,气温还受到局部下垫面的影响,中部平原水库集中及河网密集的地区气温相对较低,致使其棉花生育期蒸发蒸腾量也较低。结合土壤盐分空间分布情况可以发现,土壤盐分含量较高的玛纳斯河下游比中部水库集中区受棉花蒸发蒸腾量的影响大,而土壤盐分含量较低的东北部莫索湾灌区比南部山前地区受棉花蒸发蒸腾量的影响大。

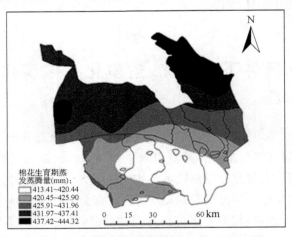

图 8.1　棉花生育期蒸发蒸腾量的空间分布格局

## 8.1.2　土壤-地下水水盐传输过程机理

影响盐分现代迁移的主要因子是水循环,如果说地学因子对盐分迁移的作用是全局的、长期的、渐近式的,则水资源的开发规模和方式则能快速改变盐分的迁移与聚集状态。为此,主要针对土壤的水分、盐分时空迁移规律及影响机理进行研究,为节水滴灌技术的可持续应用提供理论依据,同时将是指导和制定节水条件下作物灌溉制度的重要理论依据,特别是在玛纳斯河流域平原灌区,它将直接影响着节水型农业和节水型社会的建设,对该灌区农业节水灌溉产生重大的生态效益和社会效益,促进区域生态环境良性发展、绿洲农业可持续发展等方面将具有重大的战略意义和现实意义。

1) 土壤水溶性含盐量与电导率之间关系

以区域采样点土壤含盐量数据为基础,分析土壤水溶性盐含量与电导率的关系,快速、准确地测定土壤含盐量,为空间变异性研究提供基础实验方法。

土壤水溶性盐常用的测定方法有残渣烘干法(直接法)和电导法(间接法),残渣烘干法较为准确,但操作繁琐,比较浪费能源和时间;电导法简便、快捷,测定后溶液还可继续测定其离子组成。目前,随着科学技术的不断发展,电导率仪的制造技术也在不断地改进,温度和电极常数的校正可在仪器上直接补偿,这就使得电导法的应用更为广泛,普遍被科研和生产单位青睐,很有可能取代残渣烘干法,甚至一些学术论文在公开发表时已直接用电导率大小表示含盐量的高低,但在国内习惯上仍使用含盐质量百分数。土壤质地、土壤水分、土壤盐分的组成及离子比例对土壤浸出液电导率有很大的影响,因此,有必要研究本地区土壤水溶性盐含量与电导率之间的关系。

以土壤浸出液电导率为横坐标,残渣烘干法土壤水溶性盐含量为纵坐标,对110 个土壤样品实验结果作散点图(见图 8.2)。然后,进行函数模型选择和回归分析。

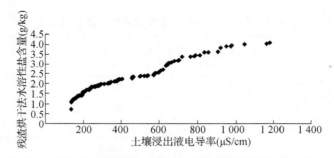

**图 8.2  土壤浸出液电导率与残渣烘干法水溶性盐含量的散点图**

根据散点图的形状,选择了形似的 5 种函数模型(一次函数 $y=ax+b$、二次函数 $y=ax^2+bx+c$、指数函数 $y=ae^{bx}$、对数函数 $y=a\ln x+b$ 和幂函数 $y=ax^b$,进行回归拟合,回归方程见表 8.1。

**表 8.1  土壤浸出液电导率与其残渣烘干法水溶性盐含量之间的最优函数模型**

| 编  号 | 曲线类型 | 回归方程 | $R^2$ |
|---|---|---|---|
| 1 | 一次函数 | $y=0.003x+0.965\ 7$ | 0.965 4** |
| 2 | 二次函数 | $y=-8\times10^{-7}x^2+0.003\ 9x+0.789\ 6$ | 0.970 5** |
| 3 | 指数函数 | $y=1.233\ 2e^{0.001\ 3x}$ | 0.887 2** |
| 4 | 对数函数 | $y=1.301\ 5\ln(x)-5.407\ 1$ | 0.944 6** |
| 5 | 幂函数 | $y=0.071\ 2x^{0.576\ 8}$ | 0.958 3** |

注:** 表示在 0.01 水平(双侧)上显著相关。

结果表明,上述 5 种函数模型的相关系数均显著,可实现供试土壤浸出液电导率与其残渣烘干法土壤水溶性盐含量之间关系的回归拟合。其中一元二次函数拟合性最好,指数函数拟合性最差。考虑当土壤水溶性盐含量为零时,电导率应为零;当土壤水溶性盐含量达到饱和时,电导率应趋于某一值。选择幂函数表达式作为本地区土壤浸出液电导率与其残渣烘干法土壤水溶性盐含量的经验公式,这充分说明通过测定土壤浸出液电导率求算土壤水溶性盐含量是可行的。

　　为了验证上述幂函数回归方程的有效性和实用性,从 110 个供试土壤样品中分层抽取 10 个样品,以电导法和残渣烘干法为基础,将电导法所测的电导率值代入幂函数方程 $y=0.071\,2x^{0.576\,8}$ 中,求算土壤水溶性盐含量,检验结果见表 8.2。从表 8.2 可以看出,利用拟合性最优的幂函数求算的土壤水溶性盐含量与残渣烘干法测得的结果基本一致,两者的最小绝对误差为 $-0.003\,0$ g/kg,最大为 0.206 5 g/kg;最小相对误差为 0.21%,最大为 7.22%,平均为 2.99%,可以满足生产实践的精度要求(一般认为相对误差小于 5.00% 即可)。因此,该经验公式可以在本地区应用。

表 8.2　土壤水溶性盐含量实测值和计算值的比较

| 样品编号 | 电导率<br>($\mu$S/cm) | 水溶性盐含量①<br>(g/kg) | 水溶性盐含量②<br>(g/kg) | 绝对误差<br>(g/kg) | 相对误差<br>(%) |
|---|---|---|---|---|---|
| 1 | 179.7 | 1.425 0 | 1.422 0 | −0.003 0 | 0.21 |
| 2 | 233.0 | 1.675 0 | 1.651 9 | −0.023 1 | 1.38 |
| 3 | 364.0 | 2.100 0 | 2.136 6 | 0.036 6 | 1.74 |
| 4 | 458.0 | 2.275 1 | 2.439 3 | 0.164 2 | 7.22 |
| 5 | 571.0 | 2.750 0 | 2.770 2 | 0.020 2 | 0.73 |
| 6 | 673.0 | 2.983 5 | 3.045 6 | 0.062 1 | 2.08 |
| 7 | 836.0 | 3.245 0 | 3.451 5 | 0.206 5 | 6.36 |
| 8 | 921.0 | 3.823 0 | 3.649 8 | −0.173 2 | 4.53 |
| 9 | 1 048.0 | 4.050 5 | 3.932 1 | −0.118 4 | 2.92 |
| 10 | 1 180.0 | 4.100 0 | 4.210 6 | 0.110 6 | 2.70 |
| 平均值 | — | — | — | — | 2.99 |

注:水溶性盐含量①为残渣烘干法测定的结果,②为经验公式求算的结果。

### 2) 不同土壤质地土壤-地下水水盐垂直分布

　　土壤盐分的垂直分布可以揭示土壤盐分的运移规律,是预防和改良土壤盐碱的基础。八师石河子市 150 团驼铃梦坡 ST 砂土盐分分布如图 8.3 所示,从图中可以看出,在 0～150 cm 土壤含盐量随深度的增加而增加。砂土取样处为沙漠沙丘边缘,土壤表面 0～20 cm 土壤含盐量平均达 4.72 g/kg。在 0～100 cm 深度范围内土壤盐分增加较快,在 100 cm 深度以下土壤盐分增加较慢。

　　八师石河子市 149 团古尔班通古特沙漠南缘 SRT 沙壤土盐分分布如图 8.4 所示。从图中可以看出,60 cm 处为拐点,0～60 cm 土壤含盐量随深度的增加而增加,在 60 cm 处达到最大值(最大含盐量为 17.32 g/kg),60 cm 以后土壤含盐量随深度的增加而减少。沙壤土取样处为沙漠边缘沙生植物带,土壤表面盐分较高,0～20 cm 土壤含盐量平均近 4 g/kg。

石河子大学西郊农试场二连现代节水灌溉兵团重点试验室 ZRT 中壤土盐分分布如图 8.5 所示。从图中可以看出,20 cm、60 cm、80 cm 三处为明显的拐点。在 0～20 cm 土壤含盐量随深度的增加而增加,在 20 cm 处达到最大值(最大含盐量为 2.995 g/kg)。在 20～60 cm 土壤含盐量随深度的增加而减少,在 60 cm 处达到最小值(最小含盐量为 0.63 g/kg)。在 60～80 cm 土壤含盐量随深度的增加而再次增加,在 80 cm 处达到极大值(含盐量为 1.13 g/kg)。80 cm 以后土壤含盐量随深度的增加而不断减少。中壤土取样处为耕作良好的农田,土壤的含盐量在表层较高,反映了灌溉农田表面的盐分聚积,应在作物生育期结束后,进行农田盐分的淋洗。

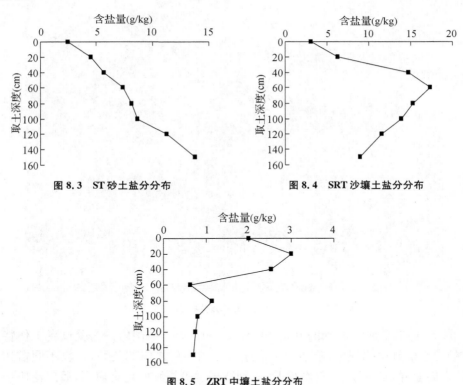

图 8.3　ST 砂土盐分分布　　　　　图 8.4　SRT 沙壤土盐分分布

图 8.5　ZRT 中壤土盐分分布

3) 流域上土壤-地下水水盐垂直分布特征

研究选择玛纳斯河流域平原灌区为研究对象,以玛纳斯河流域平原灌区 2014 年 4 月下旬(春耕前)、10 月中下旬(秋收后)的土壤采样数据为基础,对土壤盐分及其组成离子的空间分布进行分析研究。根据前人的研究理论和研究成果,选择土壤盐分 pH、电导率、总盐含量、各组分盐分离子、质地等要素,采用经典统计学、地统计学方法原理、结合 GIS 技术,运用普通克里格插值法对未测点的土壤盐分各要素进行最优估计,绘制它们的含量分布图,从而直观地反应研究区土壤盐分各要素的空间分布特征。

　　以研究区地形图、水系图、灌区图和遥感影像为基础底图,综合考虑区域地貌特征、土壤类型、土地利用状况等因素,设计间距为 10 km 的采样点网格(见图 8.6)。采用 GPS 定位技术于 2014 年 4 月下旬(春耕前)和 10 月中下旬(秋收后)进行土壤样品采集,根据实际采样点情况对设计采样点进行复核调整。

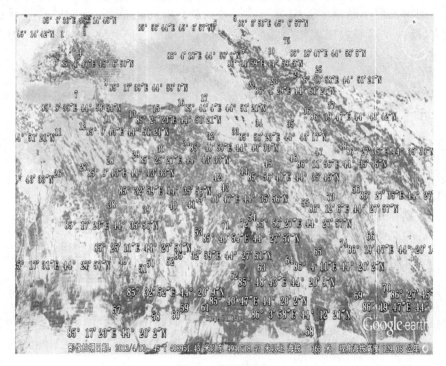

**图 8.6　取样点分布**

　　ROC 曲线(receiver operating characteristic curve,国内译为受试者工作特征曲线)源于信号探测理论,最早用于描述信号和噪声之间的关系,比较不同雷达之间的性能差异,在气象学、材料检验、心理物理学等领域中均有应用,后广泛应用于医学诊断试验性能的评价。该方法通过改变诊断阈值,可获得多对真(假)阳性率值;以假阳性率(1-特异性)为横坐标,真阳性率(灵敏度)为纵坐标作图得到曲线。通过 ROC 曲线下的面积(AUC 值),反映诊断试验的价值。绝大多数诊断 AUC 值介于 0.5~1.0 之间,当 AUC 值等于 1.0 时,表明诊断效能是完美的,没有假阳性和假阴性错误;当 AUC 值等于 0.5 时,表明诊断方法完全不起作用,无诊断价值;

在 $AUC$ 值>0.5 的情况下，$AUC$ 越接近于 1，说明诊断效果越好。

将春耕前采集土样视为"患病"，秋收后采集土样作为"对照"，0～100 cm（取土间隔为 10 cm）各土层土壤含盐量作为"试验诊断"，这样可以借用试验诊断评价的方法来评价各土层深度土壤含盐量与取样时间的响应关系。各土层深度土壤含盐量的 ROC 曲线见图 8.7。表明研究区表层土壤盐分变化剧烈，一次取样表层土壤盐分有别于其他土层，春耕前、秋收后两次取样表层土壤盐分变化敏感于其他土层。土壤盐分分布类型有表聚型、中聚型和底聚型，表层土壤盐分变化剧烈间接说明研究区土壤盐分存在表聚现象，蒸发量远大于降水量，地膜覆盖、膜下滴灌是造成表层土壤盐分变化剧烈的原因。

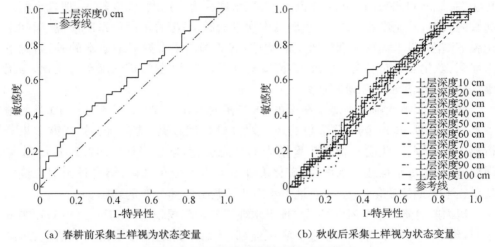

（a）春耕前采集土样视为状态变量     （b）秋收后采集土样视为状态变量

图 8.7  各土层深度土壤含盐量的 ROC 曲线

### 4）流域上土壤盐分空间分布

基于采样点数据，结合普通克里金插值分析方法，选取二阶趋势以及应用各向异性变差函数获得了玛纳斯河流域平原灌区土壤盐分的空间分布格局。研究区土壤盐分不是随机分布，具有明显的连续变化，存在局部聚集现象。

春耕前采样土壤盐分的空间分布格局，秋收后采样土壤盐分的空间分布格局。总体来说，春耕前、秋收后表层土壤盐分的分布不一致，这是因为采样年春耕前到秋收后，受强烈的人类活动和特殊的自然条件影响，土壤水盐发生了重新分配。盐随水来也随水去，表层土壤含盐量的低值区位于研究区的南部山区和东北部地下水埋深较深、灌溉水水质好的地区；土壤含盐量的高值区主要分布在平原水库周围，水库渗漏导致该地区地下水埋深浅，这就给土壤水盐垂向运移提供了基本条件；玛纳斯河流域自东向西有 5 条主要河流，这些河流进入灌区后通过水利工程措施，河水被引入渠道储存在水库中，原河道基本没有流水，但是盐分却被常年累计在这里,特别是玛纳斯河,进入下野地灌区后,河道近似沿着等高线,水流速度慢有利于盐分的累积和地下水的补给,加之该灌区处于玛纳斯河的下游,地势低平,地下水埋深浅,更有助于土壤水盐的垂向迁移。对比分析生育期始末膜下滴灌棉田表层土壤含盐量分布状况,能够在一定程度从流域尺度揭示膜下滴灌水盐运移规律以及自然条件、人类活动对土壤盐分分布的影响。

### 8.1.3　地下水与土壤盐分空间分布的动态关系

玛纳斯河流域平原灌区土地在开垦前,地下水在自然状态下达到动态平衡,埋深年际变化很小,矿化度多年变化也较为稳定,土壤处于自然脱盐或残余盐化、碱化状态;开垦初期采用传统大水漫灌,地下水埋深上升速度、幅度较大,加之土壤洗盐水的入渗,矿化度逐年增加,土壤发生次生盐碱化;随着水库渠系防渗漏、田间采用膜下滴灌、科学灌溉管理等措施的实施,有效抑制了渗漏对地下水的补给,地下水埋深、矿化度相对稳定。因此,有必要对灌区地下水埋深、矿化度动态变化、与土壤含盐量变化量的关系进行研究。

基于兵团第八师水利局在布设的 68 口潜水观测井 2014 年 4 月至 10 月的地下水埋深资料,2014 年 5 月采集的地下水样矿化度数据,结合前人的研究成果分析地下水埋深、矿化度在棉花生育期内的动态变化,辅以 ArcGIS10.2 中 EBK 空间插值,得到月平均地下水埋深、矿化度在空间上的分布规律,结合各土层土壤含盐量在生育期的变化情况,分析地下水对土壤盐分空间分布的影响。

玛纳斯河流域平原灌区月平均地下水埋深变化范围较大,介于 4.00~111.70 m 之间,玛纳斯河中游石河子和金安灌区北部、下游下野地灌区东南为低值区,玛纳斯河灌区的南部、东部和西北角为高值区,地下水埋深空间分布与玛纳斯河灌区地势走向存在相同之处。地下水动态变化后该区域地下水埋深很容易达到临界深度以下,易造成土壤次生盐碱化,结合土壤盐分空间分布情况可以发现,这些区域土壤盐分含量也比较高,说明地下水埋深是影响该区域土壤含盐量的重要因素,这些区域土壤虽未产生次生盐碱化,但发生的可能性比较高。

## 8.2　节水条件下水-土-植被系统对绿洲化盐漠化动态响应

玛纳斯河流域平原灌区是我国第四大灌溉农业区和重要的棉花生产基地,军垦战士在下野地小拐垦区种出了第一块新疆的棉花地,121 团最早成功试验棉花膜下滴灌技术,到 2014 年新疆生产建设兵团棉花种植面积已达 $7.01 \times 10^5$ hm²。土壤盐分含量是制约灌区农业生产的重要因素,当土壤含盐量在适宜的范围内能增产增效；当土壤含盐量超过某一限度，会抑制作物的正常生长导致土壤盐碱化。

　　节水灌溉后对环境效应影响的关键是节水灌溉下的土壤剖面上的水盐运移规律和盐分在剖面上的积累情况。水盐运移模型已经成为研究土壤水盐运移问题的重要手段之一，为了能够更加准确、详细地掌握不同覆膜条件下的土壤水盐运移，本研究利用 HYDRUS-2D 软件对玛纳斯河流域平原灌区的盐分进行了模拟，通过对比实测值和模拟值的对比评价模型的适用性，以其用模型模拟更多的田间灌水模式，更好地解决生产实践中出现的问题。

　　HYDRUS-2D 是一种可用来模拟分析水流和溶质在非饱和多孔隙媒介中运移的环境数值模型，水流状态为三维饱和—非饱和达西水流，忽略空气对土壤水流的影响，水流控制方程采用修改过的 Richards 方程，此外，该模型可以灵活处理各类水流边界，包括定水头和变水头边界、给定流量边界、渗水边界、大气边界以及排水沟等。在今后我们可以利用识别的田间水盐运移模型，预测不同灌溉条件土壤水盐变化，确定合理田间灌溉量。

## 8.2.1　数值模型模拟

　　假定土壤各土层均匀、各项同性，可以忽略气象因素的影响，水分运动时不影响土壤结构，水分运动基本方程采用 Richards 方程进行数值求解。

$$\frac{\partial \theta}{\partial t}=\frac{\partial}{\partial x}\left[K(0)\frac{\partial h}{\partial x}\right]+\frac{\partial}{\partial y}\left[K(0)\frac{\partial h}{\partial y}\right]+\frac{\partial}{\partial z}\left[K(0)\frac{\partial h}{\partial z}\right]\pm\frac{\partial K(0)}{\partial z} \tag{8.1}$$

式中：$\theta$——土壤体积含水率（$cm^3/cm^3$）；

　　　$h$——土壤负压水头（cm）；

　　　$K(0)$——土壤非饱和含水率（cm/h）；

　　　$t$——时间（h）；

　　　$x$、$y$、$z$——空间坐标，原点在土层的上边界，向下为正。

土壤水力函数选择 Van Genuchten 公式，其表达形式为：

$$\theta_e=\frac{\theta(h)-\theta_r}{\theta_s-\theta_r}=(1+|\alpha h|^n)^{-m} \tag{8.2}$$

$$K(\theta)=K_S\,\theta_e^{\frac{1}{2}}\left[1-(1-\theta_e^{\frac{1}{m}})^m\right]^2 \tag{8.3}$$

式中：$K_s$——土壤饱和导水率（cm/d）；

　　　$\theta_e$——土壤相对饱和度；

　　　$\theta_r$——土壤剩余体积含水率；

　　　$\theta_s$——土壤饱和体积含水率；

　　　$\theta(h)$——土壤体积含水率（$cm^3/cm^3$）；

　　　$h$——负压水头（cm）；

　　　$K(\theta)$——土壤非饱和导水率（cm/h）；

　　　$n$、$m$、$\alpha$——均为经验参数。其中 $m=1-1/n$，$\alpha$ 是与土壤物理性质有关的
　　　　　　　　　参数；

　　　$l$——经验拟合参数，通常取平均值 0.5。

　　选择土壤可溶盐（可随水流移动）为研究对象，以土壤水矿化度为主要指标，根据多孔介质溶质运移理论，建立饱和——非饱和土壤溶质运移数学模型

$$\frac{\partial(\theta c)}{\partial t}=\frac{\partial}{\partial x}\left(D_{ij}\frac{\partial C}{\partial x}\right)+\frac{\partial}{\partial y}\left(D_{ij}\frac{\partial C}{\partial y}\right)+\frac{\partial}{\partial z}\left(D_{ij}\frac{\partial C}{\partial Z}\right)-\frac{\partial(q_i\theta)}{\partial z} \tag{8.4}$$

式中：$c$——溶质浓度（g/cm³）；

　　　$q_i$——水流通量（cm/h）；

　　　$D_{ij}$——扩散度（cm²/d）；

　　初始条件设定为初始含水量和初始含盐量，用下式来表示：

$$h(x,z,0)=h_0(x,z)(0\leqslant x\leqslant X,0\leqslant z\leqslant Z) \tag{8.5}$$

$$C(x,z,0)=C_0(x,z)(0\leqslant x\leqslant X,0\leqslant z\leqslant Z) \tag{8.6}$$

　　滴灌条件下描述地表积水的运动边界数学的线源形式如下：

$$\begin{cases} h(x,0,t)=h_0(0\leqslant x\leqslant X_{\text{pond}(t)}) \\ \int_0^{X_{\text{pond}(t)}} q_{V,T,X}\,\mathrm{d}x=Q(t) \end{cases} \tag{8.7}$$

　　非积水的土壤表面，水分运动的边界为通量边界：

$$q_{V,T,X}=P(t)-E_a(t)(X_{\text{pond}(t)}<x\leqslant X) \tag{8.8}$$

　　地表溶质运移的边界使用通量边界形式：

$$f_{V,T,X}=q_{V,T,X}\cdot c_{irri}\ (0\leqslant x\leqslant X_{\text{pond}(t)}) \tag{8.9}$$

$$f_{V,T,X}=0(X_{\text{pond}(t)}<x\leqslant X) \tag{8.10}$$

　　下边界条件中土壤水分与溶质都假定为第一类边界：

$$h(x,z,t)=h_z(x,t)(0\leqslant x\leqslant X) \tag{8.11}$$

$$C(x,z,t)=C_z(x,t)(0\leqslant x\leqslant X) \tag{8.12}$$

　　左边界和右边界，根据对称性，土壤水分与溶质都为零通量边界：

$$\frac{\partial h}{\partial x}=0,x=0,X(0\leqslant z\leqslant Z) \tag{8.13}$$

$$\frac{\partial h}{\partial z} = 0, x = 0, X(0 \leqslant z \leqslant Z) \tag{8.14}$$

以上公式中，$X$、$Z$分别表示模拟区的宽度和高度；$h_0$、$C_0$分别表示基质势与溶质浓度初始值；$t$是模拟时间；$X_{pond}$表示滴灌时地表的积水宽度；$q_{V,T,X}$与$f_{V,T,X}$分别表示地表水分与溶质入渗通量；$Q$表示滴头流量；$P$与$Ea$分别表示降雨与实际蒸发；$C_{irri}$表示灌水中溶质的浓度；$h_z$与$C_z$分别表示下边界基质势与溶质的浓度。

## 8.2.2　土壤水盐运移模拟及规律分析

准确掌握节水条件下土壤盐分的分布及运移规律，对绿洲农业的可持续发展有着重要意义。为此我们在前节的基础上对土壤水盐运移规律进行了模拟，以便更加准确地掌握滴灌棉田下土壤水盐运移特点。土壤的水力参数见表 8.3 对于这些参数是利用土壤粒径和土壤容重通过模型中的反推程序获得的。

**表 8.3　土壤水盐运移参数**

| $\theta_s$ (cm³/cm³) | $\Theta_r$ (cm³/cm³) | $\alpha$ (cm⁻¹) | $n$ | $K_s$ (cm/d) | $l$ (cm/d) |
|---|---|---|---|---|---|
| 0.38 | 0.068 | 0.008 | 1.09 | 105.3 | 0.5 |

采用试验区土壤电导率值试验实测数据进行模拟，得到如图 8.8。

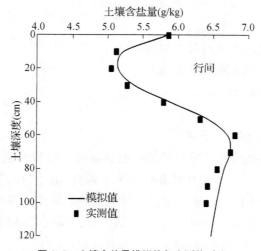

**图 8.8　土壤含盐量模拟值与实测值对比**

变化的实测值与模拟值对比，模拟值和实测值的变化规律基本一致，总体比较接近。盐分主要在 40～60 cm 范围内聚积，这和前面从试验数据分析的结果一样，从模拟结果来看,模型可以很好地模拟水盐运移规律。在试验的模拟过程中土壤蒸发参数、棉花蒸腾参数、土壤水分运移参数以及溶质运移的参数测定与选取非常重要。

## 8.3　节水条件下植被水分传输过程对潜水埋深的响应

### 8.3.1　研究方法

**1) 梭梭、柽柳的生理指标的监测**

各种生理指标每个月中旬测定一次,每次取样 3 次,取其平均值,其中梭梭、柽柳的叶绿素的测定方法为酒精萃取法,由于试验条件的限制,只测量了大学试验站梭梭、柽柳的叶绿素,脯氨酸的测定方法为磺基水杨酸提取法(制作脯氨酸的标准曲线,式(8.15)和式(8.16)),丙二醛的测定方法为硫代巴比妥酸法:

$$C = 6.837 \times A_{520} + 0.936 \qquad R^2 = 0.966, \ N = 14 \qquad (8.15)$$

$$M = (2C \times V_T)/(W \times V_S) \qquad (8.16)$$

式中:$C$——标准曲线上获得脯氨酸的质量($\mu g/2 \ mL$);

　　　$A_{520}$——波长 520 nm 下的吸光值;

　　　$M$——脯氨酸的含量($\mu g/g$);

　　　$V_T$——表示提取溶液的总体积(mL);

　　　$V_S$——表示被测溶液的体积(mL);

　　　$W$——样品的质量(g);

　　　$N$——样本数。

**2) 梭梭和柽柳的生长测定**

用自制的标有刻度的竹竿作为尺子,测量梭梭和柽柳的冠幅、株高,采用精度为 0.01 mm 的游标卡尺,测量梭梭和柽柳树干东西、南北向的基径(每次测量同一位置),取平均值作为直径,自制一根没有伸缩性或是伸缩性很小的绳子,选定固定位置围绕树干一周,在尺子上测量其相应长度,作为胸周长,用卷尺测新枝的长度。这几个指标每隔 7~10 d 测定一次。

**3) 地下水的监测**

地下潜水的观测用 LEVEL LOGGER 地下水水位自动记录仪观测,试验期间隔 7~10 d 采集一次数据,并采集水样,测其矿化度。

### 8.3.2 不同潜水埋深下梭梭、柽柳茎流特性和光合蒸腾特性分析

#### 1）不同潜水埋深下梭梭、柽柳基径茎流速率日变化规律

ESTDP 茎流计测定的是单株树干液流的变化值，故要对所测得数据进行平均处理，得到反映单株树干的液流数据。茎流是指在植物体内由于蒸腾作用而引起的上升液流，液流的动力是"上拉下压"，"上拉"指的是由于蒸腾作用而在植物体内产生的拉力，"下压"指的是由于根部吸水而产生的根压；而树体内液体流动主要动力是蒸腾拉力，因此，树干液流流动的快慢，可以反映植株蒸腾速率的变化。

分析不同潜水埋深下梭梭、柽柳的茎流速率日变化规律，同时将天气划分为不同类型，分析在不同天气下梭梭、柽柳茎流速率的变化规律。

（1）不同潜水埋深下梭梭、柽柳茎流速率的日变化规律

如图 8.9 所示是不同潜水埋深下梭梭的径流速率日变化规律图，在不同潜水埋深下，梭梭的茎流速率日变化规律表现近似相同，在夜间都有茎流速率，试验站梭梭的茎流速率很小，但不为零，补充植物白天蒸散发丧失的水分。在潜水埋深 11～13 m 时，试验站的梭梭的茎流速率启动时间为早上 8:00，在很短时间内梭梭的茎流速率变化很大，在上午 10:20 达到最大值，为 0.278 g/(m² · h)，而后试验站的梭梭的茎流速率虽然在某个时间段内会略有上升，但总体呈现下降的趋势；在潜水埋深 15～17 m 时，150 团的梭梭茎流速率的启动时间在早上 8:00，而后在很短的时间内茎流速率增加到最大，到达第一个茎流速率峰值的时间为 10:20 左右，在下午仍会出现茎流速率的峰值，150 团梭梭 1 下午出现茎流速率峰值的时间分别为 16:00 和 18:40，150 团梭梭 2 下午出现茎流速率峰值的时间分别为 14:00 和 17:20，略早于 150 团梭梭 1 出现茎流速率峰值的时间。

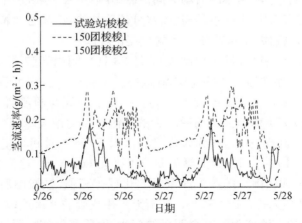

图 8.9 不同潜水埋深下梭梭的茎流速率日变化规律图

　　如图 8.10 所示,在不同潜水埋深下,柽柳的茎流速率日变化规律表现近似相同,在夜间有茎流速率,补充植物白天蒸散发丧失的水分。在潜水埋深 11～13 m 时,试验站柽柳的茎流速率启动时间很早,在晚上 22:00 后液流就开始启动了,随后在上午 10:00 达到最大值,而后试验站的柽柳茎流速率总体呈现下降的趋势;在潜水埋深 15～17 m 时,150 团柽柳茎流速率的启动时间为晚上 22:00,到达早上茎流速率峰值的时间为 8:00 左右,在下午仍会出现茎流速率的峰值,150 团柽柳 1 下午会出现较小的茎流速率回升的现象,到达茎流速率峰值的时间为 16:00 左右,150 团柽柳 2 下午会出现较明显的茎流速率回升现象,到达茎流速率峰值的时间为 16:00 左右。

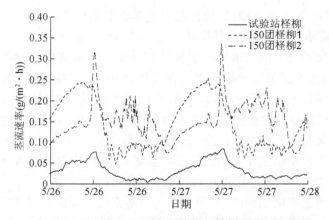

**图 8.10　不同潜水埋深下柽柳的茎流速率日变化规律图**

　　在不同潜水埋深下,梭梭、柽柳的茎流速率的各自启动时间相同,潜水埋深的不同对梭梭、柽柳的茎流速率的启动时间没有影响;梭梭、柽柳的冠幅越大,蒸腾耗水量越大,为保证植物正常的生长需水,水分传输加快,茎流速率增大。

　　(2) 不同天气梭梭、柽柳茎流速率的日变化规律

　　如图 8.11 所示是试验站雨前晴天(7 月 28 日)、阴雨天(7 月 29 日)和雨后晴天(7 月 30 日)三种类型天气的梭梭茎流速率日变化图。由图可看出,凌晨梭梭的茎流速率较小,大多在 0.013 g/(m² · h)左右,雨后晴天与雨前晴天的茎流速率启动时间相同,梭梭在雨前晴天与雨后晴天的茎流速率的最大峰值分别为:0.043 g/(m² · h)、0.035 g/(m² · h),均为多峰型。阴雨天(下雨时间为凌晨 4:00—5:00)最大峰值出现时间为 10:20,最大峰值是 0.047 g/(m² · h),也为多峰型。梭梭雨后晴天、雨前晴天和阴雨天的茎流速率日变化规律相似,梭梭雨后晴天、雨前晴天的夜间茎流速率比凌晨茎流速率大。阴雨天梭梭凌晨的茎流速率小于晴天茎流速率。阴雨天梭梭的茎流速率有一个明显的变化,而后和雨前晴天、雨后晴天的茎流速率日变化规律类似。

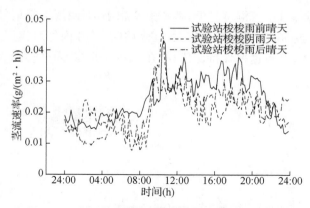

图 8.11  三种天气试验站梭梭基茎流速率日变化规律图

在阴雨天,太阳辐射强度减小,空气温度低,空气湿度大,梭梭的茎流速率的变化幅度降低,降雨时,叶片内外水汽压差变小,气孔开始关闭,蒸发减小,梭梭的茎流速率保持低值,梭梭雨前晴天、阴雨天和雨后晴天茎流速率的平均值大小为:雨前晴天>雨后晴天>阴雨天;在阴雨天梭梭的茎流速率在下雨前后有一个明显的变化是由于降雨时,空气温度和空气相对湿度都有较明显的变化,叶片内外水汽压差变小,气孔开始关闭,进而影响茎流速率,使茎流速率减小。

在晴天白昼太阳辐射较大,温度高,植物蒸腾量大,茎流速率较高,茎流速率主要受太阳辐射和温度影响,故雨后晴天与雨前晴天的茎流速率日变化规律相同。阴雨天梭梭茎流速率小于晴天茎流速率,是因为阴雨天太阳辐射比晴天小,温度低,植物蒸腾量小,茎流速率比较小。阴雨天梭梭夜间茎流速率较晴天小,其原因是在阴雨天梭梭白天的蒸腾量不大,不需要大量补充水分。

如图 8.12 是试验站柽柳雨前晴天(7 月 28 日)、阴雨天(7 月 29 日)和雨后晴天(7 月 30 日)三种类型天气的茎流速率日变化图。由图可知,柽柳雨前晴天和雨后晴天茎流速率日变化规律也相同,雨后晴天与雨前晴天的茎流速率启动时间相同,柽柳在雨前晴天茎流速率的最大峰值的为 0.058 g/(m² · h),雨后晴天的茎流速率的最大峰值为 0.073 g/(m² · h),阴雨天茎流速率的最大峰值为 0.116 g/(m² · h)。在阴雨天(下雨时间 4:00—5:00)柽柳的茎流速率在凌晨 4:00—5:00 时(下雨中)有一个突变性的增大和减小,其原因是降雨时,空气温度和相对湿度都有明显变化,叶片内外水汽压差变小,气孔开始关闭,使茎流速率减少,而后和其他天气的茎流速率日变化规律类似。

不同于试验站梭梭的茎流速率平均值大小是雨前晴天>雨后晴天>阴雨天,试验站柽柳的茎流速率平均值大小顺序为:阴雨天>雨后晴天>雨前晴天。柽柳的茎流速率虽然和梭梭的茎流速率一样受到太阳辐射、温度和空气湿度的影响,但辐射越强,温度越高,空气湿度越低,茎流速率越小,而阴雨天辐射较小,温度较小,空气湿度越高,柽柳的茎流速率也越大;在降雨时,叶片内外水汽压差变小,气孔开始关闭,蒸发减小,茎流速率保持低值,故在 4:00—5:00 内柽柳的茎流速率有一个显著的变化。

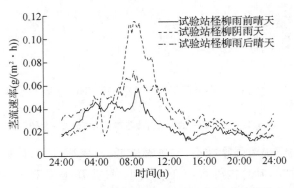

**图 8.12　三种天气试验站柽柳茎流速率日变化规律图**

如图 8.13 所示是 150 团梭梭雨前晴天(5 月 30 日)、阴雨天(5 月 31 日),下雨时间 5:00—7:00 和雨后晴天(6 月 1 日)三种类型天气的茎流速率日变化图。由图可看出,凌晨梭梭 1 的茎流速率较小,茎流速率大多在 0.102 g/(m² · h)左右,凌晨梭梭 2 的雨前晴天和阴雨天的茎流速率较小,茎流速率大多在 0.011 g/(m² · h)左右。不同天气下梭梭的茎流速率的启动时间也不大相同,梭梭 1 雨前晴天的茎流速率的启动时间和阴雨天的茎流速率的启动时间近似相同,而雨后晴天的茎流速率的启动时间稍晚,在启动初期茎流速率的变化幅度也小,在 12:30 后茎流速率的变化幅度变大,梭梭 1 雨前晴天、雨后晴天和阴雨天的茎流速率的最大峰值分别为:0.262 g/(m² · h)、0.395 g/(m² · h)、0.325 g/(m² · h),茎流速率的日变化趋势均为多峰型;梭梭 2 雨前晴天和雨后晴天的茎流速率的启动时间近似相同,阴雨天的茎流速率的启动时间稍早,茎流速率的变化幅度也小,梭梭 2 雨前晴天、雨后晴天和阴雨天的茎流速率的最大峰值分别为:0.276 g/(m² · h)、0.586 g/(m² · h)、0.126 g/(m² · h),茎流速率的日变化趋势也为多峰型。与试验站的梭梭一样,在阴雨天梭梭的茎流速率在下雨时有一个明显的变化,梭梭 1 和梭梭 2 的茎流速率平均值大小是雨后晴天>雨前晴天>阴雨天,与试验站梭梭的茎流速率平均值大小的排列顺序近似相同,梭梭晴天的茎流速率的平均值大于阴雨天的茎流速率的平均值。

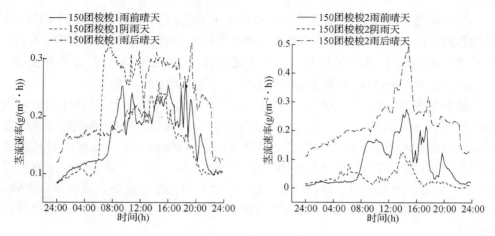

图 8.13  三种天气 150 团梭梭茎流速率日变化规律图

如图 8.14 所示是 150 团柽柳雨前晴天(5 月 30 日)、阴雨天(5 月 31 日),下雨时间 5:00—7:00 和雨后晴天(6 月 1 日)三种类型天气的茎流速率日变化图。由图可知,柽柳 1 雨前晴天和雨后晴天茎流速率日变化规律相同,雨后晴天与雨前晴天的茎流速率启动时间相同,柽柳 1 雨前晴天茎流速率的最大峰值为 0.254 g/(m² · h),雨后晴天的茎流速率的最大峰值为 0.296 g/(m² · h),阴雨天茎流速率的最大峰值为 0.309 g/(m² · h);柽柳 2 雨前晴天茎流速率的最大峰值为 0.381 g/(m² · h),雨后晴天的茎流速率的最大峰值为 0.268 g/(m² · h),阴雨天茎流速率的最大峰值为 0.454 g/(m² · h)。在阴雨天(下雨时间 4:00—5:00)柽柳的茎流速率在凌晨 5:00—7:00 时有一个明显增减的变化,柽柳 1 的茎流速率平均值大小是:雨后晴天>雨前晴天>阴雨天,柽柳 2 的茎流速率平均值大小是:阴雨天>雨后晴天>雨前晴天。

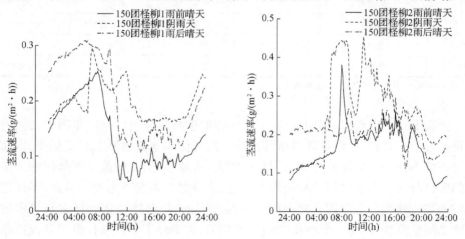

图 8.14  三种天气 150 团柽柳茎流速率日变化规律图

　　在不同潜水埋深下,梭梭晴天茎流速率的平均值大于阴雨天茎流速平均值,潜水埋深对不同天气下梭梭的茎流速率的规律没有太大影响;柽柳则表现出差异性。

　　2) 不同潜水埋深下梭梭、柽柳茎流速率变化规律与气象因子的关系

　　(1) 试验站梭梭、柽柳茎流速率变化规律与气象因子的关系

　　植物的蒸腾作用不仅取决于自身的形态特征,而且还受到太阳辐射($PAR$)、饱和水汽压($VPD$)、温度($T_a$)、空气相对湿度($RH$)、风速等外界各种环境因子的影响。空气温度和湿度直接影响植物的蒸腾作用,太阳辐射强度不仅影响空气温度和湿度,同时还是诱导叶片气孔开闭的重要影响因素。基于本研究的数据分析可知,干旱荒漠区的太阳辐射、温度、空气相对湿度和风速都对植物茎流速率有影响,现将各气象要素因子与试验站的两种植物不同尺度上茎流速率的相关系数列表,见表 8.4。

表 8.4　试验站枝条与基径茎流速率变化规律与气象因子的相关关系

| 项　目 | | 梭梭基径茎流 | 梭梭枝条茎流 | 柽柳基径茎流 | 柽柳枝条茎流 |
|---|---|---|---|---|---|
| 7 月 | 总辐射 | 0.674** | 0.656** | −0.605** | 0.472** |
| | 温度 | 0.531** | 0.566** | −0.655** | 0.532** |
| | 湿度 | −0.424** | −0.478** | 0.756** | −0.598** |
| | 风速 | 0.192** | 0.353** | −0.344** | 0.325** |
| 8 月 | 总辐射 | 0.326** | 0.330** | −0.615** | 0.656** |
| | 温度 | 0.260** | 0.154** | −0.746** | 0.594** |
| | 湿度 | −0.173** | −0.211** | 0.747** | −0.595** |
| | 风速 | — | 0.163** | −0.293** | 0.146** |
| 9 月 | 总辐射 | 0.705** | 0.678** | — | 0.654** |
| | 温度 | 0.530** | 0.578** | −0.522** | 0.593** |
| | 湿度 | −0.529** | −0.467** | — | −0.466** |
| | 风速 | 0.264** | 0.220** | 0.092* | 0.231** |

　　注:** 在 0.01 水平(双侧)上显著相关。
　　　* 在 0.05 水平(双侧)上显著相关。

　　由表 8.4 可以看出,不同月份、不同部位的梭梭茎流速率与气象因子之间的关系是类似的。总辐射、温度和风速与梭梭不同部位的茎流速率之间呈正相关,而湿度与梭梭不同部位的茎流速率之间呈负相关,从总体上看,梭梭不同部位的茎流速率的变化与气象因子之间的相关性大小是:总辐射＞温度＞湿度＞风速;不同部位柽柳的茎流速率与气象因子之间的关系是不同的,柽柳基径茎流速率与总辐射和温度之间呈负相关,与空气湿度之间呈正相关,这解释了柽柳基径夜间茎流速率偏大和阴雨天茎流速率的平均值大于雨前、雨后晴天茎流速率的平均值,但柽柳枝条

茎流速率与总辐射和温度之间呈正相关,与空气湿度之间呈负相关,从总体上看柽柳基径茎流速率与气象因子之间的相关性大小是:湿度>温度>总辐射>风速,柽柳枝条茎流速率与气象因子之间的相关性大小是:总辐射>温度>湿度>风速。在8月份梭梭不同部位的茎流速率与总辐射、温度和空气湿度之间的相关性小于7月份和9月份梭梭不同部位的茎流与总辐射、温度和空气湿度之间的相关性,在8月份梭梭的生长受到抑制,出现生长缓慢或停止生长的现象,蒸腾量减少,茎流速率减慢,与气象因子的相关性减弱,让梭梭更适应干旱环境。

(2)150团梭梭、柽柳茎流速率变化规律与气象因子的关系

分析150团不同植物的茎流速率与各气象要素因子的相关关系,如表8.5所示:不同月份的茎流速率变化规律与气象因子之间的相关关系是不同的,同一植物

表 8.5　150 团茎流速率变化规律与气象因子的相关关系

| 项　目 | | 梭梭 1 基径茎流 | 梭梭 2 基径茎流 | 柽柳 1 基径茎流 | 柽柳 2 基径茎流 |
|---|---|---|---|---|---|
| 5 月 | 总辐射 | — | 0.745** | −0.687** | 0.657** |
| | 温度 | −0.588** | 0.515** | −0.863** | −0.469** |
| | 湿度 | 0.607** | −0.339** | 0.754** | 0.647** |
| | 风速 | −0.253** | 0.194** | −0.410** | — |
| 6 月 | 总辐射 | 0.773** | 0.703** | −0.650** | 0.742** |
| | 温度 | 0.600** | 0.582** | −0.877** | 0.575** |
| | 湿度 | −0.502** | −0.414** | 0.808** | −0.533** |
| | 风速 | — | 0.112* | −0.414** | 0.217* |
| 7 月 | 总辐射 | 0.791** | 0.883** | −0.589** | 0.877** |
| | 温度 | 0.642** | 0.685** | −0.790** | 0.781** |
| | 湿度 | −0.650** | −0.633** | 0.793** | −0.634** |
| | 风速 | 0.198** | 0.335** | −0.387** | 0.173** |
| 8 月 | 总辐射 | — | 0.478** | −0.630** | 0.893** |
| | 温度 | — | 0.410** | −0.801** | 0.719** |
| | 湿度 | 0.453* | −0.267* | 0.787** | −0.517** |
| | 风速 | — | 0.384** | −0.423** | 0.275** |
| 9 月 | 总辐射 | 0.820** | 0.747 ** | −0.616** | 0.822** |
| | 温度 | 0.845** | 0.893** | −0.816** | 0.651** |
| | 湿度 | −0.801** | −0.890** | 0.783** | −0.680** |
| | 风速 | 0.657** | 0.635** | −0.289** | 0.302** |

注:** 在 0.01 水平(双侧)上显著相关。
　　* 在 0.05 水平(双侧)上显著相关。

不同个体的茎流速率变化规律与气象因子之间的相关关系也是不同的。在 5 月份梭梭 1 的基径茎流速率与空气湿度之间呈正相关,与温度之间呈负相关,梭梭 2 的基径茎流速率与空气湿度之间呈负相关,与温度之间呈正相关,在 8 月份梭梭 1 的基径茎流速率与空气湿度之间呈正相关,梭梭 2 的茎流速率与空气湿度之间呈负相关。随着月份变化,梭梭 1 和梭梭 2 的基径茎流速率与总辐射、温度和空气湿度之间的相关性增大,但在 8 月份梭梭 1 和梭梭 2 的基径茎流速率与气象因子之间的相关性出现异常,从总体上看,梭梭 1 和梭梭 2 的基径茎流与各气象因子之间的相关性大小是:总辐射＞温度＞湿度＞风速;在 5 月份,柽柳 2 基径茎流与总辐射和空气湿度之间呈正相关,与温度之间呈负相关,解释了 5 月份雨后茎流速率的平均值大于雨前、雨后晴天的茎流速率平均值,在 6—9 月份柽柳 2 基径茎流与总辐射、温度和风速之间呈正相关,与空气湿度之间呈负相关,在 6—8 月份柽柳 2 的基径茎流与总辐射和温度之间的相关性增大,到 9 月份略有降低,从 5 月份到 9 月份柽柳 1 的基径茎流与总辐射、温度和风速之间呈负相关,与湿度之间呈正相关,解释了柽柳 1 在夜间的茎流速率大于白天的茎流速率,从总体上看,柽柳 1 的基径茎流与气象因子之间的相关关系大小是:温度＞湿度＞总辐射＞风速,柽柳 2 的基径茎流与各气象因子之间的相关关系大小是:总辐射＞温度＞湿度＞风速。在 8 月份梭梭 1 和梭梭 2 与各气象因子之间的相关关系出现异常,说明在 8 月份,梭梭出现生长缓慢或停止生长的现象,减少蒸腾量,茎流速率减少,以适应干旱环境。

在不同潜水埋深下,梭梭的茎流速率与总辐射和温度呈正相关,与空气相对湿度呈负相关,不同潜水埋深下对梭梭茎流速率与气象因子之间的相关性是一致的;而试验站柽柳的枝条茎流速率和 150 团柽柳 2 基径茎流速率与总辐射和温度呈正相关,与空气相对湿度呈负相关,实验站柽柳的基径茎流速率和 150 团柽柳 1 的基径茎流速率与总辐射和温度呈负相关,与空气相对湿度呈正相关,表现出差异性。

3) 不同潜水埋深下梭梭、柽柳的光合、蒸腾特征

(1) 不同潜水埋深下梭梭的光合、蒸腾特征(见图 8.15)

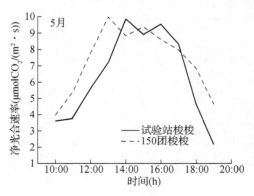
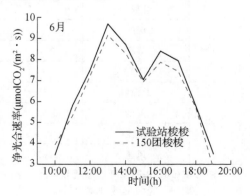

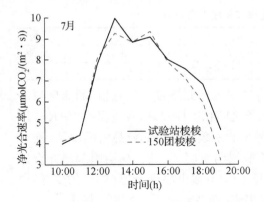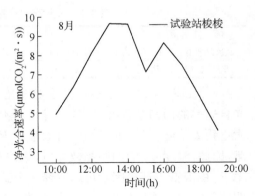

**图 8.15　不同时期梭梭净光合速率日变化**

如图 8.15 所示是试验站梭梭 5 月、6 月、7 月、8 月和 150 团梭梭 5 月、6 月、7 月的净光合速率($P_n$)日变化,试验站和 150 团梭梭的净光合速率日变化趋势大致相同,为双峰型,在 14:00—15:00 出现"光合午休"现象;5 月份,在试验站和 150 团的梭梭的净光合速率第一峰值出现在 13:00,峰值分别是 9.85 $\mu molCO_2/(m^2 \cdot s)$、9.11 $\mu molCO_2/(m^2 \cdot s)$,15:00 左右出现午休,16:00 出现第二峰值,随后逐渐下降;试验站梭梭 5 月、6 月、7 月和 8 月净光合速率 $P_n$ 的日均值的大小分别是 6.35 $\mu molCO_2/(m^2 \cdot s)$、6.78 $\mu molCO_2/(m^2 \cdot s)$、7.33 $\mu molCO_2/(m^2 \cdot s)$ 和 7.28 $\mu molCO_2/(m^2 \cdot s)$,150 团梭梭 5 月、6 月和 7 月净光合速率 $P_n$ 的日均值分别是 5.88 $\mu molCO_2/(m^2 \cdot s)$、6.46 $\mu molCO_2/(m^2 \cdot s)$ 和 6.75 $\mu molCO_2/(m^2 \cdot s)$,试验站梭梭的净光合速率 $P_n$ 的均值 7 月最大,150 团梭梭的净光合速率 $P_n$ 的最大值是在 6 月,潜水埋深较深时,梭梭的净光合速率 $P_n$ 较小。

为了分析说明光合有效辐射($PAR$)、温度($T_a$)、空气中 $CO_2$ 浓度($C_a$)和湿度($RH$)与梭梭净光合速率 $P_n$ 的关系,采用相关分析、多元线性回归,分析各环境因子对梭梭净光合速率 $P_n$ 的影响见表 8.6 和表 8.7 所示。

**表 8.6　梭梭净光合速率和环境因子的相关分析**

| 项　目 | 光合有效辐射 | 温　度 | 空气 $CO_2$ 浓度 | 空气相对湿度 |
|---|---|---|---|---|
| 试验站梭梭净光合速率 | 0.934** | 0.675** | 0.181** | 0.298** |
| 150 团梭梭净光合速率 | 0.887** | 0.856** | −0.157** | −0.653** |

注:** 在 0.01 水平(双侧)上显著相关。
　* 在 0.05 水平(双侧)上显著相关。

2 个试验点的有效辐射与净光合速率均呈极显著正相关,且相关系数均在 0.88 以上,试验站有效辐射与净光合速率的相关系数最大为 0.934,2 个试验点的有效辐射对净光合速率综合作用最大,其次影响净光合速率的环境因子是温度。

**表 8.7    梭梭净光合速率多元线性回归方程**

| 项　目 | 回归方程 | $R^2$ | $F$ | Sig |
|---|---|---|---|---|
| 试验站梭梭 | $P_n = -0.204 + 1.28PAR - 0.416T_a + 0.24C_a + 0.391RH$ | 0.989 | 15.546 | 0.001 |
| 150 团梭梭 | $P_n = 1.201 + 0.002PAR + 0.347T_a - 0.36C_a + 0.124RH$ | 0.911 | 5.016 | 0.049 |

2 个试验点的有效辐射、湿度对净光合速率的回归系数均为正值,而温度对净光合速率的回归系数有正有负。各环境因子之间相关性较高,有效辐射 $PAR$ 的增大也代表了温度 $T_a$ 的升高。有效辐射 $PAR$ 的系数中有一部分是由温度 $T_a$ 所贡献,因此,温度 $T_a$ 的回归系数为负,这并不能说明温度 $T_a$ 的升高会引起净光合速率 $P_n$ 的降低。环境因素可以解释 2 个试验点 91% 以上净光合速率 $P_n$ 的变异,说明回归方程都能较好地揭示梭梭净光合速率 $P_n$ 与各环境因子的相关规律。

如图 8.16 所示是试验站梭梭 5 月、6 月、7 月、8 月和 150 团梭梭 5 月、6 月、7 月的蒸腾速率($T_r$)日变化,梭梭蒸腾速率 $T_r$ 有明显的上升和下降过程,峰值出现在 13:00—16:00 之间,呈双峰曲线,有明显"午休"现象。两个试验点所测得日变化趋势大致相同,5 月梭梭第一峰值出现在 14:00,峰值分别是 5.8 mmolH$_2$O/(m$^2$·s)、4.9 mmolH$_2$O/(m$^2$·s),15:00 出现午休,第二峰值出现在 16:00,之后逐渐下降。

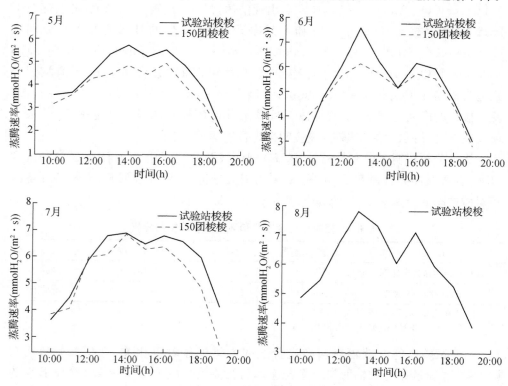

**图 8.16    不同时期梭梭蒸腾速率日变化**

试验站 5 月、6 月、7 月和 8 月梭梭蒸腾速率 $T_r$ 的日均值的大小分别是4.47 mmol $H_2O/(m^2 \cdot s)$、5.31 mmol$H_2O/(m^2 \cdot s)$、5.79 mmol$H_2O/(m^2 \cdot s)$和5.01 mmol $H_2O/(m^2 \cdot s)$，150 团 5 月、6 月和 7 月梭梭的蒸腾速率 $T_r$ 的日均值分别是 3.91 mmol$H_2O/(m^2 \cdot s)$、5.01 mmol$H_2O/(m^2 \cdot s)$ 和 5.31 mmol$H_2O/(m^2 \cdot s)$，试验站 8 月梭梭蒸腾速率 $T_r$ 最大，150 团 7 月梭梭蒸腾速率 $T_r$ 最大。

　　水分利用率（WUE）是指在消耗单位水量的同时植物所生产的同化量，反映了植物生产过程中，能量转化效率的能力，是评价植物生长适宜度的综合指标，一般用净光合速率 $P_n$ 与蒸腾速率 $T_r$ 的比值（$P_n/T_r$）作为理论参考值。

　　由图 8.17 所示，试验站梭梭 5 月、6 月、7 月、8 月和 150 团梭梭 5 月、6 月和 7 月的日水分利用率WUE 变化，两个试验点所得梭梭的日水分利用率WUE 呈现双峰或多峰型，在清晨与傍晚时，水分利用率 WUE 较小，午间较高，峰值出现在 13:00—17:00 之间。试验站和 150 团梭梭的水分利用率WUE 日变化趋势大致相同。试验站梭梭 5 月、6 月、7 月和 8 月水分利用率WUE 的日均值的大小分别是 1.36 $\mu$molCO$_2$/mmolH$_2$O、1.26 $\mu$molCO$_2$/mmolH$_2$O、1.24 $\mu$molCO$_2$/mmolH$_2$O 和1.18 $\mu$molCO$_2$/mmolH$_2$O，150 团梭梭 5 月、6 月和 7 月水分利用率WUE 的日均值的大小分别是 1.44 $\mu$molCO$_2$/mmolH$_2$O、1.25 $\mu$molCO$_2$/mmolH$_2$O 和 1.24 $\mu$molCO$_2$/mmolH$_2$O。

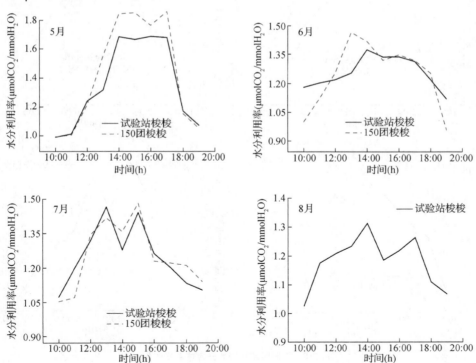

图 8.17　不同时期梭梭水分利用率日变化

　　（2）不同潜水埋深下柽柳的光合、蒸腾特征

　　如图 8.18 所示，试验站柽柳 5 月、6 月、7 月、8 月和 150 团柽柳 5 月、6 月、7 月的净光合速率（$P_n$）日变化，净光合速率 $P_n$ 日变化趋势大致相同，在 14：00—15：00 出现"光合午休"现象；柽柳净光合速率 $P_n$ 日变化趋势主要呈现双峰型，在 5 月份，试验站和 150 团柽柳净光合速率 $P_n$ 的日变化为双峰型，峰值分别出现在：14：00，其值分别是 9.51 $\mu molCO_2/(m^2 \cdot s)$、9.01 $\mu mol/(m^2 \cdot s)$，随后逐渐下降；试验站柽柳 5 月、6 月、7 月和 8 月净光合速率 $P_n$ 的日均值大小分别是 6.38 $\mu molCO_2/(m^2 \cdot s)$、6.79 $\mu molCO_2/(m^2 \cdot s)$、6.94 $\mu molCO_2/(m^2 \cdot s)$ 和 6.15 $\mu molCO_2/(m^2 \cdot s)$，150 团柽柳 5 月、6 月和 7 月净光合速率 $P_n$ 的日均值分别是 5.84 $\mu molCO_2/(m^2 \cdot s)$、6.49 $\mu molCO_2/(m^2 \cdot s)$ 和 6.77 $\mu molCO_2/(m^2 \cdot s)$，可见试验站和 150 团柽柳净光合速率 $P_n$ 的均值 7 月最大，从总体看，潜水埋深越深，柽柳的净光合速率 $P_n$ 越小。

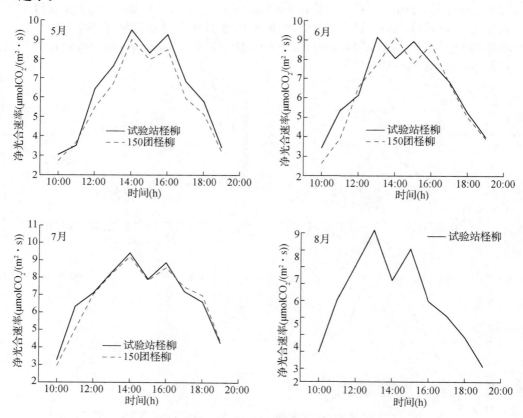

图 8.18　不同时期柽柳净光合速率日变化

　　分析光合有效辐射（PAR）、温度（$T_a$）、空气中 $CO_2$ 浓度（$C_a$）和湿度（RH），与

柽柳净光合速率 $P_n$ 的关系,采用相关分析和多元线性回归分析,揭示各环境因子对柽柳净光合速率 $P_n$ 的影响。

如表8.8,2个试验点的有效辐射 $PAR$ 与净光合速率 $P_n$ 均呈极显著正相关,且相关系数均在0.75以上,试验站柽柳净光合速率 $P_n$ 与有效辐射 $PAR$ 的相关系数最大为0.814,2个试验点的有效辐射 $PAR$ 对柽柳净光合速率 $P_n$ 的综合作用最大,次要的影响柽柳净光合速率 $P_n$ 的环境因子是温度。

表8.8 柽柳净光合速率和环境因子的相关分析

| 项 目 | 光合有效辐射 | 温度 | 空气 $CO_2$ 浓度 | 空气湿度 |
|---|---|---|---|---|
| 试验站柽柳净光合速率 | 0.814** | 0.557** | −0.095** | 0.097** |
| 150团柽柳净光合速率 | 0.753** | 0.740** | −0.242** | −0.793** |

注:**,在0.01水平(双侧)上显著相关。
　　*,在0.05水平(双侧)上显著相关。

对柽柳净光合速率 $P_n$ 与有效辐射 $PAR$、空气中 $CO_2$ 浓度 $C_a$、温度 $T_a$、湿度 $RH$ 的线性回归方程如表8.9所示。

表8.9 不同试验点柽柳净光合速率多元线性回归方程

| 项 目 | 回归方程 | $R^2$ | $F$ | $Sig$ |
|---|---|---|---|---|
| 试验站柽柳 | $P_n=-0.243+0.77PAR+0.383T_a+0.302C_a-0.203RH$ | 0.793 | 4.340 | 0.046 |
| 150团柽柳 | $P_n=-0.127+1.151PAR-0.516T_a+0.993C_a-0.993RH$ | 0.908 | 17.069 | 0.002 |

不同试验点的有效辐射 $PAR$、空气中 $CO_2$ 浓度 $C_a$ 对柽柳净光合速率 $P_n$ 的回归系数均为正值,在试验站和150团柽柳的光合实验中环境因素可以解释79%以上的变异,说明回归方程能较好地揭示柽柳的光合速率 $P_n$ 与各环境因子的相关规律。

如图8.19所示,柽柳的蒸腾速率( $T_r$ )日变化有明显上升和下降过程,峰值出现在14:00和16:00。柽柳的蒸腾速率 $T_r$ 主要呈现双峰曲线,有明显"午休"现象,在5月150团柽柳的蒸腾速率 $T_r$ 的日变化是双峰型,峰值出现在14:00,为6.9 mmol$H_2O$/(m²・s),而5月份试验站柽柳的蒸腾速率 $T_r$ 第一峰值为7.9 mmol$H_2O$/(m²・s),15:00出现午休,第二峰值出现在16:00,之后逐渐下降。试验站柽柳5月、6月、7月和8月的蒸腾速率 $T_r$ 日均值大小分别是5.68 mmol$H_2O$/(m²・s)、6.03 mmol$H_2O$/(m²・s)、6.19 mmol$H_2O$/(m²・s)和5.21 mmol$H_2O$/(m²・s),150团柽柳5月、6月和7月的蒸腾速率 $T_r$ 日均值大小分别是4.82 mmol$H_2O$/(m²・s)、5.83 mmol$H_2O$/(m²・s)和5.96 mmol$H_2O$/(m²・s),可见,两个实验点柽柳的蒸腾速率 $T_r$ 均值7月最大。

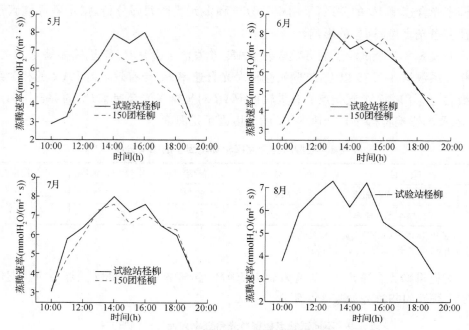

图 8.19　不同时期柽柳蒸腾速率日变化

如图 8.20 所示,试验站柽柳和 150 柽柳的水分利用率(WUE)日变化是在清晨与傍晚时水分利用率 WUE 较小,午间较高,峰值出现在 12:00—16:00 之间,大

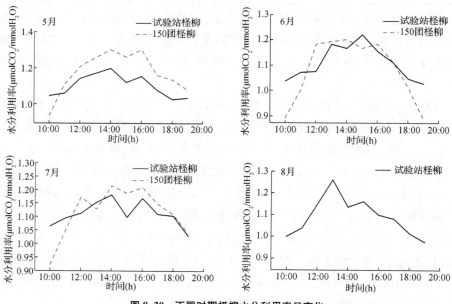

图 8.20　不同时期柽柳水分利用率日变化

体呈双峰曲线,有明显"午休"现象。两个试验点的水分利用率 WUE 日变化趋势大致相同,试验站柽柳 5 月、6 月、7 月和 8 月水分利用率 WUE 的日均值大小分别是 1.10 $\mu$molCO$_2$/mmolH$_2$O、1.11 $\mu$molCO$_2$/mmolH$_2$O、1.11 $\mu$molCO$_2$/mmolH$_2$O 和 1.09 $\mu$molCO$_2$/mmolH$_2$O,150 团柽柳 5 月、6 月和 7 月水分利用率 WUE 的日均值大小分别是 1.18 $\mu$molCO$_2$/mmolH$_2$O、1.08 $\mu$molCO$_2$/mmolH$_2$O 和 1.12 $\mu$mol CO$_2$/mmolH$_2$O。

### 8.3.3　不同潜水埋深下梭梭、柽柳生长生理指标分析

#### 1) 不同潜水埋深下梭梭、柽柳的土壤含水量分布

在试验站和 150 团梭梭和柽柳试验树的周围布置 2 m 长的中子管,在生长季 6—9 月对林地的土壤水分进行测定。用中子仪法测土壤含水量,试验所用的中子仪为美国公司的中子仪,两种林地的测定深度均为 0~200 cm 土层,每隔 20 cm 土层深度取土样 1 次,2 次重复,每 7~10 d 测一次。测定时间为 2013、2014 年 6—8 月份,用中子仪测定数据,通过烘干法获得的含水量进行标定,土壤含水量和中子数的标定方程如式(8.17)、式(8.18)。

测坑试验梭梭:

$$\theta_3 = 4\times10^{-5} \cdot X - 0.022 \qquad R^2 = 0.926, n = 20 \tag{8.17}$$

测坑试验柽柳:

$$\theta_4 = 1\times10^{-3} \cdot X^{0.606} \qquad R^2 = 0.921, n = 20 \tag{8.18}$$

式中:$\theta_i$——质量含水率(%);

　　$X$——观测中子计数;

　　$n$——土壤样本数。

(1) 试验站土壤含水量的时空变化特征

如图 8.21 所示是试验站梭梭实验林地的土壤含水量随时间的变化图。从图中可以看出,梭梭林地土壤含水量随深度的变化较小,呈倒"S"型,不同时间的变化不是很明显。总的分布特点是:表层土壤含水量最低,随着深度的增加,土壤含水量逐渐增大,在 60~100 cm 处梭梭林地的土壤含水有一个极大值,而后土壤含水量减低,在 200 cm 处含水量最大。这主要是由于沙地土壤表层易受气象因子的影响,春季土壤湿润,夏季蒸发强烈,表层土壤含水量明显下降,深层土壤蒸发较小。两年梭梭林地土壤含水量的变化趋势相同,同一深度的土壤含水量近似相等,随着月份增加,土壤含水量略有减小,在 180~200 cm 处,2013 年梭梭林地土壤含水量略大于 2014 年梭梭林地土壤含水量。

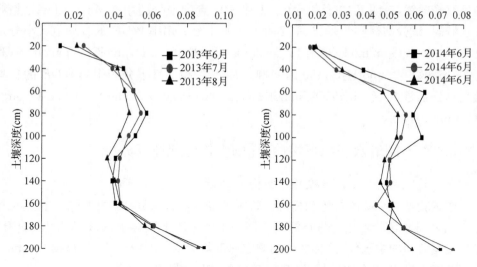

**图 8.21　试验站梭梭林地土壤分布图**

　　如图 8.22 所示是试验站梭梭实验林地的土壤含水量随时间的变化图。柽柳林地表层土壤含水量较小,土壤含水量随深度的变化起伏较大,深度越大,土壤含水量越高,随着时间的推移,各层土壤含水量逐步减小。2013 年柽柳林地土壤含水量随着深度增加一直增加,2014 年柽柳林地土壤含水量的趋势是一直增大,呈倒"S"型,在 60～80 cm 处,柽柳林地土壤含水量有一个极大值,而后柽柳林地的土壤含水量先减小后增大,在土壤深层,2013 年和 2014 年的柽柳林地的土壤含水量的大小近似相等。

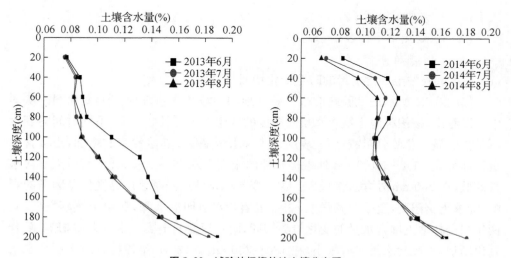

**图 8.22　试验站柽柳林地土壤分布图**

（2）150 团土壤含水量的时空变化特征

如图 8.23 所示是 150 团梭梭实验林地的土壤含水量随时间的变化图。从图中可以看出,梭梭林地的土壤含水量随深度的变化较大,2013 年和 2014 年梭梭林地的土壤含水量的变化趋势类似,表层土壤含水量比较小,2013 年和 2014 年梭梭林地的土壤含水量在 140 cm 处有一个极大值,在 180 cm 处有一个极小值,随后土壤含水量增大;随着时间的推移,各层土壤含水量逐渐变小。

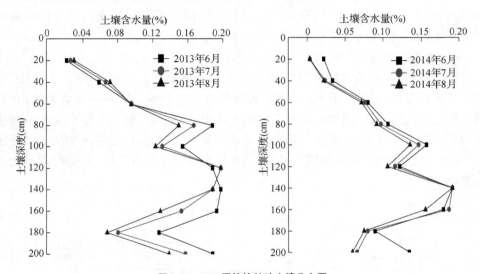

图 8.23    150 团梭梭林地土壤分布图

如图 8.24 所示是 150 团梭梭实验林地的土壤含水量随时间的变化图。柽柳

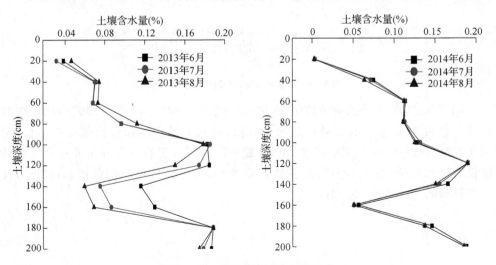

图 8.24    150 团柽柳林地土壤分布图

林地的土壤含水量的变化趋势是先增大后减小再增大,2013 年柽柳林地 100～160 cm 之间的土壤含水量不同月份之间变化较大,2014 年柽柳林地的土壤含水量随着月份的增加基本不变化,不同年份之间,柽柳林地的土壤含水量的极大值相差不大,柽柳林地的土壤含水量基本保持不变。

### 2) 不同潜水埋深下梭梭、柽柳的生长指标分析

在 2013 年采集了试验站、150 团和 149 团沙漠处梭梭、柽柳的生长指标,在 2014 年采集了试验站、150 团和 121 团梭梭、柽柳的生长指标,现在只分析试验站和 150 团梭梭、柽柳的胸周长和新枝长的变化。

### (1) 试验站梭梭、柽柳的生长指标分析

如图 8.25 所示是试验站梭梭、柽柳的胸周长变化图。分析 2013 年和 2014 年的生长指标数据,试验站的梭梭、柽柳的胸周长在整个生长期是一直增大的,直到到达最大值,达到最大值的时间是 7 月底 8 月初,而在此之前从 5 月下旬开始梭梭的胸周长增加都很明显,到 8 月份以后梭梭胸周长的变化不明显,梭梭出现“夏休眠”现象,在此期间柽柳的胸周长增加不明显,尤其到 8 月份以后,柽柳的胸周长不再变化。

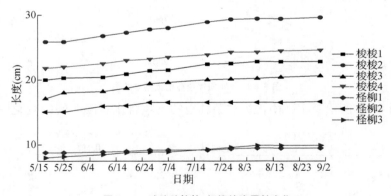

**图 8.25　试验站梭梭、柽柳的胸周长变化**

如图 8.26 所示是试验站梭梭、柽柳的新枝长变化图。由图可知试验站梭梭的新枝一直再生长,7 月底新枝长的增长减慢,进入 8 月份后新枝长基本不增长,说明在 8 月份梭梭的生长受到抑制,出现“夏休眠”现象;实验站柽柳在进入 7 月后新枝长的增长减慢,进入 8 月份后新枝长不增长,甚至新枝长出现负增长,说明在 8 月份柽柳的生长也受到抑制。

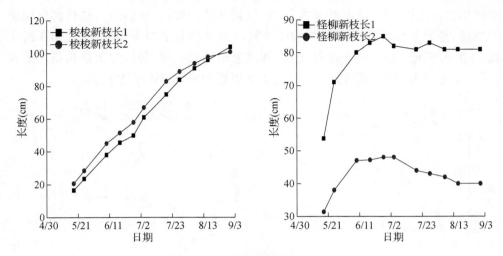

图 8.26 试验站梭梭、柽柳新枝长变化

(2) 150 团梭梭、柽柳的生长指标分析

如图 8.27 所示是 150 团梭梭、柽柳的胸周长变化图。150 团梭梭、柽柳的胸周长变化大体和试验站相似,所不同的是达到最大值的时间不同,150 梭梭、柽柳达到最值的时间是 8 月的上旬、中旬左右,说明梭梭、柽柳的这个时候的蒸腾应达到最值,而在 6 月份,梭梭、柽柳的胸周长都有明显增大,说明此阶段植物的传输水分的总量增加,同时由于气温升高等各种因素的影响,梭梭、柽柳的蒸腾量显著增加,此阶段植物生长很旺盛;8 月中旬、下旬以后梭梭的胸周长有一个减小,在这个时期,梭梭的叶子大面积变黄、脱落,影响植物的生长,梭梭出现"夏休眠"现象。

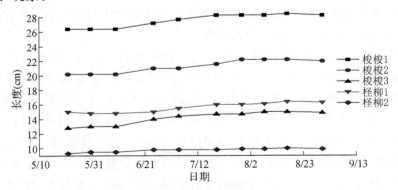

图 8.27 150 团梭梭、柽柳胸周长变化

如图 8.28 所示是 150 团梭梭、柽柳的新枝长变化图。150 团梭梭、柽柳的新枝长一直增长到 8 月份,从 5 月下旬到 7 月中下旬是新枝快速增长的时期,说明在这

个时期植物生长旺盛,大量积累有机物,但到 8 月份梭梭、柽柳的新枝长都出现增长减慢,甚至负增长,和实验站梭梭相比较,150 团梭梭表现得很明显,说明在潜水埋深越深,梭梭"夏休眠"现象越明显;和试验站柽柳一样,柽柳的新枝长是在进入 7 月份以后增长缓慢,而后进入 8 月份 150 团柽柳的新枝长保持不变。

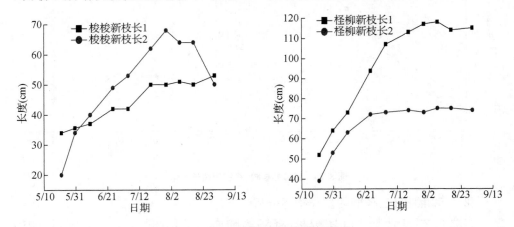

图 8.28　150 团梭梭、柽柳的新枝长变化

在不同潜水埋深下,梭梭都会出现生长缓慢或停止生长的现象,潜水埋深越深,这种情况越明显;在不同潜水埋深下柽柳也出现生长缓慢或停止生长的现象,但表现出的情况近似,潜水埋深对柽柳的生长影响不大。

3)不同潜水埋深下梭梭、柽柳的生理指标分析

在 2013 年分别测定了试验站、150 团和 149 团梭梭、柽柳的脯氨酸和丙二醛含量,并测定了试验站梭梭、柽柳的叶绿素含量,在 2014 年测定了试验站、150 团和 121 团梭梭、柽柳的脯氨酸和丙二醛含量,并测定了试验站梭梭、柽柳的叶绿素含量。

(1)试验站梭梭、柽柳的叶绿素分析

如图 8.29 所示,可以看出潜水埋深 11～13 m 条件下,2013 年梭梭 6 月份叶绿素总量含量最低,但叶绿素 $a/b$ 的比值最大,说明 6 月份梭梭光能利用率最高,在这个阶段,梭梭的净光和速率相对较高,积累干物质。在生长期内梭梭的叶绿素 $a$、$b$ 的含量是呈增长势头,但由于潜水埋深下降的影响,在 7、8 月梭梭的叶绿素 $a$、$b$ 的含量基本保持不变,所以光能利用率是 6 月最大,而后降低,保持稳定,在 7、8 月的叶绿素 $a$ 的含量大体相近,7、8 月份叶绿素 $b$ 的含量也相差不大,故 7、8 月份的光能利用率相差不大。2014 年梭梭 6 月份叶绿素总量含量最低,但叶绿素 $a/b$ 的比值最大,说明 6 月份梭梭光能利用率最高,和 2013 年相比,2014 年梭梭叶绿素含量的变化趋势和 2013 年类似,2014 年梭梭叶绿素含量略有减少,叶绿素 $a/b$ 的比值较小,2014 年的光能利用率一直在减少。在生长期内梭梭的叶绿素 $a$、$b$ 的含

量是呈增长势头,在 7、8 月梭梭的叶绿素 $a$、$b$ 的含量略有增加。

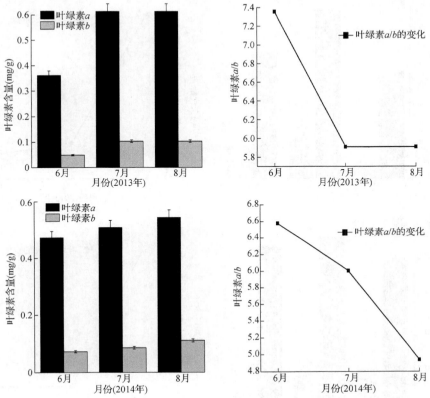

图 8.29　试验站不同月份梭梭叶绿素含量变化(2013 年、2014 年)

如图 8.30 所示,2013 年柽柳 6 月份叶绿素含量总量最小,但叶绿素 $a/b$ 的比值最大,说明 6 月份柽柳的光能利用率最大,在这个时期,柽柳的净光和速率相对较高,积累大量干物质。在 7、8 月份处于用水高峰期,潜水埋深的下降,使干旱胁迫加重,导致叶绿素的含量减少,从而使 7 月份光能利用率大于 8 月份的光能利用率。和 2013 年相比,2014 年的柽柳的叶绿素含量略有增大,但总体变化趋势一致,柽柳叶绿素 $a/b$ 的变化趋势和 2013 年的变化趋势一致,6 月份柽柳的光能利用率最大,7 月份柽柳的光能利用率略大于 8 月份柽柳的光能利用率,试验站在 7、8 月份处于用水高峰期,潜水埋深的下降,使干旱胁迫加重,导致叶绿素的含量减少,从而使 7 月份光能利用率大于 8 月份的光能利用率。

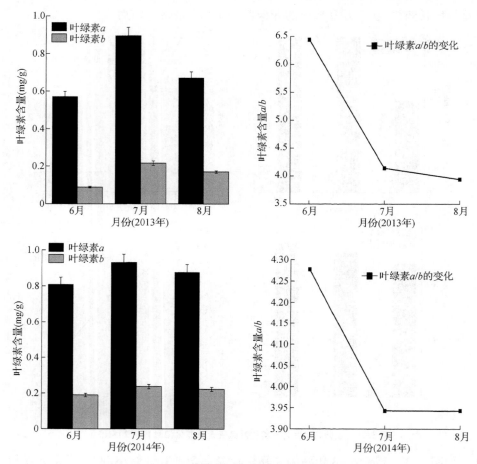

**图 8.30  试验站柽柳不同月份叶绿素含量变化（2013 年、2014 年）**

（2）不同潜水埋深下梭梭、柽柳脯氨酸分析

如图 8.31 所示，在 2013 年的试验初期梭梭的脯氨酸含量是随着地下水埋深变化而变化，地下水埋深越深，梭梭脯氨酸含量越高，而且不同实验地点的梭梭的脯氨酸含量都是随着月份增大而增加。在实验站 7、8 月份处于用水高峰期，地下水水位明显下降从而导致梭梭脯氨酸的含量大量积累，从 7. 51 $\mu g/g$ 增加到 20. 99 $\mu g/g$，增幅为 179%，含量增加了接近 2 倍，而其他两个实验点地下水波动较小，故脯氨酸的含量虽然有所增多，但增加不明显；柽柳的脯氨酸含量也因实验地点的不同而表现不同，实验站的柽柳脯氨酸含量一直在增加，而在 7、8 月份有一个明显的增加，这是由于在测定期间的 7、8 月份，实验站正处于用水高峰期，地下水水位会明显下降，从而导致柽柳的脯氨酸大量积累，从 25. 14 $\mu g/g$ 增加到 56. 96 $\mu g/g$，增幅为 126%；在试验初期 150 团的柽柳的脯氨酸含量最高，为

45.87 μg/g,实验站的柽柳的脯氨酸含量为 12.23 μg/g,略大于 149 团的柽柳的脯氨酸含量,为 11.86 μg/g,但随着月份增加,150 团的柽柳的脯氨酸的含量减小并趋于稳定,在逆境胁迫下,植物体内脯氨酸的含量先增大后减小并趋于稳定,其原因是在这种胁迫下,脯氨酸的积累已达到最大,这是柽柳脯氨酸积累的变异点。在实验过程中柽柳的脯氨酸总大于梭梭的脯氨酸含量,说明柽柳体内脯氨酸含量的积累对潜水埋深的响应更加敏感。

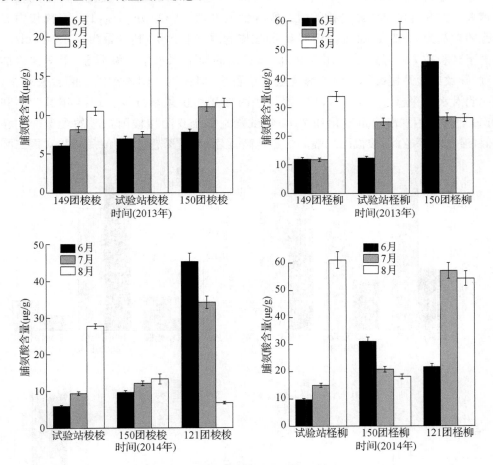

图 8.31　不同地点梭梭、柽柳脯氨酸含量变化(2013 年、2014 年)

　　2014 年试验站和 150 团梭梭、柽柳的脯氨酸含量变化和 2013 年试验站和 150 团梭梭、柽柳的脯氨酸含量的变化趋势一致,两年梭梭、柽柳脯氨酸含量的数值也接近,潜水埋深越深,梭梭、柽柳脯氨酸含量越大,当潜水埋深超过 15 m 时,柽柳的脯氨酸积累表现出异常,随着潜水埋深增加,柽柳脯氨酸含量减少。121 团(潜水埋深 2~4 m)幼生梭梭的脯氨酸含量一直减少,尤其到 8 月份脯氨酸含量由

34.2 μg/g降到6.74 μg/g,幼生柽柳的脯氨酸则是先增大后略有减少,反映了在潜水埋深较浅时,不同月份幼生梭梭、柽柳体内脯氨酸含量的变化。

(3) 不同潜水埋深下梭梭、柽柳丙二醛分析

如图8.32所示,在2013年7月份150团梭梭的丙二醛的含量最大,为0.72 μmol/g,试验站梭梭的丙二醛的含量为0.29 μmol/g,略大于149团梭梭的丙二醛含量,含量为0.24 μmol/g,潜水埋深越深,干旱胁迫越大,梭梭丙二醛的含量越大。在8月份试验站梭梭的丙二醛含量最大,为0.69 μmol/g,150团梭梭丙二醛的含量为0.61 μmol/g,大于149团梭梭的丙二醛含量,其含量为0.52 μmol/g,由于试验站7、8月份处于用水高峰,试验站的地下水水位下降明显,干旱胁迫加重,导致试验站梭梭体内丙二醛含量大量积累,但在150团梭梭丙二醛含量减少,说明潜水埋深超过15 m后,150团梭梭丙二醛的积累量减少。2014年试验站和150团梭梭丙二醛含量变化和2013年试验站和150团梭梭丙二醛的含量变化相似,潜水埋深越深,梭梭丙二醛的含量越高,但潜水埋深超过15 m后梭梭对丙二醛

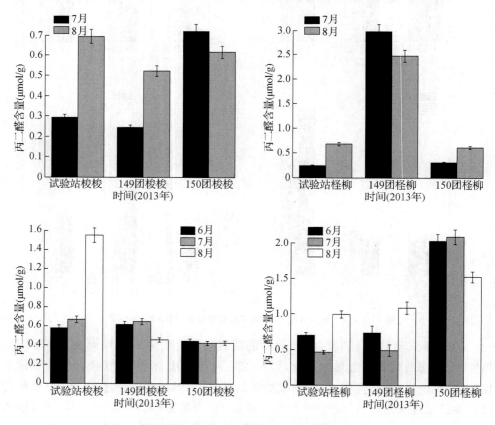

图8.32  不同实验点梭梭、柽柳丙二醛含量变化(2013年、2014年)

的积累出现异常,超过这个水位,150团的梭梭丙二醛的积累量反而减少,这是梭梭抵抗干旱胁迫的阈值。121团(潜水埋深2~4 m)幼生梭梭丙二醛的含量随着月份增加而略有减小,反映了生长期内幼生梭梭丙二醛含量的变化。

在2013年7月份149团柽柳丙二醛的含量为2.98 $\mu$mol/g,试验站柽柳丙二醛的含量为0.23 $\mu$mol/g,150团柽柳丙二醛含量为0.30 $\mu$mol/g,149团柽柳丙二醛的含量远大于试验站和150团柽柳丙二醛的含量,而试验站和150团柽柳丙二醛含量相差都不是很大,在8月份也是如此,说明在6 m的潜水埋深下,柽柳对丙二醛积累最大,潜水埋深超过6 m,柽柳丙二醛的含量减少,这是柽柳抵抗干旱胁迫的阈值。2014年试验站和150团柽柳丙二醛的积累变化是先减少后增大,和2013年柽柳丙二醛的积累变化类似,而且试验站和150团柽柳丙二醛的含量也接近,说明在这种情况下,柽柳丙二醛积累已出现异常,验证了2013年的结论:在6 m的地下水潜水埋深下,柽柳的对丙二醛的积累最大,这是柽柳的阈值。121团幼生柽柳丙二醛的含量先增大而后略有减少,反映了不同月份幼生柽柳丙二醛含量的变化。在试验过程中梭梭、柽柳丙二醛的增加幅度不同,而增加的幅度不同说明对干旱胁迫的敏感度不同,柽柳丙二醛增幅比较大,说明柽柳体内丙二醛的积累量对干旱胁迫更加敏感。

# 8.4　本章小结

(1) 流域表层土壤盐分变化剧烈间接说明研究区土壤盐分存在表聚现象,蒸发量远大于降水量,地膜覆盖、膜下滴灌是造成表层土壤盐分变化剧烈的原因。结合土壤盐分空间分布情况发现,土壤盐分含量较高的玛纳斯河下游比中部水库集中区受棉花蒸发蒸腾量的影响大,而土壤盐分含量较低的东北部莫索湾灌区比南部山前地区受棉花蒸发蒸腾量的影响大,地下水埋深是影响该区域土壤含盐量的重要因素。利用HYDRUS-2D软件对玛纳斯河流域平原灌区的盐分进行了模拟,通过对比实测值和模拟值的对比评价模型的适用性,选取了土壤蒸发参数、棉花蒸腾参数、土壤水分运移参数以及溶质运移的参数,对土壤水盐运移规律进行了模拟。

(2) 通过监测梭梭、柽柳的生理指标及地下水埋深,探究节水条件下植被水分传输对潜水埋深的响应。发现在不同潜水埋深下,梭梭、柽柳的茎流速率的各自启动时间相同,潜水埋深的不同对梭梭、柽柳的茎流速率的启动时间没有影响;不同潜水埋深下,梭梭晴天茎流速率的平均值大于阴雨天茎流速平均值,潜水埋深对不同天气下梭梭的茎流速率的规律没有太大影响,柽柳则表现出差异性;有效辐射对净光合速率综合作用最大,其次影响净光合速率的环境因子是温度。潜水埋深不超过 15 m 时,梭梭丙二醛的含量随着潜水埋深增加而增大,潜水埋深超过 15 m 后梭梭丙二醛的积累出现异常,梭梭丙二醛的积累量随着埋深增加而减少,这是梭梭抵抗干旱胁迫的阈值;潜水埋深 6 m 时,柽柳对丙二醛的积累最大,潜水埋深超过 6 m,柽柳脯氨酸含量减少,这是柽柳抵抗干旱胁迫的阈值,并且荒漠植物随灌水矿化度升高生长生理指标下降,生态效应减弱。

# 9 节水条件下流域生态适应性调控机制研究

## 9.1 节水措施下流域生态系统适应性分析

玛纳斯河流域自 1996 年起,流域运用了大量节水措施,至今,节水措施的应用已经达到了增产增效的效益。但是,伴随着节水措施的不断深化运用,流域生态系统适应性的减弱现象也非常明显。基于此,本研究从流域生态学的角度对节水措施下干旱区生态系统适应性进行了研究与分析,建立节水措施下玛纳斯河流域生态系统适应性评价指标体系、评价标准,运用层次分析法和模糊数学综合评判法对节水措施下玛纳斯河流域生态系统适应性进行单因子、综合评价研究,以实现当地社会经济发展与生态环境保护之间的协调关系。

### 9.1.1 压力-状态-响应模型

本文基于“PSR 模型”,根据指标体系构建原则,结合玛纳斯河流域自然生态环境和节水措施运用下流域生态系统的分析结果,建立如图 9.1 所示的压力—状态—响应(PSR)关系,分别列入各系统的主要影响因素。

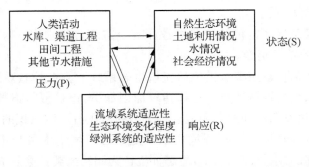

图 9.1 节水措施下玛纳斯河流域生态系统适应性压力—状态—响应概念模型

生态系统适应性评价是一项综合性较强的系统工作,包括层次性、主导性、全面性、人为可调控、指示性五项原则。经查阅国内外相关文献,结合干旱区水资源特点,本文选择如下评价指标,建立能反映节水措施对流域生态系统适应性的指标体系:

1）状态指标层

状态指标层包括：$C_1$：水资源开发利用率；$C_2$：人均水资源量；$C_3$：人均 GDP。

根据压力—状态—响应概念框架模型，上述三指标应对节水措施有因果关系，并且是生态系统适应性的响应结果。指标选择原因如下：水资源开发利用率体现的是流域水资源开发利用的程度，是需要应用节水措施的最直接因素，也是生态系统适应性最直观的指标，玛纳斯河流域属于我国干旱区，水资源开发利用率在 50％～60％为合理范围。人均水资源量反映流域水丰缺程度。人均国内生产总值（GDP）是一项全面反映经济活动水平的国际通用指标，它能够比较全面地反映宏观经济的总体发展水平，反映节水措施对社会经济发展适应性影响。

2）压力指标层

压力指标层包括：$C_4$：渠道防渗率；$C_5$：地下水开采潜力系数；$C_6$：节水灌溉耕地面积比；$C_7$：农田灌溉亩均用水量。

压力指标层应反映节水措施使用程度，并且能够反映节水措施对生态系统适应性的影响情况，选取指标原因如下：渠道防渗率越高，节约水量越大，但造成荒漠生态系统的水源减少，荒漠植被所得水量越少，对流域生态系统的适应性有不良的影响。地下水开采潜力系数可反映地下水超采情况，流域属于干旱半干旱区，常年依赖地下水开采，造成地下水水位下降，对生态系统适应性造成了不容忽视的影响。节水灌溉耕地面积比指节水灌溉面积与流域耕地面积之比，流域实施节水灌溉技术，促进了经济的发展，但节约的水量又用于扩大耕地面积，选用该指标表示节水措施与耕地面积的发展关系。农田灌溉亩均用水量是农作物对水的依赖作用及农业水平的综合反映，流域农业灌溉用水比重偏大，选取农业灌溉亩均用水量反映流域节水措施水平。

3）响应指标层：

响应指标层包括：$C_8$：植被覆盖指数；$C_9$：生态环境用水率；$C_{10}$：土地盐渍化变化率；$C_{11}$：绿洲稳定性指数。

响应指标层是在运用节水措施后流域生态系统适应性的直观体现，也可反映流域自然生态系统的发展趋势。选择指标原因如下：植被覆盖指数指被流域内林地、草地、农田、建设用地和未利用地五种类型的面积占流域面积的比重，用于反映被流域植被覆盖的程度。生态环境用水率是生态环境用水量与水资源总量的比值，反映生态系统对水资源的需求，生态环境作为制约人类社会发展的一个关键因素，制定流域运用节水措施后生态系统适应性的评价指标系统，具有十分重要的意义。选用土地盐渍化变化率表现人们对土壤质量的改良或破坏程度。绿洲稳定性指数是指流域水资源分配给植被的水量与植被的实际需水量的比值，在一定程度上反映国民经济用水量与生态用水量的关系。研究表明这一比例越大，说明水资源利用越合理、绿洲稳定性越高。

按照指标选取原则选取上述指标，并且指标体系建立能够反映节水措施与生态系统适应性关系，综上，可得如下指标体系和评价标准如表 9.1 所示，Ⅰ 至 Ⅴ 级表示从优到差的评价标准级别：

**表 9.1　节水措施下玛纳斯河流域生态系统适应性评价指标、评价标准**

| 目标层 | 项目层 | 权重 | 指标层 | 指标体系 | 单位 | 权重 | 评价标准 | | | | |
|---|---|---|---|---|---|---|---|---|---|---|---|
| | | | | | | | Ⅰ | Ⅱ | Ⅲ | Ⅳ | Ⅴ |
| 节水措施下生态系统适应性评价指数 $O$ | 状态 $A_1$ | 0.54 | $C_1$ | 水资源开发利用率 | % | 0.345 6 | <50 | 50～65 | 65～80 | 80～95 | >95 |
| | | | $C_2$ | 人均水资源量 | 万 m³/人 | 0.140 4 | >3 000 | 3 000～2 000 | 2 000～1 000 | 1 000～500 | <500 |
| | | | $C_3$ | 人均 GDP | 万元/人 | 0.054 | >25 000 | 25 000～15 000 | 15 000～10 000 | 10 000～5 000 | <5 000 |
| | 压力 $A_2$ | 0.16 | $C_4$ | 渠道防渗率 | % | 0.008 8 | >40 | 40～30 | 30～20 | 20.～10. | <10 |
| | | | $C_5$ | 地下水开采潜力系数 | / | 0.018 9 | >1.13 | 1.13～1.05 | 1.05～0.97 | 0.97～0.89 | <0.89 |
| | | | $C_6$ | 节水灌溉耕地面积比 | % | 0.042 1 | >40 | 40～30 | 30～20 | 20.～10. | <10 |
| | | | $C_7$ | 农田灌溉亩均用水量 | m³/亩 | 0.090 2 | <380 | 380～430 | 430～480 | 480～530 | >530 |
| | 响应 $A_3$ | 0.3 | $C_8$ | 植被覆盖指数 | / | 0.066 6 | >65 | 65～55 | 45～30 | 30～15 | <15 |
| | | | $C_9$ | 生态环境用水率 | % | 0.066 6 | >40 | 40～30 | 30～20 | 20.～10. | <10 |
| | | | $C_{10}$ | 土地盐渍化变化率 | % | 0.033 3 | <10 | 10.～15. | 15～20 | 20～30 | >30 |
| | | | $C_{11}$ | 绿洲稳定性指数 | % | 0.133 5 | >1.0 | 1.0～0.8 | 0.8～0.75 | 0.75～0.50 | <0.5 |

## 9.1.2　生态系统适应性评价标准

### 1）权重计算方法

依据国家环保局编制的"生境重要性评价方法"综合判断评价指标生态功能的重要性，运用层次分析法确定权重。层次分析法是美国运筹学家、匹兹堡大学 T. L. Saaty 教授在 20 世纪 70 年代初期提出的，AHP 是对定性问题进行定量分析的一种简便、灵活而又实用的多准则决策方法。它的特点是把复杂问题中的各种因素通过划分为相互联系的有序层次，使之条理化，根据对一定客观现实的主观判断结构把专家意见和分析者的客观判断结果直接而有效地结合起来，将一层次元素两两比较的重要性进行定量描述。而后用数学方法计算反映每一层次元素的相对重要性次序的权值，通过所有层次之间的总排序计算所有元素的相对权重并进行排序。层次分析法可以在评价概念模型的指导和框定下，有效地建立指标体系的层次结构，具有简洁、实用和系统等特点，是指标因子权重的有效计算方法，权重值如表 9.1 所示。

### 2）模糊综合评判法

评语集为 $R=\{Ⅰ,Ⅱ,Ⅲ,Ⅳ,Ⅴ\}$，与评价标准的等级划分一致，如表 9.1 所示。模糊综合评判方法的关键是建立隶属函数，即用隶属函数来确定每一个评价指标对生态环境适应性等级的隶属程度。根据生态系统适应性评价指标的正、负作用,确定隶属函数为升半梯形函数为生态系统适应性正作用指标隶属函数,降半梯形函数为生态系统适应性负作用指标隶属函数。详见式(9.1)、式(9.2):

生态系统适应性正作用指标隶属函数公式:

$$\mu_1 = \begin{cases} 1 & (x > c_1) \\ \dfrac{c_1 - x}{c_1 - c_2} & (c_2 < x < c_1) \\ 0 & (x < c_2) \end{cases}$$

$$\mu_j = \begin{cases} 0 & (x \leqslant c_{j-1}) \\ \dfrac{c_{j-1} - x}{c_{j-1} - c_j} & (c_j < x < c_{j-1}) \end{cases} (j = 2, 3, 4)$$

$$\mu_5 = \begin{cases} 0 & (x > c_4) \\ \dfrac{c_4 - x}{c_4 - c_5} & (c_5 < x < c_4) \\ 1 & (x < c_5) \end{cases} \tag{9.1}$$

式中,$c_1, \cdots, c_5$ 为生态系统适应性评价标准阈值的最低值。

生态系统适应性负作用指标隶属函数公式:

$$\mu_1 = \begin{cases} 1 & (x \leqslant c_1) \\ \dfrac{x - c_1}{c_2 - c_1} & (c_1 < x < c_2) \\ 0 & (x \geqslant c_2) \end{cases}$$

$$\mu_j = \begin{cases} 0 & (x \geqslant c_{j+1}) \\ \dfrac{x - c_{j-1}}{c_j - c_{j+1}} & (c_{j-1} < x < c_j) \end{cases} (j = 2, 3, 4)$$

$$\mu_5 = \begin{cases} 0 & (x < c_4) \\ \dfrac{x - c_4}{c_5 - c_4} & (c_4 < x < c_5) \\ 1 & (x > c_5) \end{cases} \tag{9.2}$$

式中,$c_1, \cdots, c_5$ 为生态系统适应性评价标准阈值的最低值。

### 9.1.3　生态系统适应性评价

选取 2000 年、2005 年、2010 年作为节水措施运用程度不同年,对玛纳斯河流域的生态系统适应性进行评价。

#### 1)单因子评价结果分析

通过查找 2000 年、2005 年、2010 年各指标数值,做单因子评价结果图如图 9.2

所示,由所查数据和评价情况对单因子评价结果进行分析。

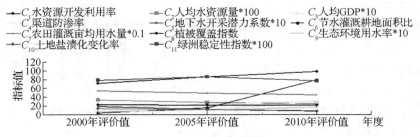

**图 9.2 单因子评价结果汇总图**

单个指标结果分析:从单因子评价结果图中可看出各指标值增减幅度情况;从流域自然生态环境状态层评价结果可看出,随着流域水资源开发利用率的不断提高,人均 GDP 不断增高,流域经济发展迅速,流域的地理位置和气候条件说明了各业的蓬勃发展都离不开水资源的开发;从选取的三个典型年对节水措施运用压力层情况的评价结果可以看出,随着流域节水措施的应用程度不断提高,节水措施的运用越来越广,从 2010 年压力层评价结果可以看出节水措施运用程度还有一定的发展空间。例如灌溉亩均用水量还可以降低,节水耕地面积还可以增加,已达到更好的节水效果。

单因子总体评价分析:从 2000 年流域自然生态环境状态层可知,流域经济发展缓慢,各业的发展均需要水资源为基础,流域水资源又有限,在这样的状态下,采用节水措施人为压力因素,使得流域水资源开发利用率不断提高;在节水措施不断运用下,流域盐渍化面积变化率不断减小,地下水开采潜力系数不断降低,流域生态环境用水率不断增大,植被覆盖指数有减小的趋势;流域水资源开发利用率超过流域生态系统能够承受的情况时,流域绿洲稳定性呈现降低趋势,本流域水资源开发利用率由 2000 年的 72% 升高到 2010 年的 99%,如此高的引水比和生态退化现象足以表明流域国民经济用水挤占生态用水。

总体单因子评价结论:节水措施这一人为压力因素,对流域生态系统适应性存在良性作用,也存在劣性作用,流域水资源开发利用率的过度提高是造成流域生态系统适应性降低的重要原因,在运用节水措施的过程中,应尽可能地趋利避害,以达到维护流域生态系统适应性的作用。

### 2) 综合评价分析

根据隶属函数,建立模糊关系矩阵,进行综合评价。根据综合评价结果,玛纳斯河流域生态系统适应性在节水措施运用的影响下,2000 年、2005 年、2010 年综合评价结果汇总如图 9.3 所示。

图中 20 表示Ⅴ级、40 表示Ⅳ级、60 表示Ⅲ级、80 表示Ⅱ级、100 表示Ⅰ级。由图中评价结果对综合评价进行分析。

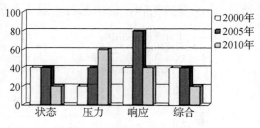

图 9.3　综合评价结果汇总图

　　状态（S）、压力（P）、响应（R）各指标层及综合评价趋势：由图 9.3 可知，2000 年、2005 年、2010 年，状态指标层评价结果呈下降趋势，压力指标层评价结果呈上升趋势，响应指标层先上升后下降，综合评价结果呈下降趋势。这说明了节水措施的应用在一定程度上对流域生态系统适应性产生了负影响。分析原因是流域耕地面积的增大使得农业需水也不断增大，即使运用节水措施所节约的水资源不能中和这一部分需水，使其挤占生态用水量，造成生态系统适应性呈下降趋势。

　　状态（S）、压力（P）、响应（R）各指标层间的相互关系：在节水措施运用程度不断提高的人为压力影响下，流域生态系统适应性的响应先升高后降低，说明节水措施的应用对生态系统适应性是有良性作用的。但综合评价呈现下降趋势，即总体结果评价是劣性的。分析原因是流域绿洲稳定性指数的先升高后降低，且在评价体系中所占权重较大，节水措施应用前期还是达到了可观的生态恢复效果的，后期由于经济发展的需要，盲目扩建耕地加上各业需水量的加大，虽然加大节水措施运用强度，但效果不明显。综合评价与状态指标层评价结果趋于一致，都呈现下降状态。

　　总体综合评价结论：玛纳斯河流域生态系统适应性在节水措施运用的影响下从 2000 年、2005 年相对处于"Ⅳ级"的较差级别，到 2010 年相对处于"Ⅴ级"的非常差级别，综合评价结果呈现下降趋势。原因是盲目扩建耕地加上各业需水量的加大，虽然加大节水措施运用强度，但效果不明显。研究发现虽然流域采用节水措施不断强化，但目前距离一些发达国家还有差距，建议在保证自然生态环境不受损的基础上提高节水措施的运用情况。流域经济快速发展的需求、流域人口的增加，导致自然资源过度利用，破坏了流域生态系统的适应性，在此情况下采用合理的节水措施是可持续发展流域经济的有效方法，在有限的水资源情况下，保证自然生态环境适应性不恶化就需要适当抑制人为需要，发展科技农业，即发展高产高效农业控制耕地面积的增长，采取联合水库调度等措施，严禁地下水超采，根据流域水资源特有情况合理使用水资源，以达到生态建设与经济建设齐发展的宏伟目标。

## 9.2　节水措施下基于生态安全的水资源合理配置研究

### 9.2.1　灌区水利工程基本概况

#### 1）水库概况

玛纳斯河灌区现有水库五座，分别为蘑菇湖水库、大泉沟水库、夹河子水库、跃进水库及肯斯瓦特水库，对灌区内的水库进行水库优化调度。

各水库库容统计信息如表 9.2 所示。

表 9.2　玛纳斯河灌区水库库容表

| 水库名称 | 总库容(亿 m³) | 死库容(万 m³) |
|---|---|---|
| 蘑菇湖水库 | 1.8 | 750 |
| 大泉沟水库 | 0.4 | 500 |
| 夹河子水库 | 1.014 | 3 500 |
| 跃进水库 | 1.097 | 2 000 |
| 肯斯瓦特水库 | 1.88 | 6 200 |

#### 2）骨干渠系概况

玛纳斯河灌区骨干渠系包括玛纳斯河河道 $C_1$、石河子总干渠并洞子渠 $C_2$、大泉沟引洪渠＋两库连通渠 $C_3$、六孚渠 $C_4$、西调渠并引洪渠道 $C_5$、夹河子东泄水渠 $C_6$、夹河子西泄水渠 $C_7$、跃进泄水渠 $C_8$、蘑菇湖泄水渠并大泉沟泄水渠 $C_9$、西岸大渠 $C_{10}$、莫索湾总干渠 $C_{11}$、夹河子泄洪渠 $C_{12}$、溢洪道（夹河子库外）$C_{13}$、东岸大渠 $C_{14}$。

各骨干渠系统计信息如表 9.3 所示。

表 9.3　玛纳斯河灌区骨干渠系统计信息表

| 渠　道 | 最大输水能力(m³/s) | 渠道水利用系数 | 水量损失比例 |
|---|---|---|---|
| 玛纳斯河河道 $C_1$ | 1 040 | 0.9 | 0.1 |
| 石河子总干渠并洞子渠 $C_2$ | 26.5 | 0.95 | 0.05 |
| 大泉沟引洪渠＋两库连通渠 $C_3$ | 25 | 0.85 | 0.15 |
| 六孚渠 $C_4$ | 65 | 0.98 | 0.02 |
| 西调渠并引洪渠道 $C_5$ | 935 | 0.92 | 0.08 |
| 夹河子东泄水渠 $C_6$ | 32 | 0.99 | 0.01 |
| 夹河子西泄水渠 $C_7$ | 51 | 0.99 | 0.01 |
| 跃进泄水渠 $C_8$ | 35 | 0.99 | 0.01 |
| 蘑菇湖泄水渠并大泉沟泄水渠 $C_9$ | 80 | 0.99 | 0.01 |
| 西岸大渠 $C_{10}$ | 51 | 0.92 | 0.08 |

续表 9.3

| 渠　　道 | 最大输水能力（m³/s） | 渠道水利用系数 | 水量损失比例 |
|---|---|---|---|
| 莫索湾总干渠 $C_{11}$ | 45 | 0.96 | 0.04 |
| 夹河子泄洪渠 $C_{12}$ | 580 | 1.00 | 0 |
| 溢洪道（夹河子库外）$C_{13}$ | 50 | 0.99 | 0.01 |
| 东岸大渠 $C_{14}$ | 105 | 0.92 | 0.08 |

## 9.2.2　水库群配水和各灌区规模确定

水库群配水和各灌区种植面积优化主要包括：物理模型建立、物理模型与数学模型转换、程序编写、基本数据计算、确定地下水分配和石河子灌区泉水利用方案、执行程序优化计算等七步。

通过以上简化构建物理模型如图 9.4 所示。

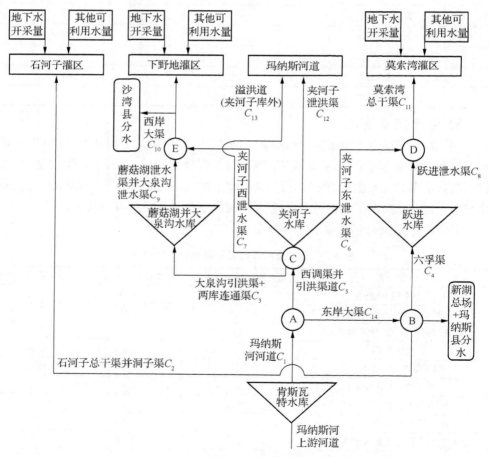

图 9.4　玛纳斯河灌区水库群配水简化模型图

### 9.2.3 节水条件下玛纳斯河灌区水资源优化配置模型构建

#### 1) 子灌区、渠道、水库、作物、旬份、分水区编号

子灌区编号:石河子灌区、下野地灌区、莫索湾灌区依次编号为 1、2、3。

渠道编号:玛纳斯河河道、石河子总干渠并洞子渠、大泉沟引洪渠+两库连通渠、六孚渠、西调渠并引洪渠道、夹河子东泄水渠、夹河子西泄水渠、跃进泄水渠、蘑菇湖泄水渠并大泉沟泄水渠、西岸大渠、莫索湾总干渠、夹河子泄洪渠、溢洪道(夹河子库外)、东岸大渠依次编号为 $C_1$、$C_2$、$C_3$、$C_4$、$C_5$、$C_6$、$C_7$、$C_8$、$C_9$、$C_{10}$、$C_{11}$、$C_{12}$、$C_{13}$、$C_{14}$。

水库编号:蘑菇湖并大泉沟水库、夹河子水库、跃进水库、肯斯瓦特水库依次编号为 1、2、3、4。

作物编号:从第 1 到第 $m$ 种作物依次编号为 1、2、3、…、$m-1$、$m$,复播作物作为一种作物处理。

分水区编号:玛纳斯县、新湖总场、沙湾县依次编号为 1、2、3。

#### 2) 目标函数

模型以玛纳斯河灌区预期农业整体收益($I$)最大化为目标函数。

目标函数:

$$I = II(1) + II(2) + II(3) \tag{9.3}$$

第 $i$ 子灌区农业收益:

$$II(i) = S(i) \times \sum_{j=1}^{m} g(i,j) \times P(i,j) \tag{9.4}$$

第 $i$ 子灌区第 $k$ 旬需水总量(可调整):

$$X(i,k) = (S(i)/\eta(i)) \times \sum_{i=1}^{m} e(j,k) \times g(i,j) + ss(i,k) \tag{9.5}$$

第 $i$ 子灌区第 $k$ 旬地下水开采量上限:

$$D(i,k) \leqslant d(i,k) \times S(i) \tag{9.6}$$

第 $i$ 子灌区第 $k$ 旬地下水最小开采量:

$$D(i,k) \geqslant D_{\min}(i,k) \tag{9.7}$$

第 $i$ 子灌区耕地面积约束:

$$S_{\min}(i) \leqslant S(i) \leqslant S_{\max}(i) \tag{9.8}$$

夹河子水库下游玛纳斯河河道第 $k$ 旬生态需水量约束：

$$c_{\min}(k) \geqslant x(12,k) \times (1-o(12,k)) + x(13,k) \times (1-o(13,k)) \tag{9.9}$$

石河子灌区第 $k$ 旬可利用总水量：

$$G(1,k) = D(1,k) + x(2,k) \times (1-o(2,k)) + t(1,k) \tag{9.10}$$

下野地灌区第 $k$ 旬可利用总水量：

$$G(2,k) = D(2,k) + x(10,k) \times (1-o(10,k)) - fs(3,k) + t(2,k) \tag{9.11}$$

莫索湾灌区第 $k$ 旬可利用总水量：

$$G(3,k) = D(3,k) + x(11,k) \times (1-o(11,k)) + t(3,k) \tag{9.12}$$

石河子灌区可利用总水量约束：

$$G(1,k) \geqslant X(1,k) \tag{9.13}$$

下野地灌区可利用总水量约束：

$$G(2,k) \geqslant X(2,k) \tag{9.14}$$

莫索湾灌区可利用总水量约束：

$$G(3,k) \geqslant X(3,k) \tag{9.15}$$

第 $i$ 子灌区第 $k$ 旬允许最小灌水比例约束：

$$G(i,k) = ss(i,k) \geqslant (a(i,k) \times S(i)/\eta(i)) \times \sum_{i=1}^{m} e(j,k) \times g(i,j) \tag{9.16}$$

$A$ 分水点水量平衡：

$$x(1,k) \times (1-o(1,k)) = x(5,k) + x(14,k) \tag{9.17}$$

$B$ 分水点水量平衡：

$$x(14,k) \times (1-o(14,k)) = x(2,k) + x(4,k) + fs(1,k) + fs(2,k) \tag{9.18}$$

$C$ 分水点水量平衡：

$$x(5,k) \times (1-o(5,k)) = x(3,k) + x(13,k) + \Delta(k) \tag{9.19}$$

$D$ 分水点水量平衡：

$$x(6,k) \times (1-o(6,k)) + x(8,k) \times (1-o(8,k)) = x(11,k) \tag{9.20}$$

$E$ 分水点水量平衡：

$$x(9,k)\times(1-o(9,k))+x(7,k)\times(1-o(7,k))=x(10,k) \qquad (9.21)$$

蘑菇湖水库并大泉沟水库水量平衡：

$$V(1,k)=(V(1,k-1)+w(1,k)+x(3,k)\times(1-o(3,k))-$$
$$x(9,k))/(1+r(1,k)+h(1,k)) \qquad (9.22)$$

夹河子水库水量平衡：

$$V(2,k)=(V(2,k-1)+w(2,k)+\Delta(k)-x(6,k)-x(7,k)-$$
$$x(12,k))/(1+r(2,k)+h(2,k)) \qquad (9.23)$$

跃进水库水量平衡：

$$V(3,k)=(V(3,k-1)+w(3,k)+x(4,k)\times(1-o(4,k))-$$
$$x(8,k))/(1+r(3,k)+h(3,k)) \qquad (9.24)$$

肯斯瓦特水库水量平衡：

$$V(4,k)=(V(4,k-1)+w(4,k)+F(k)-x(1,k))/(1+r(4,k)+h(4,k))$$
$$(9.25)$$

第 $i$ 子灌区年平均水量偏差：

$$u(i)=\sqrt{\frac{1}{36}\sum_{k=1}^{36}(G(i,k)-X(i,k))^2} \qquad (9.26)$$

玛纳斯河灌区年平均水量偏差：

$$U=(u(1)+u(2)+u(3))/3 \qquad (9.27)$$

渠道过水能力约束：

$$x(i,k)\leqslant x\max(i,k) \qquad (9.28)$$

水库允许最大最小蓄水量约束：

$$V_{\min}(i,k)\leqslant V(i,k)\leqslant V_{\max}(i,k) \qquad (9.29)$$

子灌区最低产值约束：

$$\amalg_{\min}(i,k)\leqslant\amalg(i,k) \qquad (9.30)$$

非负约束：模型中各实际量不得小于 0。

模型求解思路为多目标规划，方案生成方法为约束法，方案选择方法为最小值法，求解流程图如图 9.5 所示。

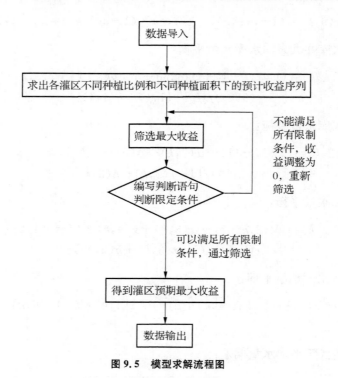

图 9.5　模型求解流程图

## 9.2.4　地下水及泉水利用方案

目前,石河子灌区地下水可开采量为 1.961 2 亿 m³/a,下野地灌区地下水可开采量为 0.776 6 亿 m³/a,莫索湾灌区为 0.664 亿 m³/a。由于地下水年内可调节性较强,为比较不同来水频率下子灌区内地下水分配与石河子灌区泉水利用方案对灌区收益的影响,将地下水和石河子灌区泉水按以下四种方案分配:

方案一:暂不考虑泉水利用,直接将地下水可开采量按旬内天数分摊到各旬中。

方案二:暂不考虑泉水利用,1~10 旬与 32~36 旬为非灌溉期,单位面积可开采地下水量为该旬份子灌区地下水最小开采量的亩均分摊量,11~31 旬为灌溉期,分摊的地下水开采量为剩余年内地下水可开采量按旬内天数与子灌区面积分摊到各旬的每亩耕地中。各子灌区不同天数旬份地下水分摊量。

方案三:地下水分摊方案同方案一,但考虑泉水利用,在石河子灌区可利用其他水量中扣除泉水量(产生于方案一的优化结果)并将其作为水库聚集的其他水量引入蘑菇湖水库或大泉沟水库。

方案四:地下水分配方案同方案二,泉水利用方案如方案三,但泉水量产生于方案二的优化结果。

由于三种来水频率方案一与方案二下石河子灌区产生的泉水量相同(石河子灌区优化种植面积相同),故三种来水频率下方案一与方案二下石河子灌区泉水量、考虑泉水利用并予以调整后蘑菇湖并大泉沟水库可利用其他水量及石河子灌区可利用其他水量均相同。方案三与方案四虽然假设将石河子灌区泉水全部引入蘑菇湖或大泉沟水库,是一种理想情况,但由于程序计算灌区需水量时并未考虑石河子灌区地下水和泉水多为就地利用,与渠道来水相比输水损失较小,计算的灌区需水量略大,泉水量略小,故误差忽略不计。

## 9.2.5 优化结果分析

来水频率 $P=25\%$、$P=50\%$、$P=75\%$ 四种方案下各子灌区种植面积如表9.4~表9.6所示。

**表9.4 来水频率 $P=25\%$ 四种方案下各分灌区种植面积及总种植面积表**

(单位:万亩)

| 灌 区 | 方案一 | 方案二 | 方案三 | 方案四 |
|---|---|---|---|---|
| 石河子 | 45.58 | 45.58 | 45.58 | 45.58 |
| 下野地 | 93.97 | 93.97 | 93.80 | 93.97 |
| 莫索湾 | 48.20 | 52.80 | 69.80 | 75.93 |
| 总种植面积 | 187.75 | 192.35 | 209.18 | 215.48 |

**表9.5 来水频率 $P=50\%$ 四种方案下各灌区种植面积表** (单位:万亩)

| 灌 区 | 方案一 | 方案二 | 方案三 | 方案四 |
|---|---|---|---|---|
| 石河子 | 45.58 | 45.58 | 45.58 | 45.58 |
| 下野地 | 67.50 | 70.40 | 87.50 | 88.80 |
| 莫索湾 | 43.50 | 43.70 | 47.80 | 56.90 |
| 总种植面积 | 156.58 | 159.68 | 180.88 | 191.28 |

**表9.6 来水频率 $P=75\%$ 四种方案下各灌区种植面积表** (单位:万亩)

| 灌 区 | 方案一 | 方案二 | 方案三 | 方案四 |
|---|---|---|---|---|
| 石河子 | 45.58 | 45.58 | 45.58 | 45.58 |
| 下野地 | 63.20 | 74.40 | 78.30 | 86.70 |
| 莫索湾 | 43.90 | 44.00 | 46.60 | 49.00 |
| 总种植面积 | 152.68 | 163.98 | 170.48 | 181.28 |

由表9.4~表9.6可知,来水频率 $P=25\%$ 方案一、方案二、方案三、方案四下玛纳斯河灌区总种植面积分别为187.75万亩、192.35万亩、209.18万亩、215.48

万亩;来水频率 $P=50\%$ 方案一、方案二、方案三、方案四下玛纳斯河灌区总种植面积分别为 156.58 万亩、159.68 万亩、180.88 万亩、191.28 万亩;来水频率 $P=75\%$ 方案一、方案二、方案三、方案四下玛纳斯河灌区总种植面积分别为 152.68 万亩、163.98 万亩、170.48 万亩、181.28 万亩。

相对于方案一,方案二通过调整地下水开采量,降低非灌溉期地下水可开采量,提高灌溉期地下水可开采量,在一定程度上缓解了灌区灌溉期用水紧张的局面,而方案三通过将方案一下石河子灌区产生的泉水引入蘑菇湖或大泉沟水库,将其供给到下野地灌区,减少了下野地灌区从夹河子水库引用的水量,从而提高了下野地灌区和莫索湾灌区的种植面积。方案四既调整了地下水开采量,又充分利用了石河子灌区的泉水,进一步提高了玛纳斯河灌区总种植面积。

来水频率 $P=25\%$ 方案四下,玛纳斯河灌区总种植面积已经达到最大耕地面积 215.48 万亩,说明如果玛纳斯河灌区内各种水量能够充分利用,可以认为灌区整体上不缺水;来水频率 $P=50\%$ 和 $P=75\%$ 四种方案下玛纳斯河灌区总种植面积都未能达到总耕地面积 215.48 万亩,说明来水频率 $P=50\%$ 和 $P=75\%$ 下,玛纳斯河灌区面临缺水困难,灌区内的耕地无法被充分利用(见图 9.6)。

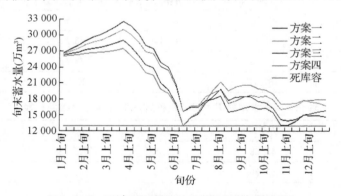

图 9.6　$P=25\%$ 不同方案下水库群旬末蓄水量对比图

来水频率 $P=25\%$ 玛纳斯河水库群在方案一、方案二下蓄水总量在 6 月中旬降到最低,分别为 12 956 万 $m^3$、12 954 万 $m^3$,接近于水库群死库容之和(12 950 万 $m^3$),水库群面临全面缺水的困境,6 月中旬之后蓄水总量先升后降,10 月下旬和 11 月上旬因灌区冬灌而水量有一定幅度的下降,但未接近于水库群死库容之和;方案三和方案四下在 6 月中旬蓄水量下降到 15 664 万 $m^3$、15 633 万 $m^3$,6 月中旬之后水库群蓄水总量呈波动性上升,但上升幅度不大,在 10 月下旬和 11 月上旬因冬灌用水而蓄水总量再次下降,方案三降低到 13 050 万 $m^3$、13 028 万 $m^3$,接近于水库群死库容之和,灌区面临全面缺水的局面,但由于已经是冬季,灌溉季节已经结束,对灌区影响不大,方案四降低到 15 983 万 $m^3$、16 240 万 $m^3$,未接近于水库群死库容之和。

来水频率 $P=25\%$ 玛纳斯河水库群在方案一、方案二、方案三、方案四下最大蓄水量分别为 28 998 万 m³、27 503 万 m³、32 543 万 m³、31 027 万 m³,均出现在 3 月下旬,分别为水库群总库容之和(6. 191 亿 m³)的 46.8%、44. 4%、52. 6%、50.1%,说明肯斯瓦特水库建成后在来水频率 $P=25\%$ 时可以认为玛纳斯河灌区防洪问题已经基本解决。

来水频率 $P=25\%$ 玛纳斯河灌区水库群在方案四下最低蓄水量(15 633 万 m³)超过水库群死库容之和(12 950 万 m³)2 683 万 m³,且灌区总种植面积已经达到总耕地面积 215.48 万亩,说明在灌区水量能够合理充分利用的情况下,玛纳斯河灌区并不缺水但余水不多,不宜再扩大耕地面积。

来水频率 $P=25\%$ 玛纳斯河水库群有两个用水紧张期,第一个出现在 6 月中旬,第二个出现在 10 月下旬和 11 月上旬。

来水频率 $P=50\%$ 玛纳斯河水库群在方案一、方案二下蓄水量在 6 月中旬和 6 月下旬降到最低,分别为 13 344 万 m³、13 250 万 m³ 和 12 952 万 m³、12 954 万 m³,接近于水库群死库容之和(12 950 万 m³),水库群面临全面缺水的局面,6 月下旬之后水库群蓄水量快速上升,在 8 月中旬再次下降,但下降幅度不大,也未接近水库群死库容,随后呈波动性上升;方案三、方案四下蓄水量在 6 月中旬与 6 月下旬达到 15 257 万 m³、14 737 万 m³ 和 14 222 万 m³、13 689 万 m³,接近于水库群死库容,6 月下旬之后水库群蓄水量有所回升,但在 8 月中旬下降到最低蓄水量,分别为 13 650 万 m³、13 613 万 m³,水库群面临全面缺水的局面(见图 9.7)。

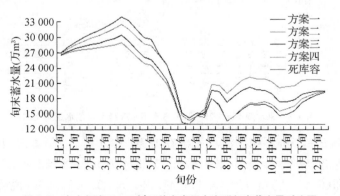

**图 9.7 来水频率 P=50%四种方案下水库群旬末蓄水量对比图**

来水频率 $P=50\%$ 玛纳斯河水库群在方案一、方案二、方案三、方案四下最大蓄水量分别为 30 427 万 m³、29 037 万 m³、34 046 万 m³、32 560 万 m³,均出现在 3 月下旬,分别为水库群总库容之和(6. 191 亿 m³)的 49.1%、46.9%、55. 0%、52.6%,说明肯斯瓦特水库建成后来水频率 $P=50\%$ 下可以认为玛纳斯河灌区防洪问题已经基本解决。

　　来水频率 $P＝50\%$ 方案一、方案二下玛纳斯河水库群有一个用水紧张期,该时期出现在 6 月中旬与 6 月下旬;方案三、方案四下玛纳斯河灌区水库群有两个用水紧张期,第一个出现在 6 月中旬与 6 月下旬,第二个出现在 8 月中旬。

　　由图 9.8 可知:来水频率 $P＝75\%$ 玛纳斯河水库群在方案一、方案二、方案三下蓄水总量在 10 月下旬、11 月上旬、11 月中旬降到最低,分别为 13 152 万 $m^3$、13 072 万$m^3$、12 983 万 $m^3$ 和 13 040 万 $m^3$、13 142 万 $m^3$、13 053 万 $m^3$ 及 13 308 万 $m^3$、13 234 万 $m^3$、13 730 万 $m^3$,接近于水库群死库容之和(12 950 万 $m^3$),水库群面临全面缺水的困境,方案一在 6 月中旬、6 月下旬、8 月中旬蓄水量较低,分别为15 142 万 $m^3$、14 799 万 $m^3$、15 344 万 $m^3$,方案二在 6 月中旬、6 月下旬、8 月中旬蓄水量较低,分别为 14 000 万 $m^3$、13 550 万 $m^3$、14 153 万 $m^3$,接近于水库群死库容之和,方案三在 8 月中旬蓄水量较低,为 13 982 万 $m^3$,接近于水库群死库容之和;在方案四下蓄水量在 8 月中旬降到最低,为 13 436 万 $m^3$,接近于水库群死库容之和,在 10 月下旬、11 月上旬、11 月中旬蓄水量也较低,为 13 605 万 $m^3$、13 886 万 $m^3$及 14 374 万 $m^3$,也接近于水库群死库容之和,迫使下野地灌区和莫索湾灌区降低种植面积以缓解灌区季节性缺水的局面。

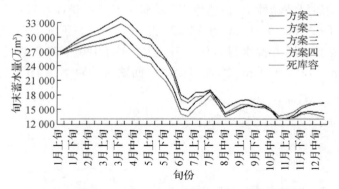

图 9.8　来水频率 $P＝75\%$ 四种方案下水库群旬末蓄水量对比图

　　来水频率 $P＝75\%$ 玛纳斯河水库群在方案一、方案二、方案三、方案四下最大蓄水量分别为 30 601 万 $m^3$、29 228 万 $m^3$、34 211 万 $m^3$、32 752 万 $m^3$,分别为水库群总库容之和(6.191 亿 $m^3$)的 49.4\%、47.2\%、55.3\%、52.9\%,说明肯斯瓦特水库建成后来水频率 $P＝75\%$ 下可以认为玛纳斯河灌区防洪问题已经基本解决。

　　来水频率 $P＝75\%$ 方案一下玛纳斯河水库群有一个用水紧张期,该时期出现在 10 月下旬至 11 月中旬,但由于是冬灌时期,作物主要灌溉季节已经结束,对灌区影响不大;方案二下有两个用水紧张期,第一个出现在 6 月中旬、6 月下旬,对灌区影响较大,第二个出现在 10 月下旬至 11 月中旬,对灌区影响不大;方案三和方案四下有两个用水紧张期,第一个出现在 8 月中旬,对灌区影响较大,第二个出现在 10 月下旬至 11 月中旬,对灌区影响不大。

## 9.3  本章小结

通过建立节水措施下玛纳斯河流域生态系统适应性评价指标体系、评价标准,运用层次分析法和模糊数学综合评判法对节水措施下玛纳斯河流域生态系统适应性进行综合评价,从流域生态学的角度对节水措施下干旱区生态系统适应性进行了分析。研究分析得出 2000 年、2005 年和 2010 年节水措施技术的推广造成生态系统适应性呈现下降趋势;研究发现在潜水埋深不超过 15 m 时,梭梭丙二醛的含量随着潜水埋深增加而增大,潜水埋深超过 15 m 后梭梭丙二醛的积累出现异常,梭梭丙二醛的积累量随着埋深增加而减少,这是梭梭抵抗干旱胁迫的阈值;潜水埋深 6 m 时,柽柳对丙二醛的积累最大,潜水埋深超过 6 m,柽柳脯氨酸含量减少,这是柽柳抵抗干旱胁迫的阈值,并且荒漠植物随灌水矿化度升高生长生理指标下降,生态效应减弱。结合地下水阈值以及地表水资源量,构建了节水条件下玛纳斯河灌区水资源优化配置模型,结合不同来水保证率,得出了流域不同用水方案下种植面积及渠系水库调度方案。

# 参 考 文 献

[1] Gee G W, Wierenga P J, Andraski B J, et al. Variations in Water Balance and Recharge Potential at Three Western Desert Sites[J]. Soil Scince Society of America Journal,1994, 58(1):63 - 72.

[2] Leng G, Tang Q, Huang M, et al. A comparative analysis of the impacts of climate change and irrigation on land surface and subsurface hydrology in the North China Plain[J]. Regional Environmental Change,2015,15(2):251 - 263.

[3] Scanlon B R, Healy R W, Cook P G. Choosing appropriate techniques for quantifying groundwater recharge[J]. Hydrogeology Journal,2002,10(1):18 - 39.

[4] A Facchi, B Ortuani, D Maggi, et al. Coupled SVAT-groundwater model for water resources simulation in irrigated alluvial plains[J]. Environmental Modelling & Software, 2004,19(11):1053 - 1063.

[5] Abu Jaber N, Ismail M. Hydrogeochemieal modeling of the shallow groundwater in the northern Jordan Valley[J] . Environmenta Geology,2003,44(4):391 - 399.

[6] Ali R, Elliott R L, Ayars J E, et al. Soil salinity modeling over shallow water tables. II: Application of LEACHC[J]. Journal of Irrigation & Drainage Engineering,2000,126(4): 223 - 233.

[7] Brown A E,Zhang L,Mcmahon A W,et al. A review of paired catchment studies for determining changes in water yield resulting from alterations in vegetation[J]. Journal of Hydrology,2005,310(1):28 - 61.

[8] Daniel Käser, Tobias Graf, Fabien Cochand, et al. Channel Representation in Physically Based Models Coupling Groundwater and Surface Water: Pitfalls and How to Avoid Them [J]. Groundwater,2014,52(6):827 - 836.

[9] C. J. Jayatilaka, B. Stom, L. B. Mudgway. Simulation of water flow on irrigation bay scale with MIKE SHE[J]. Journal of Hydrology, 1998,208(1 - 2): 108 - 130.

[10] Canadell J, Jackson R B, Ehleringer J B, et al. Maximum rooting depth of vegetation types at the global scales[J]. Oecologia, 1996,108(4):583 - 595.

[11] Chen S, Yang W, Huo Z, et al. Groundwater simulation for efficient water resources management in Zhangye Oasis, Northwest China[J]. Environmental Earth Sciences, 2016,75(8):647.

[12] Cheng G D, Xin L I. Integrated research methods in watershed science[J]. Science China (Earth Sciences),2015,58(7):1159 - 1168.

[13] Clark I D, Fritz P. Environmentl isotopes in hydrogeology[M]. Boca Raton: CRC Press,

1997.

[14] Clifford N Dahm, Nancy B. Grimm, Pierre Marmonier, et al. Nutrient dynamics at the interface between surface waters and groundwaters[J]. Freshwater Biology,2010,40(3): 427 - 451.

[15] Dai Z, Li C. , Trettin G, et al. Bi-criteria evaluation of the MIKE SHE model for a forested watershed on the South Carolina coastal plain[J]. Hydrology and Earth Sciences, 2010,14(6):1033 - 1046.

[16] David R Steward. Analysis of discontinuities across thin inhomogeneities, groundwater/ surface water interactions in river networks, and circulation about slender bodies using slit elements in the Analytic Element Method[J]. Water Resources Research,2015,51(11): 8684 - 8703.

[17] Dawson T E, Mambelli S, Plamboeck A H, et al. Stable Isotopes in Plant Ecology [J]. Annual Review of Ecology and Systematics,2002,33(1):507 - 559.

[18] De Vries J J, Simmers I. Groundwater recharge: an overview of processes and challenges [J]. Hydrogeology Journal. 2002,10(1):5 - 17.

[19] Demetriou C, Punthakey J F. Evaluating sustainable groundwater management options using the MIKE SHE integrated hydrogeological modelling package[J]. Environmental Modelling & Software,1998,14(2):129 - 140.

[20] DHI. MIKE SHE User Manual (Reference Guide) [Z]. Denmark Hydrology Institute,2008.

[21] Doummar J, Sauter M, Geyer T. Simulation of flow processes in a large scale karst system with an integrated catchment model (MIKE SHE)- Identification of relevant parameters influencing spring discharge[J]. Journal of Hydrology,2012,426(12):112 - 123.

[22] Xevi E, Christiaens K, Espino A, et al. Calibration, Validation and Sensitivity Analysis of the MIKE-SHE Model Using the Neuenkirchen Catchment as Case Study[J]. Water Resources Management,1997,11(3):219 - 242.

[23] Emilio Custodio. Aquifer overexploitation: what does it mean[J]. Hydrogeology Journal, 2002,10(2):254 - 277.

[24] Feng S, Huo Z, Kang S, et al. Groundwater simulation using a numerical model under different water resources management scenarios in an arid region of China[J]. Environmental Earth Sciences,2011,62(5): 961 - 971.

[25] Smith G I, Friedman I, Gleason J D, et al. Stable Isotope Composition of Waters in Southeastern California1. Modern Precipitation [J]. Journal of Geophysical Research, 1992, 97(D5):5795 - 5812.

[26] Froehlich K G R, Aggarwal P. Isotope hydrology at IAEA: history and activities [J]. IAHS Pblication,2004(286):125 - 134.

[27] L M Gu, S Zhang, Y Jin, et al. Research on Exchange Relationship of Surface Water and

Ground Water Pollutants—Taking Old City Zone of Changzhou as an Example[J]. Environmental Science & Technology,2012.

[28]　G O Brown. Henry Darcy and the making of a law[J]. Water Resources Research. 2002,9 (38):1 - 12.

[29]　Gat J R. Oxygen and hydrogen isotopes in the hydrologic cycle[J]. Annual Review of Earth and Planetary Sciences,1996,24(1):225 - 262.

[30]　Gong Z N,Zhao S Y,Gu J Z. Correlation analysis between vegetation coverage and climate drought conditions in North China during 2001 - 2013[J]. Journal of Geographical Sciences,2017,27(2):143 - 160.

[31]　Guo H, Ling H, Xu H, et al. Study of suitable oasis scales based on water resource availability in an arid region of China: a case study of Hotan River Basin[J]. Environmental Earth Sciences,2016,75(11):1 - 14.

[32]　Guymon G L. Unsaturated Zone Hydrology [M]. New Jersey: Prentice Hall,1994.

[33]　Han S, Tian F, Hu H. Positive or negative correlation between actual and potential evaporation Evaluating using a nonlinear complementary relationship model[J]. Water Resources Research,2014,50(2):1322 - 1336.

[34]　Henriksen H J, Troldborg L, Nyegaard P, et al. Methodology for construction, calibration and validation of a national hydrological model for Denmark[J]. Journal of Hydrology,2003,280(1): 52 - 71.

[35]　Hantush M S,Jacob, C E. Non-steady radial flow in an infinite leaky aquifer[J]. 1955 (36):95 - 100.

[36]　Helalia A M. The relation between soil infiltration and effective porosity in different soils [J]. Agricultural Water Management,1993,24(8):39 - 47.

[37]　Helmut Meuser. Groundwater, Soil Vapour and Surface Water Treatment[J]. Environmental Pollution,2013(23):279 - 346.

[38]　Henriksen H J, Rasmussen P, Brandt G, et al. Public participation modelling using Bayesian networks in management of groundwater contamination[J]. Environmental Modelling & Software, 2007,22(8):1101 - 1113.

[39]　Henry Darcy. Determination of the laws of flow of water through sand, Les Fontaines Publiques De La Ville De Dijon, Victor Dalmont Paris,1856(English translation by R A Freeze, Physical Hydro geology, Ed by R A Freeze and W Back).

[40]　Himanshu SK, Pandey A, Shrestha P . Application of SWAT in an Indian river basin for modeling runoff, sediment and water balance[J]. Environmental Earth Sciences, 2017,76 (1):3.

[41]　Ingraham N L, Taylor B E. Light Stable Isotope Systematics of Large-Scale Hydrologic Regimes in California and Nevada [J]. Water Resources Research,1991,27(1):77 - 90.

[42]　Itoh T, Ishii H, Nanseki T. A model of crop planning under uncertainty in agricultural

management[J]. International Journal of Production Economics,2003,81(2):555-558.

[43] J Mertens, H Madsen, L Feyen, et al. Including prior information in the estimation of effective soil parameters in unsaturated zone modelling[J]. Journal of Hydrology,2004, 294 (4):251-269.

[44] J R Thompson, H Refstrup Sorenson, H Gavin, et al. Application of the coupled MIKE SHE/MIKE11 modelling system to a lowland wet grassland in southest England[J]. Journal of Hydrology,2004,293(1):151-179.

[45] Andersen J, Refsgaard J C, Jensen K H. Distributed hydrological modelling of the Senegal River Basin-model construction and validation [J]. Journal of Hydrology, 2001, 274 (3):200-214.

[46] Christiansen J S, Thorsen M, L lausen T, et al. Modelling of macropore flow and transport processes at catchment scale[J]. Journal of Hydrology,2004,299(1): 136-158.

[47] Jin-Zhu M A, Qian J, Gao Q Z. Groundwater Evolution and its Influenceon the Fragile Ecology in the South Edge of Tarim Basin[J]. Journal of Desert Reseach, 2000, 20(2): 145-149.

[48] Jonathan L, Horton. Physiological response to groundwater depthvaries among species and with river flow regulation [J]. Ecological Applications ,2001,11(4):1046-1059.

[49] Dale J, Zou C B, Andrews W J, et al. Climate, water use, and land surface transformation in an irrigation intensive watershed—Streamflow responses from 1950 through 2010 [J]. Agricultural Water Management,2015(160):144-152.

[50] Jouzel J, Alley R B, Cuffey K M, et al. Validity of the temperature reconstruction from water isotopes in ice cores [J]. Journal of Geophysical Research, 1997, 102(C12):501 -509.

[51] Jouzel J, Merlivat L. Deuterium and oxygen-18 in precipitation: Modeling of the isotopic effects during snow formation [J]. Journal of Geophysical Research, 1984, 89 (D7):11749-11758.

[52] Juan C S, Kolm K E. Conceptualizaion, characterization and numerical modeling of the Jackson Hole alluvial aquifer using ARCINFO and MODFLOW[J]. Engineering Geology, 1996,42(2-3):119-137.

[53] Lauenroth W K,Schlaepfer D R, Bradford J B. Eco-hydrology of Dry Regions: Storage versus Pulse Soil Water Dynamics[J]. Ecosystems, 2014,17(8):1469-1479.

[54] Li X, Jin M, Zhou N, et al. Evaluation of evapotranspiration and deep percolation under mulched drip irrigation in an oasis of Tarim basin, China[J]. Journal of Hydrology,2016 (538):677-688.

[55] Ling H B, Guo B, Xu H L, et al. Configuration of water resources for a typical river basin in an arid region of China based on the ecological water requirements (EWRs) of desert riparian vegetation[J]. Global and Planetary Change,2014(122):292-304.

［56］　Li Y L. Study on Land Use/Cover Changes and Its Ecological Environment Effects in Ma-nasi River Watershd［D］. Beijing: Graduate University of Chinese Academy of Sciences, 2008:13 - 16.

［57］　Ma Y, Feng S, Su D, et al. Modeling water infiltration in a large layered soil column with a modified Green-Ampt model and HYDRUS-1D［J］. Computers and Electronics in Agri-culture,2010,71(1): 40 - 47.

［58］　Mook W R K. Environmental isotopes in the hydrological cycle ［M］. IAEA Publish,2000.

［59］　N C Mondal, V P Singh. Evaluation of groundwater monitoring network of Kodaganar River basin from Southern India using entropy［J］. Environmental Earth Sciences,2012,66 (4):1183 - 1193.

［60］　N C Mondal, V P Singh, V S Singh, et al. Determining the interaction between groundw-ater and saline water through groundwater major ions chemistry［J］. Journal of Hydrolo-gy,2010,388(1-2):100 - 111.

［61］　Ngoc Han Tran, Jiangyong Hu, Jinhua Li, et al. Suitability of artificial sweeteners as in-dicators of raw wastewater contamination in surface water and groundwater［J］. Water Research,2014,48(1):443.

［62］　P E Mellander, A R Melland, P N C Murphy, et al. Coupling of surface water and groundwater nitrate-N dynamics in two permeable agricultural catchments［J］. Journal of Agricultural Science,2014,152(S1):107 - 124.

［63］　Philip, J R, V D de Vries. Moisture movement in porous materials under tempera-ture gradient［J］. Trans. Am. Geophys. Union,1957,38(2):222 - 232.

［64］　Pinder G F, J D Bredehoeft. Application of the digital computer for aquiferevaluation［J］. Water Resources Research,1968,4(5):1069 - 1093.

［65］　Biswas A, Pal B B. Application of fuzzy goal programming technique to land use in agri-cultural system［J］. Omega, 2005, 33(5):391 - 398.

［66］　Punthakey J F, R Cooke, N M Somaratne, et al. Large-scale catchment simulation using the MIKE-SHE model: Modelling the Berrigin irrigation district［C］. Environmental Man-agement Geo-water and Engineering Aspects: Proceedings of the International Conference on Environmental Geo-water and Engineering Aspects,1993: 467 - 472.

［67］　R M Maxwell, L E Condon, S J Kollet. A high-resolution simulation of groundwater and surface water over most of the continental US with the integrated hydrologic model Par-Flow v3［J］. Geoscientific Model Development,2015,8(3): 923 - 937.

［68］　R T Bailey, W J Hunter, T K Gates. The influence of nitrate on selenium in irrigated ag-ricultural groundwater systems［J］. Journal of Environmental Quality,2012,41(3):783.

［69］　R L Wooding,T G Chapman. Groundwater flow over a sloping impermeable layer: Appli-cation of the Dupuit-Forchheimer assumption［J］. Journal of Geophysical Research. 1966,7

(15):2895 - 2902.

[70] Refsgaard J C. Parameterisation, Calibration and validation of distributed hydrological models[J]. Journal of Hydrology,1997,198(1 - 4):69 - 97.

[71] J H Richards, M M Caldwell. Hydraulic lift: substantial nocturnal water transport between soil layers by Artemisia tridentata roots[J]. Oecologia 1987,73(4):486 - 489.

[72] Riquelme F J M, Ramos A B. Land and water use management in vine growing by using geographic information systems in Castilla-La Mancha,Spain[J]. Agricultural water management,2005,77(1 - 3):82 - 95.

[73] Robert S Stelzer, J Thad Scott, Lynn A Bartsch. Buried particulate organic carbon stimulates denitrification and nitrate retention in stream sediments at the groundwater-surface water interface[J]. Freshwater Science,2015,34(1):161 - 171.

[74] Simmers I, Hendrickx J H M, Kruseman G P, et al. Recharge of Phreatic Aquifers in (Semi-)Arid Areas: IAH International Contributions to Hydrogeology 19[J]. Le Pharmacien Hospitalier Et Clinicien, 1997,49(2):34 - 35.

[75] Ryan T Bailey, Tyler C Wible, Mazdak Arabi, et al. Assessing regional - scale spatio - temporal patterns of groundwater-surface water interactions using a coupled SWAT - MODFLOW model[J]. Hydrological Processes,2016,30(23):4420 - 4433.

[76] S Huntscha, H P Singer, C S Mcardell, et al. Multiresidue analysis of 88 polar organic micropollutants in ground, surface and wastewater using online mixed-bed multilayer solid-phase extraction coupled to high performance liquid chromatography-tandem mass spectrometry[J]. Journal of Chromatography A,2012,1268(23):74 - 83.

[77] S Kern, H Singer, J Hollender, et al. Assessing Exposure to Transformation Products of Soil-Applied Organic Contaminants in Surface Water: Comparison of Model Predictions and Field Data[J]. Environmental Science & Technology,2011,45(7):2833 - 2841.

[78] S K Frey, E Topp, I U Khan, et al. Quantitative Campylobacter spp. , antibiotic resistance genes and veterinary antibiotics in surface and ground water following manure application: Influence of tile drainage control[J]. Science of the Total Environment, 2015 (532):138 - 153.

[79] Sahoo G B, Ray C. Calibration and validation of a physically distributed hydrological model, MIKE SH E, to predict streamflow at high frequency in a flashy mountainous Hawaii stream [J]. Journal of Hydrology,2006,327(1): 94 - 109.

[80] Kingston G B, Maier H R, Lambert M F. Calibration and validation of neural networks to ensure physically plausible hydrological modeling[J]. Joural of Hydrology, 2005,314(1): 158 - 176.

[81] Caldwell M M, Canadell J, Mooney H A, et al. Downward Flux of Water through Roots (i. e. Inverse Hydraulic Lift) in Dry Kalahari Sands [J]. Oecologia, 1998, 115 (4):460 - 462.

［82］ Larned S T, Unwin M J, Boustead N C. Ecological dynamics in the riverine aquifers of a gaining and losing river［J］. Freshwater Science,2015,34(1):245 - 262.

［83］ Seyed Reza Saghravani. Prediction of phosphorus concentration in an unconfined aquifer using visual modflow［D］. Kuala Lumpur: University Putra Malaysia,2009.

［84］ Oogathoo S. Runoff Simulation in the Canagagigue Creek Watershed Using the MIKE SHE Model［J］. Masters Abstracts International, 2006,46(3):1602.

［85］ Shawan Dogramaci, Grzegorz Skrzypek, Wade Dodson, et al. Stable isotope and hydrochemical evolution of groundwater in the semi-arid Hamersley Basin of sub-tropical northwest Australia［J］. Journal of Hydrology,2012,475(26):281 - 293.

［86］ Shu Long-cang, Chen Xun-hong. Simulation of water quantity exchange between groundwater and the Platte River water, central Nebraska［J］. Journal of Central South University of Technology(English Edition),2002,9(3):212 - 215.

［87］ Singh P N, Wallender W W, Maneta M P, et al. Sustainable root zone salinity and shallow water table in the context of land retirement［J］. Journal of Irrigation and Drainage Engineering,2009,136(5):289 - 299.

［88］ Sommer B, Boggs D A, Boggs G S, et al. Spatio - temporal patterns of evapotranspiration from groundwater dependent vegetation［J］. Eco-hydrology,2016.

［89］ Stefan Banzhaf. Interaction of surface water and groundwater in the hyporheic zone-application of pharmaceuticals and temperature as indicators［J］. Journal of the American Chemical Society,2013, 91(17):4761 - 4765.

［90］ T Reemtsma, L Alder, U Banasiak. A multimethod for the determination of150 pesticide metabolites in surface water and groundwater using direct injection liquid chromatography-mass spectrometry［J］. Journal of Chromatography A,2013,1271(1): 95 - 104.

［91］ Tian Y, Zheng Yi. Modeling surface water-groundwater interaction in arid and semi-arid regions with intensive agriculture, Environmental Modelling & Software, 2015,63(C): 170 - 184.

［92］ Tindall J A, Kunkel J R, Anderson D E. Unsaturated Zone Hydrology for Scientists and Engineers［M］. New Jersey: Prentice-Hall,1999.

［93］ Toyonaga T, Itoh T, Ishii H. A crop planning problem with fuzzy random profit coefficients［J］. Fuzzy Optimization and Decision Making,2005,4(1):51 - 69.

［94］ Twarakavi N K C, Šimůnek J, Seo S. Evaluating interactions between groundwater and vad-ose zone using the Hydrus based flow package for Modflow［J］. Vadose Zone Journal, 2008,7(2):757 - 768.

［95］ Victoria F B, Pereira L S, Teixeira J L, et al. Multi-scale modeling for water resources planning and management in rural basins［J］. Agricultural Water Management,2005,77(1):4 - 20.

［96］ Viventsova E A, Voronov A N. Groundwater discharge to the Gulf of Finland (Baltic

Sea): ecological aspects[J]. Environmental Geology,2003,45(2):221 - 225.

[97] Xie Y C, Gong J, Sun P, et al. Oasis dynamics change and its influence on landscape pattern on Jinta oasis in arid China from 1963a to 2010a: Integration of multi-source satellite images[J]. International Journal of Applied Earth Observation and Geoinformation, 2014, 33(12):181 - 191.

[98] XU X W, Li B W, Wang X J, et al. Progress in study on irrigation practice with saline groundwater on sandlands of Taklimakan Desert Hinterland[J]. Science Bulletin,2006,51 (S1):161 -166.

[99] Lin Y C, Yang S Y, Fen C S. , et al. A general analytical model for pumping tests in radial finite two-zone confined aquifers with Robin-type outer boundary[J]. Journal of Hydrology,2016(540):1162 - 1175.

[100] Yin D, Li X, Huang Y, et al. Ecosystem stability analysis with LUDC model and transitional area ratio index for Xihu oasis in Dunhuang, China[J]. Environmental Earth Sciences,2016,75(8):707.

[101] Yuge K, Anan M, Nakano Y, et al. Evaluation of Effect of the Upland Field on the Groundwater Recharge[J]. Journal of the Faculty of Agriculture Kyushu University, 2005, 50(2):799 - 807.

[102] ZARADNY H. Groundwater Flow in Saturated and Unsaturated Soil [M]. Rotterdam: A bal-kema Publishers,1993:104 - 1791.

[103] Zeng Y, Xie Z, Yu Y, et al. Ecohydrological effects of stream-aquifer water interaction: a case study of the Heihe River basin, northwestern China[J]. Hydrology & Earth System Sciences,2016,20(6):2333 - 2352.

[104] Zhang W T, Wu H Q,Gu H B. Variability of Soil Salinity at Multiple Spatio-Temporal Scales and the Related Driving Factors in the Oasis Areas of Xinjiang, China[J]. Pedosphere,2014,24(6):753 - 762.

[105] Zhang Z,Hu H,Tian F. Groundwater dynamics under water-saving irrigation and implications for sustainable water management in an oasis: Tarim River basin of western China[J]. Hydrology and Earth System Sciences,2014,18(10):3951 - 3967.

[106] Zhao L W, Zhao W Z. Evapotranspiration of an oasis-desert transition zone in the middle stream of Heihe River, Northwest China [J]. Journal of Arid Land, 2014, 6 (5):529 - 539.

[107] Zhao W Z, Chang X-L. The effect of hydrologic process changes on NDVI in the desert-oasis ecotone of the Hexi Corridor[J]. Science China Earth Sciences, 2014,57(12):3107 - 3117.

[108] Zhou X, Helmers M, Qi Z. Modeling of subsurface tile drainage using MIKE SHE[J]. Applied Engineering in Agriculture,2013,29(6):865 - 873.

[109] 安红燕,徐海量,叶茂,等. 塔里木河下游胡杨径向生长与地下水的关系[J]. 生态学报,

2011,31(8):2053-2059.

[110] 毕经伟,张佳宝,陈效民,等. 应用 HYDRUS-1D 模型模拟农田土壤水渗漏及硝态氮淋失特征[J]. 农村生态环境,2004,20(2):28-32.

[111] 卞玉梅,卢文喜,马洪云. Visual MODFLOW 在水源地地下水数值模拟中的应用[J]. 东北水利水电,2006,24(3):31-33.

[112] 陈冬琴. GMS 软件在杭嘉湖地下水资源评价中的应用[J]. 软件导刊,2007(5):49-51.

[113] 陈仁升,康尔泗,杨建平,等. 甘肃河西地区近 50 年气象和水文序列的变化趋势[J]. 兰州大学学报(自然科学版),2002,38(2):163-170.

[114] 陈亚宁,陈亚鹏,李卫红,等. 塔里木河下游胡杨脯氨酸累积对地下水位变化的响应[J]. 科学通报,2003,48(9):958-961.

[115] 陈亚宁,李卫红,徐海量,等. 塔里木河下游地下水位对植被的影响[J]. 地理学报,2003,58(4):542-549.

[116] 陈亚宁. 新疆塔里木河流域生态水文问题研究[M]. 北京:科学出版社,2010.

[117] 谌天德. 准噶尔盆地地下水资源及其环境问题调查评价 [M]. 北京:地质出版社,2009.

[118] 程国栋,肖洪浪,傅伯杰,等. 黑河流域生态—水文过程集成研究进展[J]. 地球科学进展,2014,29(4):431-437.

[119] 程维明,周成虎,刘海江. 玛纳斯河流域 50 年绿洲扩张及生态环境演变研究[J]. 中国科学(D 辑),2005,35(11):1074-1086.

[120] 仇亚琴. 水资源综合评价及水资源演变规律研究[D]. 中国水利水电科学研究院,2006.

[121] 崔亚莉,邵景力,李慈君,等. 玛纳斯河流域山前平原地下水系统分析及其模拟[J]. 水文地质工程地质,2003,30(5):18-22.

[122] 崔亚莉,邵景力,李慈君. 玛纳斯河流域地表水、地下水转化关系研究[J]. 水文地质工程地质,2001,28(2):9-13.

[123] 代琼,何新林,韩志全,等. 玛纳斯河灌区库群系统水资源优化调度研究[J]. 中国农村水利水电,2009(6):49-53.

[124] 邓铭江. 新疆地下水资源开发利用现状及潜力分析[J]. 干旱区地理,2009,32(5):647-654.

[125] 丁飞,何霖,张奇林,等. Visual MODFLOW 在平原型水库水环境数值模拟中的应用[J]. 水资源与水工程学报,2008,19(2):79-81.

[126] 董新光,邓铭江,等. 新疆地下水资源[M]. 乌鲁木齐:新疆科技出版社,2005.

[127] 杜国明,孙晓兵,王介勇. 东北地区土地利用多功能性演化的时空格局[J]. 地理科学进展,2016,02:232-244.

[128] 杜丽娟,刘钰,雷波. 内蒙古河套灌区解放闸灌域水循环要素特征分析——基于干旱区平原绿洲耗散型水文模型[J]. 中国水利水电科学研究院学报,2011(30):168-175.

[129] 杜思思,游进军,陆垂裕,等. 基于水资源配置情景的地下水演变模拟研究——以海河流域平原区为例[J]. 南水北调与水利科技,2011,9(2):64-68.

[130] 杜伟,魏晓妹,李萍,等.变化环境下灌区地下水动态演变趋势及驱动因素[J].排灌机械工程学报,2013,31(11):993-999.

[131] 段磊,王文科,曹玉清,等. 天山北麓中段地下水水化学特征及其形成作用[J]. 干旱区资源与环境,2007,21(9):29-34.

[132] 樊明兰. 基于 DEM 的分布式水文模型在中尺度径流模拟中的应用研究[D]. 四川大学,2004.

[133] 樊自立,陈亚宁,李和平,等.中国西北干旱区生态地下水埋深适宜深度的确定[J].干旱区资源与环境,2008,22(2):1-5.

[134] 范文波,吴普特,韩志全,等. 玛纳斯河流域 ET0 影响因子分析及对 Hargreaves 法的修正[J]. 农业工程学报,2012,28(8):19-24.

[135] 费宇红,苗晋祥,张兆吉,等.华北平原地下水降落漏斗演变及主导因素分析[J].资源科学,2009,31(3):394-399.

[136] 付爱红,陈亚宁,李卫红,等. 新疆塔里木河下游不同地下水位的胡杨水势变化分析[J]. 干旱区地理,2004,27(2):207-211.

[137] 高冠龙,张小由,鱼腾飞,等. 1987—2008 年额济纳绿洲土地覆被变化及其驱动机制[J].中国沙漠,2015,35(3):821-829.

[138] 高明杰，罗其友. 水资源约束地区种植结构优化研究——以华北地区为例[J]. 自然资源学报，2008(2)：204-210.

[139] 高佩玲，雷廷武，张石峰，等. 玛纳斯河流域山前平原区地下水系统模型研究[J]. 水动力学研究与进展，2005，20(5)：648-653.

[140] 郭方,刘新仁,任立良. 以地形为基础的流域水文模型——TOPMODEL 及其拓宽应用[J]. 水科学进展, 2000, 11(3): 296-301.

[141] 郭明，肖笃宁，李新. 黑河流域酒泉绿洲景观生态安全格局分析[J]. 生态学报, 2006, 26(2):457-466.

[142] 郭玉川,杨鹏年,李霞. 干旱区地下水埋深空间分布对天然植被覆盖度影响研究——以塔里木下游为例[J]. 干旱区资源与环境,2011,25(12):161-165.

[143] 国家发展和改革委员会. 国家粮食安全中长期规划纲要(2008—2020 年)[R]. 北京：中华人民共和国国务院办公厅, 2008.

[144] 国家林业局三北防护林建设局. 新疆生产建设兵团农八师(石河子市)三北防护林体系建设情况[EB/OL]. 中国三北防护林体系建设网, 2009,6(23).

[145] 哈丽旦·司地克,玉素甫江·如素力,海米提·依米提. 新疆焉耆盆地人类活动与气候变化的效应机制[J]. 生态学报,2016,36(18):5750-5758.

[146] 韩松俊,胡和平,田富强. 基于水热耦合平衡的塔里木盆地绿洲的年蒸散发[J]. 清华大学学报(自然科学版), 2008(12):2070-2073.

[147] 郝芳华,陈利群,刘昌明,等. 土地利用变化对产流和产沙的影响分析[J]. 水土保持学报,2004,18(6):5-8.

[148] 何文寿,刘阳春,何进宇. 宁夏不同类型盐渍化土壤水溶盐含量与其电导率的关系[J].

干旱地区农业研究，2010，28(1):111-116.

[149]　胡俊锋，王金生，滕彦国. 地下水与河水相互作用的研究进展[J]. 水文地质工程地质，2004,31(1): 108-113.

[150]　胡兴林，蓝永超. 近三十年黑河中下游盆地地下水资源变化特征与演变趋势分析[J]. 地下水，2009,31(6):1-4.

[151]　黄领梅，沈冰，张高锋. 新疆和田绿洲适宜规模的研究[J]. 干旱区资源与环境，2008,22(9):1-4.

[152]　黄天明，聂中青，袁利娟. 西部降水氢氧稳定同位素温度及地理效应[J]. 干旱区资源与环境，2008，22(8): 76-81.

[153]　黄一帆，刘俊民，姜鹏，等. 基于MODFLOW的泾惠渠地下水动态及预测[J]. 水土保持研究，2014,21(2):273-278.

[154]　黄勇，李阳兵，应弘. 渝宜高速(重庆段)对土地利用变化驱动及景观格局的响应[J]. 自然资源学报，2015,30(9):1449-1460.

[155]　黄粤，陈曦，包安明，等. 干旱区资料稀缺流域日径流过程模拟[J]. 水科学进展，2009，20(3):332-336.

[156]　黄粤，陈曦，马勇刚. 塔里木河源流山区径流模拟及不确定性研究[J]. 中国沙漠，2010，30(5):1234-1238.

[157]　黄子琛，沈渭寿. 干旱区植物的水分关系与耐旱性[M]. 北京:中国环境科学出版社，2000:124-125.

[158]　姬宏，王振龙，李瑞. 淮北平原地下水资源演变情势研究[J]. 水文,2009,29(1):59-61.

[159]　贾宝全，慈龙骏，杨晓晖，等. 石河子莫索湾垦区绿洲景观格局变化分析[J]. 生态学报，2001(1):34-40.

[160]　贾仰文，王浩，王建华，等. 黄河流域分布式水文模型开发和验证[J]. 自然资源学报，2005，20(2): 300-308.

[161]　姜纪沂，曹剑峰，李升，等. 应用耗散结构理论分析地下水系统演化[J]. 水土保持研究，2008,15(1):122-127.

[162]　金菊良，张礼兵，魏一鸣. 水资源可持续利用评价的改进层次分析法[J]. 水科学进展，2004(2): 227-232.

[163]　金晓媚. 黑河下游额济纳绿洲荒漠植被与地下水位埋深的定量关系[J]. 地学前缘，2010，17(6): 181-185.

[164]　康绍忠，胡笑涛，蔡焕杰，等. 现代农业与生态节水的理论创新及研究重点[J]. 水利学报,2004(12):1-7.

[165]　康绍忠，刘晓明，熊运章. 土壤-植物-大气连续体水分传输理论及其应用[M]. 北京:水利水电出版社，1994.

[166]　赖先齐. 绿洲盐渍化弃耕地生态重建研究[M]. 北京:中国农业出版社，2007.

[167]　雷晓辉，廖卫红，蒋云钟，等. 分布式水文模型EasyDHM(I):理论方法[J]. 水利学报，2010，41(7): 786-794.

[168] 雷志栋,杨诗秀,王忠静,等.内陆干旱平原区水资源利用与土地荒漠化[J].水利水电技术,2003,1(3):36-40.

[169] 冷中笑,海米提依米提,高前兆.和田绿洲洛浦灌区地下水动态变化规律分析与模拟[J].干旱区资源与环境,2009,23(3):130-133.

[170] 李常斌,杨林山,杨文瑾,等.洮河流域土地利用/土地覆被变化及其驱动机制研究[J].地理科学,2014,34(7):848-855.

[171] 李晨曦,吴克宁,查理思.京津冀地区土地利用变化特征及其驱动力分析[J].中国人口·资源与环境,2016,26(S1):252-255.

[172] 李嘉竹,刘贤赵.氢氧稳定同位素在SPAC水分循环中的应用研究进展[J].中国沙漠,2008,28(4):787-794.

[173] 李骞国,石培基,魏伟.干旱区绿洲城市扩展及驱动机制——以张掖市为例[J].干旱区研究,2015,32(3):598-605.

[174] 李亮,史海滨,贾锦凤,等.内蒙古河套灌区荒地水盐运移规律模拟[J].农业工程学报,2010,26(1):31-35.

[175] 李强,刘剑锋,李小波,等.京津冀土地承载力空间分异特征及协同提升机制研究[J].地理与地理信息科学,2016,32(1):105-111.

[176] 李森,李凡,孙武,李保生.黑河下游额济纳绿洲现代荒漠化过程及其驱动机制[J].地理科学,2004(1):61-67.

[177] 李世东,张大红,李智勇.生态综合指数初步研究[J].世界林业研究,2005(5):7-10.

[178] 李文倩,汤骅,薛联青.基于融雪TOPMODEL模型对玛纳斯河流域径流的模拟[J].石河子大学学报(自然科学版),2015,33(6):779-786.

[179] 李小龙,杨广,何新林,等.玛纳斯河流域地下水水位变化及水量平衡研究[J].水文,2016,36(4):85-92.

[180] 李义玲,乔木,杨小林,等.干旱区典型流域近30年土地利用/土地覆被变化的分形特征分析——以玛纳斯河流域为例[J].干旱区地理,2008,31(1):75-81.

[181] 李玉芳,郑旭荣,柏俊华,刘洪光,郑州.玛纳斯河流域生态环境质量评价[J].干旱区资源与环境,2008(10):115-120.

[182] 李致家,谢悦波.地下水流与河网水流的耦合模型[J].水利学报,1998,29(4):43-47.

[183] 梁变变,石培基,王伟,等.基于RS和GIS的干旱区内陆河流域生态系统质量综合评价——以石羊河流域为例[J].应用生态学报,2017,28(1):199-209.

[184] 梁美社,王正中.基于虚拟水战略的农业种植结构优化模型[J].农业工程学报,2010,26(S1):130-133.

[185] 凌红波,徐海量,史薇,等.新疆玛纳斯河流域绿洲生态安全评价[J].应用生态学报,2009,20(9):2219-2224.

[186] 刘昌明,李道峰,田英,等.基于DEM的分布式水文模型在大尺度流域应用研究[J].地理科学进展,2003,22(5):437-445.

[187] 刘昌明,王中根,杨胜天,等. 地表物质能量交换过程中的水循环综合模拟系统 (HIMS)研究进展[J]. 地理学报,2014,69(5):579-587.

[188] 刘昌明,陈志恺.中国水资源现状评价和工序发展趋势分析[M].北京:中国水利水电出版社,2001.

[189] 刘昌明,郑红星,王中根. 基于 HIMS 的水文过程多尺度综合模拟[J]. 北京师范大学学报(自然科学版),2010.46(3):268-272.

[190] 刘海猛,方创琳,毛汉英,等. 基于复杂性科学的绿洲城镇化演进理论探讨[J]. 地理研究,2016,35(2):242-255.

[191] 刘和鸣. 兵团年鉴[M]. 新疆生产建设兵团年鉴社,2008.

[192] 刘建霞,袁西龙.青岛大沽河水源地地下水水质的数值预测[J].海洋地质动,2006, 22(2):9-14.

[193] 刘洁,王先甲. 新疆玛纳斯流域生态环境需水分析[J]. 干旱区资源与环境,2007, 21(2):104-109.

[194] 刘金涛,冯杰,张佳宝. 分布式水文模型在流域水资源开发利用中的应用研究进展[J]. 中国农村水利水电,2007(2):142-144.

[195] 刘世增,孙保平,李银科,等. 石羊河中下游荒漠景观生态变化及调控机制研究[J]. 中国沙漠,2010,30(2):235-240.

[196] 刘永强,龙花楼. 黄淮海平原农区土地利用转型及其动力机制[J].地理学报,2016,71(4):666-679.

[197] 刘志明,刘少玉,陈德华,等. 新疆玛纳斯河流域平原区水资源组成和水循环[J]. 水利学报,2006,37(9):1102-1107.

[198] 刘中培,张光辉,严明疆,等. 石家庄平原区粮食施肥增产对地下水开采量演变影响研究[J].地下水,2009,31(6):1-4.

[199] 卢文喜. 地下水运动数值模拟过程中边界条件问题探讨[J]. 水利学报,2003,34(3):33-36.

[200] 罗格平,周成虎,陈曦,等. 区域尺度绿洲稳定性评价[J]. 自然资源学报,2004,19(4):519-524.

[201] 吕华芳,尚松浩. 土壤水分特征曲线测定实验的设计与实践[J]. 实验技术与管理,2009,26(7):44-45,94.

[202] 马驰,石辉,卢玉东. MODFLOW 在西北地区地下水资源评价中的应用——以甘肃西华水源地地下水数值模拟计算为例[J]. 干旱区资源与环境,2006,20(2):89-93.

[203] 马欢,杨大文,雷慧闽,等. Hydrus-1D 模型在田间水循环规律分析中的应用及改进[J]. 农业工程学报,2011,27(3):6-12.

[204] 马金龙,刘丽娟,李小玉,等. 干旱区绿洲膜下滴灌棉田蒸散过程[J]. 生态学杂志,2015,34(4):974-981.

[205] 马晴,李丁,廖杰,等. 疏勒河中下游绿洲土地利用变化及其驱动力分析[J]. 经济地理,2014,34(1):148-155.

[206] 潘世兵, 王忠静, 邢卫国. 河流—含水层系统数值模拟方法探讨[J]. 水文, 2002, 22 (4): 19 - 21.

[207] 潘晓玲, 马映军. 中国西部干旱区生态环境演变与调控研究进展与展望[J]. 地球科学进展, 2003, 18(1):50 - 57.

[208] 钱正英, 沈国舫, 潘家铮. 西北地区水资源配置生态环境建设和可持续发展战略研究:综合卷[M]. 北京:科学出版社, 2004: 465 - 466.

[209] 屈忠义, 陈亚新. 内蒙古河套灌区节水灌溉工程实施后地下水位的 BP 模型预测[J]. 农业工程学报, 2003, 19(1):59 - 62.

[210] 曲兴辉, 谷秀英. 平原区地表水与地下水联合调控模型研究[J]. 水文, 2005, 25(4): 23 - 25.

[211] 任立良, 刘新仁. 基于 DEM 的水文物理过程模拟[J]. 地理研究, 2000, 19(4): 369 -376.

[212] 尚松浩, 毛晓敏, 雷志栋, 等. 土壤水分动态模拟模型及其应用[M]. 北京:科学出版社, 2009(5): 3 - 11.

[213] 邵景力, 崔亚莉, 李慈君. 玛纳斯河流域山前平原地下水资源分析及合理开发利用研究 [J]. 干旱区地理, 2003, 26(1): 6 - 11.

[214] 史兴民, 杨景春, 李有利, 等. 玛纳斯河流域地貌与地下水的关系[J]. 地理与地理信息科学, 2004, 20(3):56 - 60.

[215] 宋郁冬, 樊自立, 雷志栋, 等. 中国塔里木河资源与生态环境问题研究[M]. 乌鲁木齐:新疆人民出版社, 2000.

[216] 孙才志, 刘玉兰, 杨俊. 下辽河平原地下水生态水位与可持续开发调控研究[J]. 吉林大学学报(地球科学版), 2007, 37(2):249 - 254.

[217] 孙晓敏, 袁国富, 朱治林. 生态水文过程观测与模拟的发展与展望[J]. 地理科学进展, 2010, 29(11): 1293 - 1300.

[218] 孙志林, 夏珊珊, 许丹, 等. 区域水资源的优化配置模型[J]. 浙江大学学报(工学版), 2009, 43(2): 344 - 348.

[219] 汤梦玲, 徐恒力, 曹李靖. 西北地区地下水对植被生存演替的作用[J]. 地质科技情报, 2001, 20(2):79 - 82.

[220] 田华, 王文科, 荆秀艳, 等. 玛纳斯河流域地下水氚同位素研究 [J]. 干旱区资源与环境, 2010, 24(3): 98 - 102.

[221] 田立德, 姚檀栋, 孙维贞, 等. 青藏高原南北降水中 $\delta D$ 和 $\delta 18O$ 关系及水汽循环 [J]. 中国科学(D 辑:地球科学), 2001, 31(3): 214 - 220.

[222] 王根绪, 程国栋. 中国西北干旱区水资源利用及其生态环境问题[J]. 自然资源学报, 1999, 14(2): 109 - 116.

[223] 王恒纯. 同位素水文地质概论 [M]. 北京:地质出版社, 1991.

[224] 王加虎. 分布式水文模型理论与方法研究[D]. 河海大学, 2006.

[225] 王金哲, 张光辉, 母海东. 人类活动对浅层地下水干扰程度定量评价及验证[J]. 水利学

报,2011,42(12):1445-1450.

[226]　王津津,王开章,李晓.济宁-汶上超采漏斗区水资源人工调蓄方案研究[J].中国农村水利水电,2009(10):19-26.

[227]　王鹏,宋献方,袁瑞强,等.基于 Hydrus-1d 模型的农田 SPAC 系统水分通量估算[J].地理研究,2011,30(4):622-634.

[228]　王庆永,贾忠华,刘晓峰,等.Visual MODFLOW 及其在地下水模拟中的应用[J].水资源与水工程学报,2007,18(5):90-92.

[229]　王让会,宋郁东,樊自立,等.新疆塔里木河流域生态脆弱带的环境质量综合评价[J].环境科学,2001,22(2):7-11.

[230]　王盛萍,张志强,唐寅,等.MIKE-SHE 与 MUSLE 耦合模拟小流域侵蚀产沙空间分布特征[J].农业工程学报,2010,26(3):92-98.

[231]　王水献,董新光,刘延峰.焉耆盆地绿洲区近 50 年地下水文时空变异及水盐演变[J].地质科技情报,2009,28(5):101-107.

[232]　王水献,周金龙,余芳,等.应用 HYDRUS-1D 模型评价土壤水资源量[J].水土保持研究,2005,12(2):36-38.

[233]　王亚东.河套灌区节水改造工程实施前后区域地下水位变化分析[J].节水灌溉,2002(1):15-17.

[234]　王运生,谢丙炎,万方浩,等.ROC 曲线分析在评价入侵物种分布模型中的应用[J].生物多样性,2007,15(4):365-372.

[235]　王振龙,李瑞,章启兵,等.淮北平原地下水资源及开发利用演变情势分析[J].灌溉排水学报,2008,27(6):127-129.

[236]　王中根,刘昌明,吴险峰.基于 DEM 的分布式水文模型研究综述[J].自然资源学报,2003,18(2):168-173.

[237]　王中根,夏军,刘昌明,等.分布式水文模型的参数率定及敏感性分析探讨[J].自然资源学报,2007,22(4):649-655.

[238]　王忠静,王海峰,雷志栋.干旱内陆河区绿洲稳定性分析[J].水利学报,2002,33(5):26-30.

[239]　魏国孝,王刚,李常斌,等.秦王川盆地南部地下水流场数值模拟[J].兰州大学学报(自然科学版),2006,42(6):16-21.

[240]　魏林宏,束龙仓,郝振纯.地下水流数值模拟的研究现状和发展趋势[J].重庆大学学报(自然科学版),2000,23(S1):56-59.

[241]　魏晓妹,康绍忠,马岚,等.石羊河流域绿洲农业发展对水资源转化的影响及其生态环境效应[J].灌溉排水学报,2006,25(4):28-32.

[242]　文力.西北典型内陆河流域地下水开发利用与生态环境保护模式——以玛纳斯河流域为例[D].北京:中国地质科学院,2006.

[243]　吴美琼,陈秀贵.基于主成分分析法的钦州市耕地面积变化及其驱动力分析[J].地理科学,2014,34(1):54-59.

[244] 武强,徐华. 三维地质建模与可视化方法研究[J]. 中国科学:地球科学,2004,34(1):54-60.

[245] 夏天,吴文斌,周清波,等. 基于模型的中国东北地区土地利用时空格局变化研究(英文)[J]. 地理科学,2016,26(2):171-187.

[246] 谢余初,张影,钱大文,等. 基于参与式调查与主成分分析的金塔绿洲变化驱动力分析[J]. 地理科学,2016,02:312-320.

[247] 辛芳芳,梁川. 基于模糊多目标线性规划的都江堰灌区水资源合理配置[J]. 中国农村水利水电,2008(4):36-38.

[248] 徐海量,樊自立,禹朴家,等. 新疆玛纳斯河流域生态补偿研究[J]. 干旱区地理,2010,33(5):775-783.

[249] 徐海量,宋郁东,王强,等. 塔里木河中下游地区不同地下水位对植被的影响[J]. 植物生态学报,2004,28(3):400-405.

[250] 徐万林,粟晓玲,史银军,等. 基于水资源高效利用的农业种植结构及灌溉制度优化——以民勤灌区为例[J]. 水土保持研究,2011,18(1):205-209.

[251] 徐万林,粟晓玲. 基于作物种植结构优化的农业节水潜力分析——以武威市凉州区为例[J]. 干旱地区农业研究,2010,28(5):161-165.

[252] 许广明,王芳,石兆英,等. 迁安盆地傍河水源地下水调控效果分析[J]. 中国农村水利水电,2010(8):91-94.

[253] 许皓,李彦,谢静霞. 光合有效辐射与地下水位变化对柽柳属荒漠灌木群落碳平衡的影响[J]. 植物生态学,2010,34(4):375-386.

[254] 薛禹群,叶淑君,谢春红,等. 多尺度有限元法在地下水模拟中的应用[J]. 水力学报,2004,35(7):7-13.

[255] 薛禹群,朱学愚. 地下水动力学[M]. 北京:地质出版社,2000.

[256] 严明疆,申建梅,张光辉,等. 人类活动影响下的地下水脆弱性演变特征及其演变机理[J]. 地下水,2009,31(6):1-4.

[257] 杨大文,雷慧闽,丛振涛. 流域水文过程与植被相互作用研究现状评述[J]. 水利学报,2010,41(10):1142-1149.

[258] 杨大文,李翀,倪广恒,等. 分布式水文模型在黄河流域的应用[J]. 地理学报,2004,59(1):143-154.

[259] 杨广,陈伏龙,何新林,等. 玛纳斯河流域平原区垂向交错带地下水的演变规律及驱动力的分析[J]. 石河子大学学报(自然科学版),2011,29(2):248-252.

[260] 杨鹏年,吴彬,王水献,等. 干旱区不同地下水埋深膜下滴灌灌溉制度模拟研究[J]. 干旱地区农业研究,2014(3):76-82.

[261] 杨青春,卢文喜,马洪云. Visual Modflow在吉林省西部地下水数值模拟中的应用[J]. 水文地质工程地质,2005,32(3):67-69.

[262] 杨瑞瑞,陈喜,张志才. 地下水位埋深对地表径流量及入渗补给量影响的数值模拟[J]. 水电能源科学,2013,31(6):43-46.

[263] 杨武建,姜卉芳,刘婧然,等. 基于 SRTM 的 SNOW - TOPMODEL 模型在玛纳斯河流域的应用[J]. 地下水, 2009, 31(6): 68 - 70.

[264] 杨泽元,王文科. 干旱半干旱区地下水引起的生态效应的研究现状与发展趋势[J]. 干旱区地理, 2009, 32(5): 739 - 745.

[265] 杨泽元,王文科,黄金廷,等. 陕北风沙滩地区生态安全地下水位埋深研究[J]. 西北农林科技大学学报: 自然科学版, 2006, 34(8): 67 - 74.

[266] 杨志鹏,李小雁,伊万娟. 荒漠灌木树干茎流及其生态水文效应研究进展[J]. 中国沙漠, 2010, 30(2): 303 - 311.

[267] 姚斌,李俊峰,杨广,等. 玛纳斯河灌区地表水与地下水联合调度模型[J]. 人民黄河, 2012, 34(5): 48 - 51.

[268] 伊力,赵良菊. 黑河下游典型生态系统水分补给源及优势植物水分来源研究[J]. 冰川冻土, 2012, 24(6): 1478 - 1486.

[269] 尹大凯,胡和平,惠士博. 宁夏银北灌区井渠结合灌溉三维数值模拟与分析[J]. 灌溉排水学报, 2003, 22(1): 53 - 57.

[270] 余维,王博,陈真林. MODFLOW 在井灌区地下水数值模拟中的应用[J]. 中国农村水利水电, 2006(11): 17 - 21.

[271] 岳勇,郝芳华,李鹏,等. 河套灌区陆面水循环模式研究[J]. 灌溉排水学报, 2008, 27(3): 69 - 71.

[272] 张凤华. 干旱区绿洲、山地、荒漠系统耦合效应及其功能定位——以玛纳斯河流域为例[J]. 干旱区资源与环境, 2011, 25(5): 52 - 56.

[273] 张光辉,刘少玉,张翠云,等. 黑河流域地下水循环演化规律研究[J]. 中国地质, 2004, 31(3): 289 - 293.

[274] 张惠昌. 干旱区地下水生态平衡埋深[J]. 勘察科学技术, 1992(6): 9 - 13.

[275] 张杰,潘晓玲. 天山北麓山地-绿洲-荒漠生态系统净初级生产力空间分布格局及其季节变化[J]. 干旱区地理, 2010. 33(1): 78 - 82.

[276] 张军民. 新疆玛纳斯河流域水资源及水文循环二元分化研究 [J]. 自然资源学报, 2005, 20(6): 64 - 69.

[277] 张凯,王润元,韩海涛,等. 黑河流域气候变化的水文水资源效应[J]. 资源科学, 2007, 29(1): 76 - 81.

[278] 张丽,董增川,黄晓玲. 干旱区典型植物生长与地下水位关系的模型研究[J]. 中国沙漠, 2004, 24(1): 110 - 113.

[279] 张玲,王震洪. 云南牟定三种人工林森林水文效应的研究[J]. 水土保持研究, 2001, 8(2): 69 - 73.

[280] 张祥伟,竹内邦良. 大区域地水模拟的理论和方法[J]. 水利学报, 2004(6): 7 - 13.

[281] 张银辉,罗毅. 基于分布式水文学模型的内蒙古河套灌区水循环特征研究[J]. 资源科学, 2009, 31(5): 763 - 771.

[282] 张应华,仵彦卿,温小虎,等. 环境同位素在水循环研究中的应用[J]. 水科学进展,

2006，17(5)：738－747.

[283]  张长春,邵景力,李慈君,等. 华北平原地下水生态环境水位研究[J]. 吉林大学学报(地球科学版),2003,33(3):323－326,330.

[284]  章新平,中尾正义,姚檀栋,等. 青藏高原及其毗邻地区降水中稳定同位素成分的时空变化[J]. 中国科学(D辑:地球科学),2001,31(5)：353－361.

[285]  赵文智,庄艳丽. 中国干旱区绿洲稳定性研究[J]. 干旱区研究,2008(2):12－16.

[286]  郑永飞,陈江峰. 稳定同位素地球化学[M]. 北京:科学出版社,2000.

[287]  周惠成,彭慧,张弛,等. 基于水资源合理利用的多目标农作物种植结构调整与评价[J]. 农业工程学报,2007,23(9):45－49.

[288]  周彦昭,周剑,李妍,等. 利用SEBAL和改进的SEBAL模型估算黑河中游戈壁、绿洲的蒸散发[J]. 冰川冻土,2014,36(6):1526－1537.

[289]  周仰效. 地下水-陆生植被系统研究评述[J]. 地学前缘,2010,17(6):21－30.

[290]  朱学愚,钱孝星,刘新仁. 地下水资源评价[M]. 南京:南京大学出版社,1987.

[291]  左其亭. 干旱半干旱地区植被生态用水计算[J]. 水土保持学报,2002,16(3):114－117.